编 写 人 员

主　编　郭　闯

参　编　（按姓氏笔画排序）

王　帅　王　营　左丹丹　刘　洋

刘美玲　孙　莹　孙德弟　曲秀明

张红金　崔玉辉　蒋传龙　褚丽丽

前　言

装饰装修工程是建筑工程中不可缺少的重要组成部分，它所涉及的部位主要是建筑工程中可接触到或者可见到的部位。随着建筑市场进一步对外开放，装饰装修行业也得到了快速发展，人们对装饰装修工程质量、造价水平的要求也越来越高，而工程量清单及清单计价的编制直接影响工程造价的水平。对于发包单位，工程量清单是招标文件的组成部分，招标企业必须编制出准确的工程量清单，并承担风险；对于投标单位，必须在对工程成本、利润进行分析，精心选择施工方案，合理控制现场费用和施工技术措施费用的基础上确定工程量清单报价。因此，工程量清单及清单计价编制的准确性在招投标过程以及施工过程中都起着重要作用。

为了更加广泛深入地推行工程量清单计价，规范建设工程发承包双方的计量、计价行为，适应新技术、新工艺、新材料日益发展的需要，进一步健全我国统一的建设工程计价、计量规范标准体系，2013 年住房城乡建设部颁布了《建设工程工程量清单计价规范》GB 50500—2013 和《房屋建筑与装饰工程工程量计算规范》GB 50854—2013 等 9 本计量规范。基于上述原因，我们组织一批多年从事建筑装饰装修工程造价编制工作的专家、学者编写了本书。

本书共五章，主要内容包括：装饰装修工程工程量清单计价基础、工程量清单计价费用构成与计算、工程量清单与清单计价编制、装饰装修工程工程量计算及清单编制实例、装饰装修工程工程量清单计价编制实例。本书内容由浅入深、从理论到实例、涉及内容广泛、方便查阅、可操作性强，可供建筑装饰装修工程造价编制与管理人员使用，也可供高等院校相关专业师生学习时参考。

由于编者学识和经验有限，虽已尽心尽力，但仍难免存在疏漏或不妥之处，望广大读者批评指正。

编　者

2014 年 6 月

目　录

1　装饰装修工程工程量清单计价基础

1.1　装饰装修工程概述

1.1.1　装饰装修工程的概念

建筑装饰装修工程，是指在工程技术与建筑艺术综合创作的基础上，对建筑物或构筑物的局部或全部进行修饰、装饰、点缀的一种再创作的艺术活动。

在建筑学中，建筑装饰和装修一般是不易明显区分的。通常，建筑装修系指为了满足建筑物使用功能的要求，在主体结构工程以外进行的装潢和修饰，如门、窗、阳台、楼梯、栏杆、扶手、隔断等配件的装潢和墙、柱、梁、挑檐、雨篷、地面、天棚等表面的修饰。建筑装饰主要是为了满足人的视觉要求而对建筑物进行的艺术加工，如在建筑物内外加设的雕塑、绘画以及室内家具、器具等的陈设布置等。

1.1.2　装饰装修工程的内容

建筑装饰装修工程其范围可分为室内建筑装饰、室内设备设施装饰、室外建筑结构及环境装饰三大部分。各部分装饰内容分述如下：

1. 室内建筑装饰

按其不同结构部位和内容（或称分部分项），可细分为室内墙柱面工程、楼地面工程、顶棚工程、门窗工程、木装饰工程、涂装涂料裱糊工程和其他室内工程等的装饰装修。

(1) 室内墙柱面装饰

通常是指墙、柱体（包括间壁墙、隔墙、隔断墙），结构施工完成后在其表面上所进行的各种不同材料的装饰装修。包括传统装修中的一般抹灰、装饰抹灰（如内墙拉条、拉毛、喷涂等）、镶贴块料面层（如大理石板、花岗岩板、汉白玉板、瓷板等）和现代装饰面装饰（如玻璃幕墙、镭射玻璃饰面、镜面玻璃饰面等）。

(2) 室内楼地面装饰

通常是指室内地面或楼面结构施工完成后，在其面层上所进行的各种不同材料的装饰装修。包括传统装修中的一般水泥砂浆整体面层、块料面层（如大理石、花岗岩、汉白玉板、缸砖、水泥地砖、陶瓷锦砖等）和现代楼地面装饰（如地板革、地板块、木地板、地毯、橡胶板、玻璃钢、镭射玻璃、陶瓷砖、假麻石块等）。

(3) 室内顶棚装饰

通常是指屋架或屋面梁结构施工完成后，在其结构上所进行的各种不同材料的装饰装修。包括传统装饰中的一般室内混凝土屋面板抹灰、喷浆、秫秸龙骨吊顶裱糊白纸、木龙骨吊顶麻刀青灰顶棚和现代木、轻钢、铝合金龙骨吊顶的喷涂、石膏板、吸声板、夹丝玻璃、中空采光玻璃等顶棚及装饰。

(4) 室内门窗装饰

通常是指木、钢、铝合金、塑料、彩板、玻璃等材料的装饰装修。包括制作、安装在内的各类入室（户）门、浴厕门、隔门、阳台门、纱门；各类室内前窗、后窗、隔墙窗、侧窗、采光窗、百叶窗、纱窗、窗台板；各类窗帘盒（箱）、窗帘、浴帘；各类室内门锁及门、窗五金等的装饰装修。

(5) 室内木装饰

通常是指以各种硬木（如樟木、楠木、水曲柳等）、软木（如白松）、胶合板、木纹皮（纸）等木材的装饰，包括制作、安装在内的室内墙、柱、梁面（如墙裙、踢脚、挂镜线等）、地面、顶棚、隔断、壁橱、阁楼及其他（如阳台护板、窗台、扶手、压条、装饰条、家具、陈设）等的装饰装修。

(6) 室内涂装、涂料装饰

涂料、辅料可统称涂料，属装饰材料。其品种繁多，用途广泛。通常是指将黏性液体或粉状涂料，经配比调制成各种浆料或水质与油质涂料，用于木材、金属、水泥、混凝土、纸、塑料等制品表层上的装饰装修。涂料涂施于物体表层上不仅是一种工程装饰材料，而且还具有防腐、防锈、防潮等保护功能。

(7) 室内其他建筑装饰

通常是指与上述室内建筑装饰有关的其他部位（如壁柜、挂柜、墙面油饰彩画、零星裱糊等）的装饰。

2. 室内设备、设施装饰

以民用建筑为例，通常是指工作、学习与生活上所需要的各种设备、设施上的装饰装修。包括暖气设备、给水排水与卫生设备、电气与照明设备和煤气设备。

(1) 暖气设备装饰

通常是指供人们采暖用设备的装饰。包括暖气管、阀门和各种暖气加罩（如挂板式、平墙式、明式、半凹半凸式等）的装饰。

(2) 给水排水卫生设备装饰

通常是指供人们用水与污水排放和浴厕器具的装饰。包括给水与排水管、分户水表、阀门以及面盆、便器、浴缸等的装饰。

(3) 电气与照明设备装饰

通常是指供电、电气器具与设备的装饰。包括电气设备（如电灯、电话、电热水器等）明线暗敷、电气开关、各种灯具等的装饰。

(4) 煤气设备装饰

通常是指供生产与生活用燃煤、燃油器具的装饰。包括煤气发生器、灶具、管路、煤气表、阀门、煤气热水器等的装饰。

(5) 其他设备装饰

凡属与上述设备装饰有关的其他设备用具（如电加热器、取暖器、烤箱、消毒器等）的装饰。

需要强调的是，凡属室内设备的装饰装修，特别是家庭装饰时，必须注意室内暖气、卫生、电气和煤气等设备及管路的安全和使用功能要求，装饰时只能做外观处理，并应符合有关方面的规定和要求。

3. 室外建筑结构与环境装饰

按房屋建筑用途、结构，对房屋室外建筑结构部位进行装饰装修及其周围环境美化、绿化，是现代建筑装饰工程不可忽视的重要组成内容。可以划分为室外建筑结构装饰和室外环境装饰两部分。

(1) 室外建筑结构装饰

通常是指建筑物与构筑物自身的外部装饰。若按其不同结构部位和内容（或称分部分项)，也可细分为室外墙、柱、廊面工程，屋面工程，散水与甬道工程，门窗工程，涂装涂料工程和其他室外工程等的装饰装修。

1）室外墙、柱、廊面装饰，通常是指外墙、柱及附属工程（如外廊)，结构施工完成后在其面层上所进行的各种不同材料的装饰装修。包括一般外墙、柱、廊勾缝（清水墙)；外墙、柱、廊贴各种面砖（如陶瓷、大理石等)、拉毛、水刷石、剁斧石等混水墙、柱；须弥座、台基、女儿墙等的装饰装修。

2）屋面装饰，通常是指室外屋顶的面层装饰装修。包括各种屋面瓦、屋檐、飞檐屋脊及各种铁皮、塑料、橡胶等屋面材料的装饰装修。

3）散水、甬道装饰，通常是指勒脚以外地面的装饰装修。包括各种材料（如卵石、素混凝土、砖等）的散水、通往庭院和室内的通路等的装饰装修。

4）门窗装饰，通常是指室外门窗的装饰装修。包括室外防盗门（安全门)、防火门、太平门、月亮门和外墙窗及窗套、漏窗（花窗)、百叶窗、屋面以上的老虎窗、天窗、气窗等的装饰装修。

5）涂装涂料装饰，通常是指室外各结构部位的装饰装修。包括室外墙、柱、廊、屋面、门窗及其他零散部位的装饰装修。

6）其他室外装饰，通常是指上述室外结构装饰以外的其他零星装饰装修。包括店铺门面招牌、楼牌、压条、装饰条、美术字等的装饰装修。

(2) 室外环境装饰

为形成与室内装饰装修相和谐的优美、清新的室外环境，对庭院、居住与生活小区的装饰，主要是指室外居住环境和城市、村镇生活环境的美化、绿化。包括各种围墙、院门和街心公园、房屋之间的各种花草绿地、树木、灯饰、水榭、亭阁、小溪、小桥、假山、雕塑小品等的修饰、装点和点缀。

1.1.3 装饰装修工程等级与标准

1. 建筑等级

房屋建筑等级，通常按建筑物的使用性质和耐久性等划分为一级、二级、三级和四级，见表 1-1。

表 1-1 建筑等级

建筑等级	建筑物性质	耐久性
一级	有代表性、纪念性、历史性建筑物，如国家大会堂、博物馆、纪念馆建筑	100 年以上
二级	重要公共建筑物，如国宾馆、国际航空港、城市火车站、大型体育馆、大剧院、图书馆建筑	50 年以上

续表 1-1

建筑等级	建筑物性质	耐久性
三级	较重要的公共建筑和高级住宅，如外交公寓、高级住宅、高级商业服务建筑、医疗建筑、高等院校建筑	40～50 年
四级	普通建筑物，如居住建筑，交通、文化建筑等	15～40 年

2. 建筑装饰等级

一般来讲，建筑物的等级愈高，装饰标准也愈高。故根据房屋的使用性质和耐久性要求确定的建筑等级，应作为确定建筑装饰标准的参考依据。建筑装饰等级的划分是按照建筑等级并结合我国国情，按不同类型的建筑物来确定的，详见表 1-2。

表 1-2 建筑装饰等级

建筑装饰等级	建筑物类型
高等装饰	大型博览建筑，大型剧院，纪念性建筑，大型邮电、交通建筑，大型贸易建筑，大型体育馆，高级宾馆，高级住宅
中级装饰	广播通讯建筑，医疗建筑，商业建筑，普通博览建筑，邮电、交通、体育建筑，旅馆建筑，高教建筑，科研建筑
普通装饰	居住建筑，生活服务性建筑，普通行政办公楼，中、小学建筑

3. 建筑装饰标准

根据不同建筑装饰等级的建筑物的各个部位使用的材料和做法，按照不同类型的建筑来区分装饰标准，见表 1-3～表 1-5。

表 1-3 高级装饰建筑的内、外装饰标准

装饰部位	内装饰材料及做法	外装饰材料及做法
墙面	大理石、各种面砖、塑料墙纸（布）、织物墙面、木墙裙、喷涂高级涂料	天然石材（花岗岩）、饰面砖、装饰混凝土、高级涂料、玻璃幕墙
楼地面	彩色水磨石、天然石料或人造石板（如大理石）、木地板、塑料地板、地毯	—
顶棚	铝合金装饰板、塑料装饰板、装饰吸声板、塑料墙纸（布）、玻璃顶棚、喷涂高级涂料	外廊、雨篷底部参照内装饰
门窗	铝合金门窗、一级木材门窗、高级五金配件、窗帘盒、窗台板、喷涂高级油漆	各种颜色玻璃铝合金门窗、钢窗、遮阳板、卷帘门窗、光电感应门
设施	各种花饰、灯具、空调、自动扶梯、高档卫生设备	—

表 1-4 中级装饰建筑的内、外装饰标准

装饰部位		内装饰材料及做法	外装饰材料及做法
墙面		装饰抹灰、内墙涂料	各种面砖、外墙涂料、局部天然石材
楼地面		彩色水磨石、大理石、地毯、各种塑料地板	—
顶棚		胶合板、钙塑板、吸声板，各种涂料	外廊、雨篷底部参照内装饰
门窗		窗帘盒	普通钢、木门窗、主要入口铝合金门
卫生间	墙面	水泥砂浆、瓷砖内墙裙	—
	楼地面	水磨石、马赛克	—
	顶棚	混合砂浆、纸筋灰浆、涂料	—
	门窗	普通钢、木门窗	—

表 1-5 普通装饰建筑的内、外装饰标准

装饰部位	内装饰材料及做法	外装饰材料及做法
墙面	混合砂浆、纸筋灰、石灰浆、大白浆、内墙涂料、局部油漆墙裙	水刷石、干粘石、外墙涂料、局部面砖
楼地面	水泥砂浆、细石混凝土、局部水磨石	—
顶棚	直接抹水泥砂浆、水泥石灰浆、纸筋石灰浆或喷浆	外廊、雨篷底部参照内装饰
门窗	普通钢、木门窗，铁质五金配件	—

1.2 工程量清单计价及原理

1.2.1 工程量清单计价的概念

工程量清单是表现拟建工程的分部分项工程项目、措施项目、其他项目名称和相应数量的明细清单，包括分部分项工程量清单、措施项目清单、其他项目清单。

工程量清单计价是指投标人完成由招标人提供的工程量清单所需的全部费用，包括分部分项工程费、措施项目费、其他项目费和规费、税金。

工程量清单计价方法，是在建设工程招投标中，招标人或委托具有资质的中介机构编制反映工程实体消耗和措施性消耗的工程量清单，并作为招标文件的一部分提供给投标人，由投标人依据工程量清单自主报价的计价方式。在工程招投标中采用工程量清单计价是国际上较为通行的做法。

工程量清单计价办法的主旨就是在全国范围内，统一项目编码、统一项目名称、统一计量单位、统一工程量计算规则。在这四统一的前提下，由国家主管职能部门统一编制《建设工程工程量清单计价规范》GB 50500—2013，作为强制性标准，在全国统一实施。

1.2.2 工程量清单计价的原理

工程量清单计价的基本原理就是以招标人提供的工程量清单为平台，投标人根据自身

的技术、财务、管理能力进行投标报价，招标人根据具体的评标细则进行优选，这种计价方式是市场定价体系的具体表现形式。

工程量清单计价的基本过程可以描述为：在统一的工程量计算规则的基础上，制定工程量清单项目设置规则，根据具体工程的施工图纸计算出各个清单项目的工程量，再根据各种渠道所获得的工程造价信息和经验数据计算得到工程造价。这一基本的计算过程如图1-1所示。

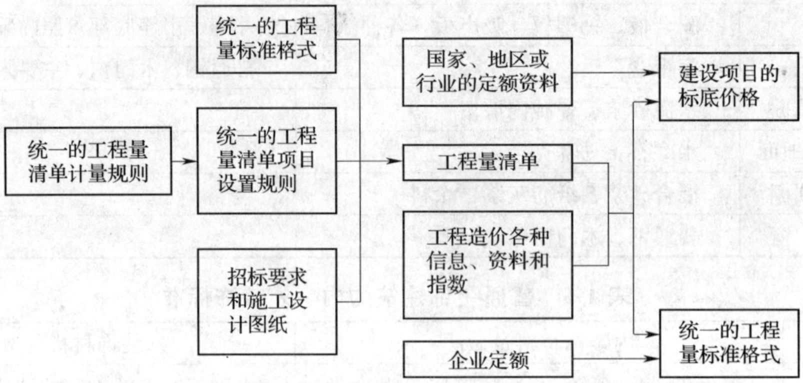

图1-1 工程造价工程量清单计价过程示意图

从工程量清单计价过程的示意图中可以看出，其编制过程可以分为两个阶段：工程量清单格式的编制和利用工程量清单来编制投标报价。投标报价是在业主提供的工程量计算结果的基础上，根据企业自身所掌握的各种信息、资料，结合企业定额编制出的。

1.3 影响工程量清单计价的因素

工程量清单报价中标的工程，无论采用何种计价方法，在正常情况下，基本说明工程造价已确定，只是当出现设计变更或工程量变动时，通过签证再结算调整另行计算。工程量清单工程成本要素的管理重点，是在既定收入的前提下，如何控制成本支出。

1.3.1 对用工批量的有效管理

人工费支出约占建筑产品成本的17%，且随市场价格波动而不断变化。对人工单价在整个施工期间作出切合实际的预测，是控制人工费用支出的前提条件。

首先根据施工进度，月初依据工序合理作出用工数量，结合市场人工单价计算出本月控制指标。

其次在施工过程中，依据工程分部分项，对每天用工数量连续记录，在完成一个分项后，就同工程量清单报价中的用工数量对比，进行横评找出存在问题，办理相应手续以便对控制指标加以修正。每月完成几个工程分项后，各自同工程量清单报价中的用工数量对比，考核控制指标完成情况。通过这种控制、节约用工数量，就意味着降低人工费支出，即增加了相应的效益。这种对用工数量控制的方法，最大优势在于不受任何工程结构形式的影响，分阶段加以控制，有很强的实用性。人工费用控制指标，主要是从量上加以控制。重点通过对在建工程过程控制，积累各类结构形式下实际用工数量的原始资料，以便形成企业定额体系。

1.3.2 材料费用的管理

材料费用开支约占建筑产品成本的63%，是成本要素控制的重点。材料费用因工程量清单报价形式不同，材料供应方式不同而有所不同。其主要问题可从施工企业采购过程降低材料单价来把握。首先对本月施工分项所需材料用量下发采购部门，在保证材料质量前提下货比三家。采购过程以工程量清单报价中材料价格为控制指标，确保采购过程产生收益。对业主供材供料，确保足斤足两，严把验收入库环节。其次在施工过程中，严格执行质量方面的程序文件，做到材料堆放合理布局，减少二次搬运。具体操作依据工程进度实行限额领料，完成一个分项后，考核控制效果。最后是杜绝没有收入的支出，把返工损失降到最低限度。月末应把控制用量和价格同实际数量横向对比，考核实际效果，对超用材料数量落实清楚，是在哪个工程子项造成的，原因是什么，是否存在同业主计取材料差价的问题等。

1.3.3 机械费用的管理

机械费的开支约占建筑产品成本的7%，其控制指标，主要是根据工程量清单计算出使用的机械控制台班数。在施工过程中，每天做详细台班记录，是否存在维修、待班的台班。如存在现场停电超过合同规定时间，应在当天同业主作好待班现场签证记录，月末将实际使用台班同控制台班的绝对数进行对比，分析量差发生的原因。对机械费价格一般采取租赁协议，合同一般在结算期内不变动，所以，控制实际用量是关键。依据现场情况做到设备合理布局，充分利用，特别是要合理安排大型设备进出场时间，以降低费用。

1.3.4 施工过程中水电费的管理

水电费的管理，在以往工程施工中一直被忽视。水作为人类赖以生存的宝贵资源，越来越短缺，正在给人类敲响警钟。这对加强施工过程中水电费管理的重要性不言而喻。为便于施工过程支出的控制管理，应把控制用量计算到施工子项以便于水电费用控制。月末依据完成子项所需水电用量同实际用量对比，找出差距的出处，以便制定改正措施。总之，施工过程中对水电用量控制不仅仅是一个经济效益的问题，更重要的是一个合理利用宝贵资源的问题。

1.3.5 对设计变更和工程签证的管理

在施工过程中，时常会遇到一些原设计未预料的实际情况或业主单位提出要求改变某些施工做法、材料代用等，引发设计变更；同样对施工图以外的内容及停水、停电，或因材料供应不及时造成停工、窝工等都需要办理工程签证。以上两部分工作，首先应由负责现场施工的技术人员做好工程量的确认，如存在工程量清单不包括的施工内容，应及时通知技术人员，将需要办理工程签证的内容落实清楚；其次工程造价人员审核变更或签证签字内容是否清楚完整、手续是否齐全。如手续不齐全，应在当天督促施工人员补办手续，变更或签证的资料应连续编号；最后工程造价人员还应特别注意在施工方案中涉及的工程造价问题。

在投标时工程量清单是依据以往的经验计价，建立在既定的施工方案基础上的。施工方案的改变便是对工程量清单造价的修正。变更或签证是工程量清单工程造价中所不包括的内容，但在施工过程中费用已经发生，工程造价人员应及时地编制变更及签证后的变动价值。加强设计变更和工程签证工作是施工企业经济活动中的一个重要组成部分，可以防止应得效益的流失，反映工程真实造价构成，对施工企业各级管理者来说显得更加重要。

1.3.6　对其他成本要素的管理

成本要素除工料单价法包含的以外，还有管理费用、利润、临时设施费、税金、保险费等。这部分收入已分散在工程量清单的子项之中，中标后已成既定的数，因而，在施工过程中应注意以下几点：

1）节约管理费用是重点，制定切实的预算指标，对每笔开支严格依据预算执行审批手续；提高管理人员的综合素质，做到高效精干，提倡一专多能。对办公费用的管理，从节约一张纸、减少每次通话时间等方面着手，精打细算，控制费用支出。

2）利润作为工程量清单子项收入的一部分，在成本不亏损的情况下，就是企业既定利润。

3）临时设施费管理的重点是，依据施工的工期及现场情况合理布局临时设施。尽可能就地取材搭建临时设施，工程接近竣工时及时减少临时设施的占用。对购买的彩板房每次安、拆要高抬轻放，延长使用次数。日常使用及时维护易损部位，延长使用寿命。

4）对税金、保险费的管理重点是资金问题，依据施工进度及时拨付工程款，确保按国家规定的税金及时上缴。

以上六个方面是施工企业的成本要素，针对工程量清单形式带来的风险性，施工企业要从加强过程控制的管理入手，才能将风险降到最低点。积累各种结构形式下成本要素的资料，逐步形成科学、合理的，具有代表人力、财力、技术力量的企业定额体系。通过企业定额，使报价不再盲目，避免一味过低或过高报价所形成的亏损、废标，以应对复杂激烈的市场竞争。

1.4　装饰装修工程项目组成与划分

1.4.1　装饰装修工程项目的组成

建设项目是一个有机整体，进行项目划分一是有利于对项目进行科学管理，包括投资管理、项目实施管理和技术管理；二是有利于经济核算，便于编制工程概预算。我们知道，想要直接计算出整个项目的总投资（造价）是很难的，为了算出工程造价必须先把项目分解成若干个简单的、易于计算的基本构成部分，再计算出每个基本构成部分所需的人工、材料、机械台班消耗量和相应的价值，则整个工程的造价即为各组成部分费用的总和。为此，将建设项目由大到小划分为建设项目、单项工程、单位工程、分部工程和分项工程五个组成部分。

1. 建设项目

建设项目亦称投资项目、建设单位，一般是指具有经批准按照一个设计任务书的范围进行施工，经济上实行统一核算，行政上具有独立组织形式的建设工程实体。建设项目一般由几个或若干个单项工程构成，也可以是一个独立工程。在民用建设中，一所学校、一所医院、一所宾馆、一个机关单位等为一个建设项目；在工业建设中，一个企业（工厂）、一个矿山（井）等为一个建设项目；在交通运输建设中，一条公路、一条铁路为一个建设项目。

2. 单项工程

单项工程又称工程项目、单体项目，是建设项目的组成部分。单项工程具有独立的设计文件，单独编制综合预算，能够单独施工，建成后可以独立发挥生产能力或使用效益的工程。如一个学校建设中的各幢教学楼、学生宿舍、图书馆等。

3. 单位工程

单位工程是单项工程的组成部分，具有单独设计的施工图纸和单独编制的施工图预算，可以独立组织施工，但建成后不能单独进行生产或发挥效益的工程。通常，单项工程要根据其中各个组成部分的性质不同分为若干个单位工程。例如，工厂（企业）的一个车间是单项工程，则车间厂房的土建工程、设备安装工程是单位工程；一幢办公楼的一般土建工程、建筑装饰工程、给水排水工程、采暖通风工程、煤气管道工程、电气照明工程均为一个单位工程。

需要说明的是，按传统的划分方法，装饰装修工程是建筑工程中一般土建工程的一个分部工程。随着经济发展和人们生活水平的普遍提高，工作、居住条件和环境日益改善，建筑装饰业已经发展成为一个新兴的、比较独立的行业，传统的分部工程便随之独立出来，成为单位工程，单独设计施工图纸，单独编制施工图预算。目前，已将原来意义上的装饰分部工程统称为建筑装饰装修工程或简称为装饰工程（单位工程）。

4. 分部工程

分部工程是单位工程的组成部分，一般是按单位工程的各个部位、主要结构、使用材料或施工方法等的不同而划分的工程。如建筑装饰单位工程分为：楼地面工程、墙柱面工程、顶棚工程、门窗工程、油漆、涂料工程、脚手架及其他工程等分部工程。

5. 分项工程

分项工程是分部工程的组成部分，它是建筑安装工程的基本构成因素，通过较为简单的施工过程就能完成，且可以用适当的计量单位加以计算的建筑安装工程产品。如墙柱面装饰工程中的内墙面贴瓷砖、内墙面贴花面砖、外墙面贴釉面砖等均为分项工程。

分项工程是单项工程（或工程项目）的最基本的构成要素，它只是便于计算工程量和确定其单位工程价值而人为设想出来的“假定产品”，但这种假想产品对编制工程预算、招标标底、投标报价，以及编制施工作业计划、进行工料分析和经济核算等都具有实用价值。企业定额和消耗量定额都是按分项工程甚至更小的子项进行列项编制的，建设项目预算文件（包括装饰项目预算）的编制也是从分项工程（常称定额子目或子项）开始，由小到大，分门别类地逐项计算归并为分部工程，再将各个分部工程汇总为单位工程预算或单项工程总预算。

1.4.2 装饰装修工程分部分项工程划分

根据《房屋建筑与装饰工程工程量计算规范》GB 50854—2013，装饰装修工程分为七个分部工程：楼地面工程，墙、柱面工程，顶棚工程，门窗工程，油漆、涂料、裱糊工程，其他工程，拆除工程。每个分部工程又分为若干个子分部工程。每个子分部工程中又分为若干个分项工程。每个分项工程有一个项目编码。装饰装修工程分部分项工程划分详见表1-6。

表 1-6 装饰装修工程分部分项工程划分

分部工程	子分部工程	分项工程
楼地面工程	整体面层及找平层	水泥砂浆楼地面，现浇水磨石楼地面，细石混凝土楼地面，菱苦土楼地面，自流坪楼地面，平面砂浆找平层
	块料面层	石材楼地面，碎石材楼地面，块料楼地面
	橡塑面层	橡胶板楼地面，橡胶板卷材楼地面，塑料板楼地面，塑料卷材楼地面
	其他材料面层	地毯楼地面，竹、木（复合）地板，金属复合地板，防静电活动地板
	踢脚线	水泥砂浆踢脚线，石材踢脚线，块料踢脚线，塑料板踢脚线，木质踢脚线，金属踢脚线，防静电踢脚线
	楼梯面层	石材楼梯面层，块料楼梯面层，拼碎块料面层，水泥砂浆楼梯面层，现浇水磨石楼梯面层，地毯楼梯面层，木板楼梯面层，橡胶板楼梯面层，塑料板楼梯面层
	台阶装饰	石材台阶面，块料台阶面，拼碎块料台阶面，水泥砂浆台阶面，现浇水磨石台阶面，剁假石台阶面
	零星装饰项目	石材零星项目，拼碎石材零星项目，块料零星项目，水泥砂浆零星项目
墙、柱面工程	墙面抹灰	墙面一般抹灰，墙面装饰抹灰，墙面勾缝，立面砂浆找平层
	柱（梁）面抹灰	柱、梁面一般抹灰，柱、梁面装饰抹灰，柱、梁面砂浆找平，柱、梁面勾缝
	零星抹灰	零星项目一般抹灰，零星项目装饰抹灰，零星项目砂浆找平
	墙面块料面层	石材墙面，拼碎石材墙面，块料墙面，干挂石材钢骨架
	柱（梁）面镶贴块料	石材柱面，块料柱面，拼碎块柱面，石材梁面，块料梁面
	镶贴零星块料	石材零星项目，块料零星项目，拼碎块零星项目
	墙饰面	墙面装饰板，墙面装饰浮雕
	柱（梁）饰面	柱（梁）面装饰，成品装饰柱
	幕墙工程	带骨架幕墙，全玻（无框玻璃）幕墙
	隔断	木隔断，金属隔断，玻璃隔断，塑料隔断，成品隔断，其他隔断
顶棚工程	顶棚抹灰	顶棚抹灰
	顶棚吊顶	吊顶顶棚，格栅吊顶，吊筒吊顶，藤条造型悬挂吊顶，织物软雕吊顶，装饰网架吊顶
	采光顶棚工程	采光顶棚
	顶棚其他装饰	灯带（槽），送风口、回风口

续表 1-6

分部工程	子分部工程	分 项 工 程
门窗工程	木门	木质门，木质门带套，木质连窗门，木质防火门，木门框，门锁安装
	金属门	金属（塑钢）门，彩板门，钢质防火门，防盗门
	金属卷帘（闸）门	金属卷帘（闸）门，防火卷帘（闸）门
	厂库房大门、特种门	木板大门，钢木大门，全钢板大门，防护铁丝门，金属格栅门，钢质花饰大门，特种门
	其他门	电子感应门，旋转门，电子对讲门，电动伸缩门，全玻自由门，镜面不锈钢饰面门，复合材料门
	木窗	木质窗，木飘（凸）窗，木橱窗，木纱窗
	金属窗	金属（塑钢、断桥）窗，金属防火窗，金属百叶窗，金属纱窗，金属格栅窗，金属（塑钢、断桥）橱窗，金属（塑钢、断桥）飘（凸）窗，彩板窗，复合材料窗
	门窗套	木门窗套，木筒子板，饰面夹板筒子板，金属门窗套，石材门窗套，门窗木贴脸，成品木门窗套
	窗台板	木窗台板，铝塑窗台板，金属窗台板，石材窗台板
	窗帘、窗帘盒、窗帘轨	窗帘，木窗帘盒，饰面夹板，塑料窗帘盒，铝合金窗帘盒，窗帘轨
油漆、涂料、裱糊	门油漆	木门油漆，金属门油漆
	窗油漆	木窗油漆，金属窗油漆
	扶手及其他板条、线条油漆	木扶手油漆，窗帘盒油漆，封檐板、顺水板油漆，挂衣板、黑板框油漆，挂镜线、窗帘棍、单独木线油漆
油漆、涂料、裱糊	木材面油漆	木护墙、木墙裙油漆，窗台板、筒子板、盖板、门窗套、踢脚线油漆，清水板条顶棚、檐口油漆，木方格吊顶顶棚油漆，吸音板墙面、顶棚面油漆，暖气罩油漆，其他木材面、木间壁、木隔断油漆，玻璃间壁露明墙筋油漆，木栅栏、木栏杆（带扶手）油漆，衣柜、壁柜油漆，梁柱饰面油漆，零星木装修油漆，木地板油漆，木地板烫硬蜡面
	金属面油漆	金属面油漆
	抹灰面油漆	抹灰面油漆，抹灰线条，油漆，满刮腻子
	喷刷涂料	墙面喷刷涂料，顶棚喷刷涂料，空花格、栏杆刷涂料，线条刷涂料，金属构件刷防火涂料，木材构件喷刷防火涂料
	裱糊	墙纸裱糊，织锦缎裱糊

续表 1-6

分部工程	子分部工程	分项工程
其他工程	柜类、货架	柜台，酒柜，衣柜，存包柜，鞋柜，书柜，厨房壁柜，木壁柜，厨房低柜，厨房吊柜，矮柜，吧台背柜，酒吧吊柜，酒吧台，展台，收银台，试衣间，货架，书架，服务台
	压条、装饰线	金属装饰线，木质装饰线，石材装饰线，石膏装饰线，镜面玻璃线，铝塑装饰线，塑料装饰线，GRC 装饰线条
	扶手、栏杆、栏板装饰	金属扶手、栏杆、栏板，硬木扶手、栏杆、栏板，塑料扶手、栏杆、栏板，GRC 栏杆、扶手，金属靠墙扶手，硬木靠墙扶手，塑料靠墙扶手，塑料靠墙扶手
	暖气罩	饰面板暖气罩，塑料板暖气罩，金属暖气罩
	浴厕配件	洗漱台，晒衣架，帘子杆，浴缸拉手，卫生间扶手，毛巾杆（架），毛巾环，卫生纸盒，肥皂盒，镜面玻璃，镜箱
	雨篷、旗杆	雨篷吊挂饰面，金属旗杆，玻璃雨篷
	招牌、灯箱	平面、箱式招牌，竖式标箱，灯箱，信报箱
	美术字	泡沫塑料字，有机玻璃字，木质字，金属字，吸塑字
拆除工程	抹灰层拆除	平面抹灰层拆除，立面抹灰层拆除，顶棚抹灰面拆除
	块料面层拆除	平面块料拆除，立面块料拆除
	龙骨及饰面拆除	楼地面龙骨及饰面拆除，墙柱面龙骨及饰面拆除，顶棚面龙骨及饰面拆除
	铲除油漆涂料裱糊面	铲除油漆面，铲除涂料面，铲除裱糊面
	栏杆栏板、轻质隔断隔墙拆除	栏杆、栏板拆除，隔断隔墙拆除
	灯具、玻璃拆除	灯具拆除，玻璃拆除
	其他构件拆除	暖气罩拆除，柜体拆除，窗台板拆除，筒子板拆除，窗帘盒拆除，窗帘轨拆除
	开孔（打洞）	开孔（打洞）

1.5　工程量清单计价表格及应用

工程计价表宜采用统一格式。各省、自治区、直辖市建设行政主管部门和行业建设主管部门可根据本地区、本行业的实际情况，在《建设工程工程量清单计价规范》

GB 50500—2013 附录 B 至附录 L 计价表格的基础上补充完善。

工程计价表格的设置应满足工程计价的需要，方便使用。投标人应按招标文件的要求，附工程量清单综合单价分析表。

工程量清单计价表格的组成及应用见表 1-7。装饰装修工程工程量计价表格的应用与填制说明见本书第 5 章。

表 1-7 工程量清单计价表格的组成及应用

序号	类别	表格名称	应用
1	封面	招标工程量清单封面：封-1	工程量清单
		招标控制价封面：封-2	招标控制价
		投标总价封面：封-3	投标报价
		竣工结算书封面：封-4	竣工结算
		工程造价鉴定意见书封面：封-5	工程造价鉴定
2	扉页	招标工程量清单扉页：扉-1	工程量清单
		招标控制价扉页：扉-2	招标控制价
		投标总价扉页：扉-3	投标报价
		竣工结算总价扉页：扉-4	竣工结算
		工程造价鉴定意见书扉页：扉-5	工程造价鉴定
3	总说明	总说明：表-01	工程量清单、招标控制价、投标报价、竣工结算、工程造价鉴定
4	工程计价汇总表	建设项目招标控制价/投标报价汇总表：表-02	招标控制价、投标报价
		单项工程招标控制价/投标报价汇总表：表-03	
		单位工程招标控制价/投标报价汇总表：表-04	
		建设项目竣工结算汇总表：表-05	竣工结算、工程造价鉴定
		单项工程竣工结算汇总表：表-06	
		单位工程竣工结算汇总表：表-07	
5	分部分项工程和措施项目计价表	分部分项工程和单价措施项目清单与计价表：表-08	工程量清单、招标控制价、投标报价、竣工结算、工程造价鉴定
		综合单价分析表：表-09	招标控制价、投标报价、竣工结算、工程造价鉴定
		综合单价调整表：表-10	工程造价鉴定
		总价措施项目清单与计价表：表-11	

续表 1-7

序号	类别	表格名称	应用
6	其他项目计价表	其他项目清单与计价汇总表：表-12	工程量清单、招标控制价、投标报价、竣工结算、工程造价鉴定
		暂列金额明细表：表-12-1	
		材料（工程设备）暂估单价及调整表：表-12-2	
		专业工程暂估价及结算价表：表-12-3	
		计日工表：表-12-4	
		总承包服务费计价表：表-12-5	
		索赔与现场签证计价汇总表：表-12-6	竣工结算、工程造价鉴定
		费用索赔申请（核准）表：表-12-7	
		现场签证表：表-12-8	
7	规费、税金项目计价表	规费、税金项目计价表：表-13	工程量清单、招标控制价、投标报价、竣工结算、工程造价鉴定
8	工程计量申请（核准）表	工程计量申请（核准）表：表-14	竣工结算、工程造价鉴定
9	合同价款支付申请（核准）表	预付款支付申请（核准）表：表-15	竣工结算、工程造价鉴定
		总价项目进度款支付分解表：表-16	投标报价、竣工结算、工程造价鉴定
		进度款支付申请（核准）表：表-17	竣工结算、工程造价鉴定
		竣工结算款支付申请（核准）表：表-18	
		最终结清支付申请（核准）表：表-19	
10	主要材料、工程设备一览表	发包人提供材料和工程设备一览表：表-20	工程量清单、招标控制价、投标报价、竣工结算、工程造价鉴定
		承包人提供主要材料和工程设备一览表（适用于造价信息差额调整法）：表-21	
		承包人提供主要材料和工程设备一览表（适用于价格指数差额调整法）：表-22	

注：本表中应用栏“工程量清单”指工程量清单编制时使用的表格；“招标控制价”指招标控制价编制时使用的表格；“投标报价”指投标报价编制时使用的表格；“竣工结算”指竣工结算编制时使用的表格；“工程造价鉴定”指工程造价鉴定编制时使用的表格。

2 工程量清单计价费用构成与计算

2.1 工程量清单计价费用概述

为适应深化工程计价改革的需要，根据国家有关法律、法规及相关政策，中华人民共和国住房和城乡建设部、财政部修订了建标〔2013〕44号文件《建筑安装工程费用项目组成》（以下简称《费用组成》），自2013年7月1日起实施，原建设部、财政部《关于印发<建筑安装工程费用项目组成>的通知》（建标〔2003〕206号）同时废止。

《费用组成》的调整内容和贯彻实施的有关项目如下：

1）建筑安装工程费用项目按费用构成要素组成划分为人工费、材料费、施工机具使用费、企业管理费、利润、规费和税金。

2）为指导工程造价专业人员计算建筑安装工程造价，将建筑安装工程费用按工程造价形成顺序划分为分部分项工程费、措施项目费、其他项目费、规费和税金。

3）按照国家统计局《关于工资总额组成的规定》，合理调整了人工费构成及内容。

4）依据国家发展改革委、财政部等9部委发布的《标准施工招标文件》的有关规定，将工程设备费列入材料费；原材料费中的检验试验费列入企业管理费。

5）将仪器仪表使用费列入施工机具使用费；大型机械进场及安拆费列入措施项目费。

6）按照《社会保险法》的规定，将原企业管理费中劳动保险费中的职工死亡丧葬补助费、抚恤费列入规费中的养老保险费；在企业管理费中的财务费和其他中的增加担保费用、投标费、保险费。

7）按照《社会保险法》、《建筑法》的规定，取消原规费中危险作业意外伤害保险费，增加工伤保险费、生育保险费。

8）按照财政部的有关规定，在税金中增加地方教育附加。

2.2 按费用构成要素划分的构成与计算

建筑安装工程费按照费用构成要素，由人工费、材料（包含工程设备，下同）费、施工机具使用费、企业管理费、利润、规费和税金组成。其中人工费、材料费、施工机具使用费、企业管理费和利润包含在分部分项工程费、措施项目费、其他项目费中，如图2-1所示。

2.2.1 人工费构成与计算

人工费指按工资总额构成规定，支付给从事建筑安装工程施工的生产工人和附属生产单位工人的各项费用。

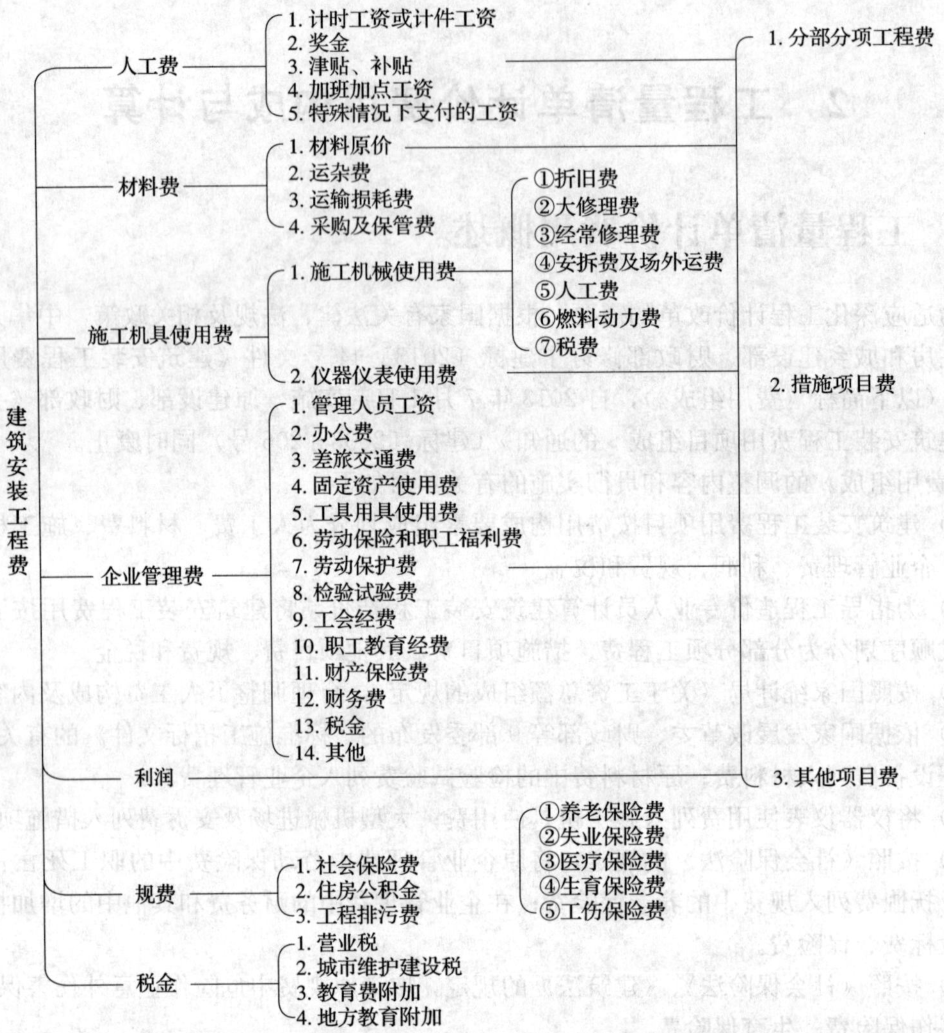

图 2-1 建筑安装工程费用项目组成（按费用构成要素划分）

1. 人工费的构成

人工费的主要构成项目见表 2-1。

表 2-1 人工费的主要构成项目

序号	组成项目	具体内容
1	计时工资或计件工资	按计时工资标准和工作时间或对已做工作按计件单价支付给个人的劳动报酬
2	奖金	对超额劳动和增收节支支付给个人的劳动报酬。如节约奖、劳动竞赛奖等
3	津贴补贴	为了补偿职工特殊或额外的劳动消耗和因其他特殊原因支付给个人的津贴，以及为了保证职工工资水平不受物价影响支付给个人的物价补贴。如流动施工津贴、特殊地区施工津贴、高温（寒）作业临时津贴、高空津贴等

续表 2-1

序号	组成项目	具体内容
4	加班加点工资	按规定支付的在法定节假日工作的加班工资和在法定工作时间外延时工作的加班工资
5	特殊情况下支付的工资	根据国家法律、法规和政策规定，因病、工伤、产假、计划生育假、婚丧假、事假、探亲假、定期休假、停工学习、执行国家或社会义务等原因按计时工资标准或计时工资标准的一定比例支付的工资

2. 人工费的计算

人工费的计算公式如下：

公式 1：

$$人工费=\sum(工日消耗量\times日工资单价) \tag{2-1}$$

$$日工资单价=\frac{生产工人平均月工资(计时计件)+平均月(奖金+津贴补贴+特殊情况下支付的工资)}{年平均每月法定工作日} \tag{2-2}$$

注：公式（2-1）主要适用于施工企业投标报价时自主确定人工费，也是工程造价管理机构编制计价定额确定定额人工单价或发布人工成本信息的参考依据。

公式 2：

$$人工费=\sum(工程工日消耗量\times日工资单价) \tag{2-3}$$

注：公式（2-3）适用于工程造价管理机构编制计价定额时确定定额人工费，是施工企业投标报价的参考依据。

日工资单价是指施工企业平均技术熟练程度的生产工人在每工作日（国家法定工作时间内）按规定从事施工作业应得的日工资总额。

工程造价管理机构确定日工资单价应通过市场调查、根据工程项目的技术要求，参考实物工程量人工单价综合分析确定，最低日工资单价不得低于工程所在地人力资源和社会保障部门所发布的最低工资标准的：普工 1.3 倍、一般技工 2 倍、高级技工 3 倍。

工程计价定额不可只列一个综合工日单价，应根据工程项目技术要求和工种差别适当划分多种日人工单价，确保各分部工程人工费的合理构成。

2.2.2 材料费构成与计算

材料费指施工过程中耗费的原材料、辅助材料、构配件、零件、半成品或成品、工程设备的费用。

1. 材料费的构成

材料费的主要构成项目见表 2-2。

表 2-2 材料费的主要构成项目

序号	组成项目	具体内容
1	材料原价	材料、工程设备的出厂价格或商家供应价格
2	运杂费	材料、工程设备自来源地运至工地仓库或指定堆放地点所发生的全部费用

续表 2-2

序号	组成项目	具体内容
3	运输损耗费	材料在运输装卸过程中不可避免的损耗
4	采购及保管费	为组织采购、供应和保管材料、工程设备的过程中所需要的各项费用。包括采购费、仓储费、工地保管费、仓储损耗 工程设备是指构成或计划构成永久工程一部分的机电设备、金属结构设备、仪器装置及其他类似的设备和装置

2. 材料费的计算

材料费的计算公式如下：

1）材料费：

$$材料费 = \sum(材料消耗量 \times 材料单价) \tag{2-4}$$

$$材料单价 = \{(材料原价 + 运杂费) \times [1 + 运输损耗率(\%)]\} \times [1 + 采购保管费率(\%)] \tag{2-5}$$

2）工程设备费：

$$工程设备费 = \sum(工程设备量 \times 工程设备单价) \tag{2-6}$$

$$工程设备单价 = (设备原价 + 运杂费) \times [1 + 采购保管费率(\%)] \tag{2-7}$$

2.2.3 施工机具使用费构成与计算

施工机具使用费指施工作业所发生的施工机械、仪器仪表使用费或其租赁费。

1. 施工机具使用费的构成

施工机具使用费的主要构成项目见表 2-3。

表 2-3 施工机具使用费的主要构成项目

<table>
<tr><th>序号</th><th colspan="3">组成项目</th><th>具体内容</th></tr>
<tr><td rowspan="5">1</td><td rowspan="5">施工机械使用费</td><td colspan="2">折旧费</td><td>施工机械在规定的使用年限内陆续收回其原值的费用</td></tr>
<tr><td colspan="2">大修理费</td><td>施工机械按规定的大修理间隔台班进行必要的大修理，以恢复其正常功能所需的费用</td></tr>
<tr><td colspan="2">经常修理费</td><td>施工机械除大修理以外的各级保养和临时故障排除所需的费用。包括为保障机械正常运转所需替换设备与随机配备工器具的摊销和维护费用，机械运转中日常保养所需润滑与擦拭的材料费用及机械停滞期间的维护和保养费用等</td></tr>
<tr><td rowspan="2">安拆费及场外运费</td><td>安拆费</td><td>施工机械（大型机械除外）在现场进行安装与拆卸所需的人工、材料、机械和试运转费用以及机械辅助设施的折旧、搭设、拆除等费用</td></tr>
<tr><td>场外运费</td><td>施工机械整体或分体自停放地点运至施工现场或由一施工地点运至另一施工地点的运输、装卸、辅助材料及架线等费用</td></tr>
</table>

续表 2-3

序号	组成项目		具体内容
1	施工机械使用费	人工费	机上司机（司炉）和其他操作人员的人工费
		燃料动力费	施工机械在运转作业中所消耗的各种燃料及水、电等费用
		税费	施工机械按照国家规定应缴纳的车船使用税、保险费及年检费等
2	仪器仪表使用费		工程施工所需使用的仪器仪表的摊销及维修费用

注：施工机械使用费以施工机械台班耗用量乘以施工机械台班单价表示。

2. 施工机具使用费的计算

施工机具使用费的计算公式如下：

1）施工机械使用费：

$$\text{施工机械使用费} = \sum(\text{施工机械台班消耗量} \times \text{机械台班单价}) \tag{2-8}$$

$$\begin{aligned}\text{机械台班单价} = {} & \text{台班折旧费} + \text{台班大修费} + \text{台班经常修理费} + \\ & \text{台班安拆费及场外运费} + \text{台班人工费} + \\ & \text{台班燃料动力费} + \text{台班车船税费}\end{aligned} \tag{2-9}$$

注：工程造价管理机构在确定计价定额中的施工机械使用费时，应根据《建筑施工机械台班费用计算规则》结合市场调查编制施工机械台班单价。施工企业可以参考工程造价管理机构发布的台班单价，自主确定施工机械使用费的报价，如租赁施工机械，公式为：施工机械使用费＝∑（施工机械台班消耗量×机械台班租赁单价）

2）仪器仪表使用费：

$$\text{仪器仪表使用费} = \text{工程使用的仪器仪表摊销费} + \text{维修费} \tag{2-10}$$

2.2.4 企业管理费构成与计算

企业管理费指建筑安装企业组织施工生产和经营管理所需费用。

1. 企业管理费的构成

企业管理费的主要构成项目见表 2-4。

表 2-4 企业管理费的主要构成项目

序号	组成项目	具体内容
1	管理人员工资	按规定支付给管理人员的计时工资、奖金、津贴补贴、加班加点工资及特殊情况下支付的工资等
2	办公费	企业管理办公用的文具、纸张、账表、印刷、邮电、书报、办公软件、现场监控、会议、水电、烧水和集体取暖降温（包括现场临时宿舍取暖降温）等费用
3	差旅交通费	职工因公出差、调动工作的差旅费、住勤补助费，市内交通费和误餐补助费，职工探亲路费，劳动力招募费，职工退休、退职一次性路费，工伤人员就医路费，工地转移费以及管理部门使用的交通工具的油料、燃料等费用
4	固定资产使用费	管理和试验部门及附属生产单位使用的属于固定资产的房屋、设备、仪器等的折旧、大修、维修或租赁费
5	工具用具使用费	企业施工生产和管理使用的不属于固定资产的工具、器具、家具、交通工具和检验、试验、测绘、消防用具等的购置、维修和摊销费

续表 2-4

序号	组成项目	具体内容
6	劳动保险和职工福利费	由企业支付的职工退职金、按规定支付给离休干部的经费，集体福利费、夏季防暑降温、冬季取暖补贴、上下班交通补贴等
7	劳动保护费	企业按规定发放的劳动保护用品的支出。如工作服、手套、防暑降温饮料以及在有碍身体健康的环境中施工的保健费用等
8	检验试验费	施工企业按照有关标准规定，对建筑以及材料、构件和建筑安装物进行一般鉴定、检查所发生的费用，包括自设试验室进行试验所耗用的材料等费用。不包括新结构、新材料的试验费，对构件做破坏性试验及其他特殊要求检验试验的费用和建设单位委托检测机构进行检测的费用。对此类检测发生的费用，由建设单位在工程建设其他费用中列支。但对施工企业提供的具有合格证明的材料进行检测不合格的，该检测费用由施工企业支付
9	工会经费	企业按《中华人民共和国工会法》规定的全部职工工资总额比例计提的工会经费
10	职工教育经费	按职工工资总额的规定比例计提，企业为职工进行专业技术和职业技能培训，专业技术人员继续教育、职工职业技能鉴定、职业资格认定以及根据需要对职工进行各类文化教育所发生的费用
11	财产保险费	施工管理用财产、车辆等的保险费用
12	财务费	企业为施工生产筹集资金或提供预付款担保、履约担保、职工工资支付担保等所发生的各种费用
13	税金	企业按规定缴纳的房产税、车船使用税、土地使用税、印花税等
14	其他	包括技术转让费、技术开发费、投标费、业务招待费、绿化费、广告费、公证费、法律顾问费、审计费、咨询费、保险费等

2. 企业管理费的计算

企业管理费的计算公式如下：

1）以分部分项工程费为计算基础：

$$\text{企业管理费费率}(\%)=\frac{\text{生产工人年平均管理费}}{\text{年有效施工天数}\times\text{人工单价}}\times\text{人工费占分部分项目工程费比例}(\%) \quad (2\text{-}11)$$

2）以人工费和机械费合计为计算基础：

$$\text{企业管理费费率}(\%)=\frac{\text{生产工人年平均管理费}}{\text{年有效施工天数}\times(\text{人工单价}+\text{每工日机械使用费})}\times100\% \quad (2\text{-}12)$$

3）以人工费为计算基础：

$$\text{企业管理费费率}(\%)=\frac{\text{生产工人年平均管理费}}{\text{年有效施工天数}\times\text{人工单价}}\times100\% \quad (2\text{-}13)$$

注：上述公式适用于施工企业投标报价时自主确定管理费，是工程造价管理机构编制计价定额，确定企业管理费的参考依据。

工程造价管理机构在确定计价定额中企业管理费时，应以定额人工费或定额人工费+定额机械费作为计算基数，其费率根据历年工程造价积累的资料，辅以调查数据确定，列入分部分项工程和措施项目中。

2.2.5 利润构成与计算

利润指施工企业完成所承包工程获得的盈利。施工企业根据企业自身需求并结合建筑市场实际自主确定，列入报价中。

工程造价管理机构在确定计价定额中的利润时，应以定额人工费或定额人工费+定额机械费作为计算基数，其费率根据历年工程造价积累的资料，并结合建筑市场实际确定，以单位（单项）工程测算，利润在税前建筑安装工程费的比重可按不低于5%且不高于7%的费率计算。利润应列入分部分项工程和措施项目中。

2.2.6 规费构成与计算

规费指按国家法律、法规规定，由省级政府和省级有关权力部门规定必须缴纳或计取的费用。

规费的主要构成项目见表2-5。

表2-5 规费的主要构成项目

序号	组成项目		具体内容
1	社会保险费	养老保险费	企业按照规定标准为职工缴纳的基本养老保险费
		失业保险费	企业按照规定标准为职工缴纳的失业保险费
		医疗保险费	企业按照规定标准为职工缴纳的基本医疗保险费
		生育保险费	企业按照规定标准为职工缴纳的生育保险费
		工伤保险费	企业按照规定标准为职工缴纳的工伤保险费
2	住房公积金		企业按规定标准为职工缴纳的住房公积金
3	工程排污费		按规定缴纳的施工现场工程排污费

注：其他应列而未列入的规费，按实际发生计取。

2.2.7 税金构成与计算

1. 税金的构成

税金指国家税法规定的应计入建筑安装工程造价内的营业税、城市维护建设税、教育费附加以及地方教育附加。

2. 税金的计算

税金计算公式如下：

$$税金 = 税前造价 \times 综合税率(\%) \tag{2-14}$$

综合税率：

1）纳税地点在市区的企业：

$$综合税率(\%) = \frac{1}{1-3\%-(3\%\times 7\%)-(3\%\times 3\%)-(3\%\times 2\%)}-1 \tag{2-15}$$

2）纳税地点在县城、镇的企业：

$$综合税率(\%)=\frac{1}{1-3\%-(3\%\times5\%)-(3\%\times3\%)-(3\%\times2\%)}-1 \quad (2\text{-}16)$$

3）纳税地点不在市区、县城、镇的企业：

$$综合税率(\%)=\frac{1}{1-3\%-(3\%\times1\%)-(3\%\times3\%)-(3\%\times2\%)}-1 \quad (2\text{-}17)$$

4）实行营业税改增值税的，按纳税地点现行税率计算。

2.3　按造价形式划分的构成与计算

建筑安装工程费按照工程造价形式由分部分项工程费、措施项目费、其他项目费、规费、税金组成，分部分项工程费、措施项目费、其他项目费包含人工费、材料费、施工机具使用费、企业管理费和利润，如图 2-2 所示。

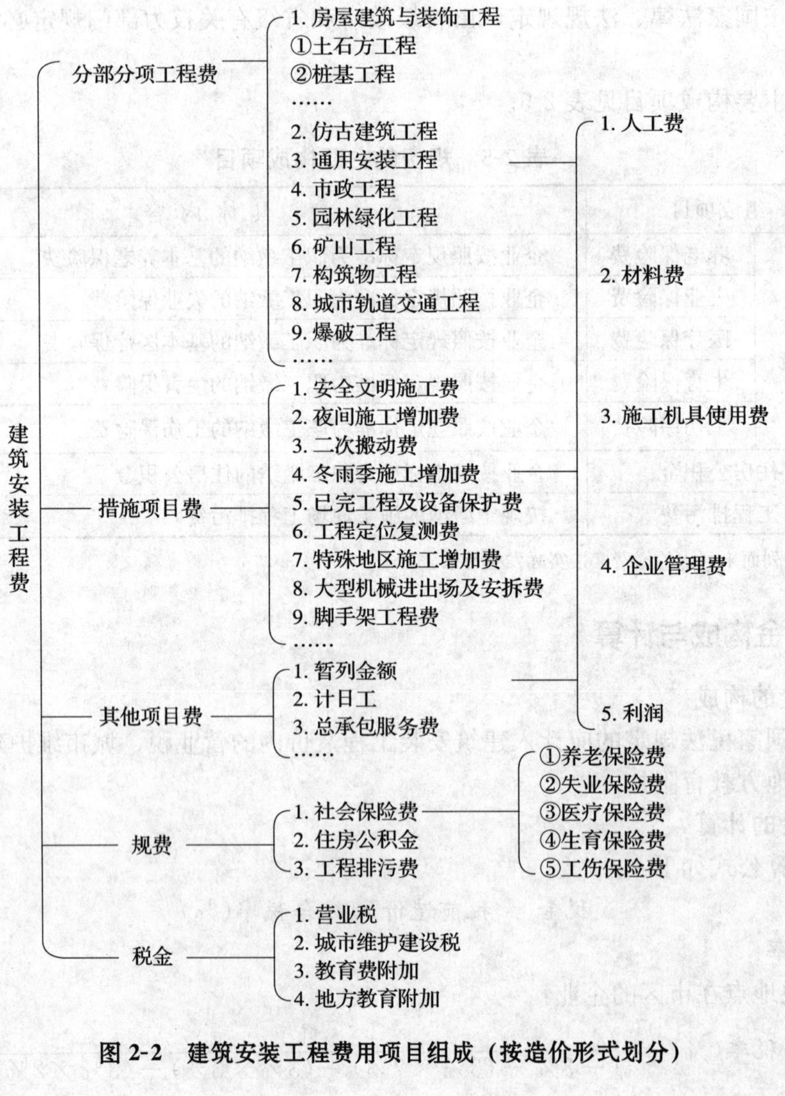

图 2-2　建筑安装工程费用项目组成（按造价形式划分）

2.3.1 分部分项工程费构成与计算

分部分项工程费是指各专业工程的分部分项工程应予列支的各项费用。

1. 分部分项工程费构成

分部分项工程项目的构成见表 2-6。

表 2-6 分部分项工程项目的构成

序号	组成项目	具体内容
1	专业工程	按现行国家计量规范划分的房屋建筑与装饰工程、仿古建筑工程、通用安装工程、市政工程、园林绿化工程、矿山工程、构筑物工程、城市轨道交通工程、爆破工程等各类工程
2	分部分项工程	按现行国家计量规范对各专业工程划分的项目

注：各类专业工程的分部分项工程划分见现行国家或行业计量规范。

2. 分部分项工程费计算

分部分项工程费的计算公式如下：

$$分部分项工程费=\sum(分部分项工程量\times 综合单价) \tag{2-18}$$

式中：综合单价包括人工费、材料费、施工机具使用费、企业管理费和利润以及一定范围的风险费用（下同）。

2.3.2 措施项目费构成与计算

措施项目费是指为完成建设工程施工，发生于该工程施工前和施工过程中的技术、生活、安全、环境保护等方面的费用。

1. 措施项目费的构成（表 2-7）

表 2-7 措施项目费的构成

序号	组成项目		具体内容
1	安全文明施工费	环境保护费	施工现场为达到环保部门要求所需要的各项费用
		文明施工费	施工现场文明施工所需要的各项费用
		安全施工费	施工现场安全施工所需要的各项费用
		临时设施费	施工企业为进行建设工程施工所必须搭设的生活和生产用的临时建筑物、构筑物和其他临时设施费用，包括临时设施的搭设、维修、拆除、清理费或摊销费等
2	夜间施工增加费		因夜间施工所发生的夜班补助费、夜间施工降效、夜间施工照明设备摊销及照明用电等费用
3	二次搬运费		因施工场地条件限制而发生的材料、构配件、半成品等一次运输不能到达堆放地点，必须进行二次或多次搬运所发生的费用

续表 2-7

序号	组成项目	具体内容
4	冬雨季施工增加费	在冬季或雨季施工需增加的临时设施，防滑、排除雨雪，人工及施工机械效率降低等费用
5	已完工程及设备保护费	竣工验收前对已完工程及设备采取的必要保护措施所发生的费用
6	工程定位复测费	工程施工过程中进行全部施工测量放线和复测工作的费用
7	特殊地区施工增加费	工程在沙漠或其边缘地区、高海拔、高寒、原始森林等特殊地区施工增加的费用
8	大型机械设备进出场及安拆费	机械整体或分体自停放场地运至施工现场，或由一个施工地点运至另一个施工地点所发生的机械进出场运输及转移费用及机械在施工现场进行安装、拆卸所需的人工费、材料费、机械费、试运转费和安装所需的辅助设施的费用
9	脚手架工程费	施工需要的各种脚手架搭、拆、运输费用以及脚手架购置费的摊销（或租赁）费用

注：措施项目及其包含的内容详见各类专业工程的现行国家或行业计量规范。

2. 措施项目费计算

措施项目费的计算公式如下：

1）国家计量规范规定应予计量的措施项目，其计算公式为：

$$措施项目费=\sum(措施项目工程量\times综合单价) \tag{2-19}$$

2）国家计量规范规定不宜计量的措施项目，其计算方法如下：

①安全文明施工费：

$$安全文明施工费=计算基数\times安全文明施工费费率(\%) \tag{2-20}$$

计算基数应为定额基价（定额分部分项工程费＋定额中可以计量的措施项目费）、定额人工费或定额人工费＋定额机械费，其费率由工程造价管理机构根据各专业工程的特点综合确定。

②夜间施工增加费：

$$夜间施工增加费=计算基数\times夜间施工增加费费率(\%) \tag{2-21}$$

③二次搬运费：

$$二次搬运费=计算基数\times二次搬运费费率(\%) \tag{2-22}$$

④冬雨季施工增加费：

$$冬雨季施工增加费=计算基数\times冬雨季施工增加费费率(\%) \tag{2-23}$$

⑤已完工程及设备保护费：

$$已完工程及设备保护费=计算基数\times已完工程及设备保护费费率(\%) \tag{2-24}$$

上述②～⑤项措施项目的计费基数应为定额人工费或定额人工费＋定额机械费，其费率由工程造价管理机构根据各专业工程特点和调查资料综合分析后确定。

2.3.3 其他项目费构成与计算

其他项目费的构成见表 2-8。

表 2-8 其他项目费的构成

序号	组成项目	具体内容
1	暂列金额	建设单位在工程量清单中暂定并包括在工程合同价款中的一笔款项。用于施工合同签订时尚未确定或者不可预见的所需材料、工程设备、服务的采购，施工中可能发生的工程变更、合同约定调整因素出现时的工程价款调整以及发生的索赔、现场签证确认等的费用
2	计日工	在施工过程中，施工企业完成建设单位提出的施工图纸以外的零星项目或工作所需的费用
3	总承包服务费	总承包人为配合、协调建设单位进行的专业工程发包，对建设单位自行采购的材料、工程设备等进行保管以及施工现场管理、竣工资料汇总整理等服务所需的费用

1）暂列金额由建设单位根据工程特点，按有关计价规定估算，施工过程中由建设单位掌握使用。扣除合同价款调整后如有余额，归建设单位。

2）计日工由建设单位和施工企业按施工过程中的签证计价。

3）总承包服务费由建设单位在招标控制价中根据总包服务范围和有关计价规定编制，施工企业投标时自主报价，施工过程中按签约合同价执行。

2.3.4 规费构成与计算

规费定义同“2.2.6 规费构成与计算”。

建设单位和施工企业均应按照省、自治区、直辖市或行业建设主管部门颁布的标准计算，不得作为竞争性费用。

2.3.5 税金构成与计算

税金定义同“2.2.7 税金构成与计算”。

建设单位和施工企业均应按照省、自治区、直辖市或行业建设主管部门颁布的标准计算，不得作为竞争性费用。

2.4 工程费用计算相关说明

1）各专业工程计价定额的编制及其计价程序，均按上述计算方法实施。

2）各专业工程计价定额的使用周期原则上为 5 年。

3）工程造价管理机构在定额使用周期内，应及时发布人工、材料、机械台班价格信息，实行工程造价动态管理，如遇国家法律、法规、规章或相关政策变化以及建筑市场物价波动较大时，应适时调整定额人工费、定额机械费以及定额基价或规费费率，使建筑安装工程费能反映建筑市场实际。

4）建设单位应按照各专业工程的计量规范和计价定额以及工程造价信息编制招标控制价。

5）施工企业在使用计价定额时除不可竞争费用外，其余仅作参考，由施工企业投标时自主报价。

3 工程量清单与清单计价编制

3.1 工程量清单编制

3.1.1 一般规定

1. 清单编制主体

招标工程量清单应由具有编制能力的招标人，或受其委托具有相应资质的工程造价咨询人或招标代理人编制。

2. 清单编制条件及责任

招标工程量清单必须作为招标文件的组成部分，其准确性和完整性由招标人负责。

3. 清单编制的作用

招标工程量清单是工程量清单计价的基础，应作为编制招标控制价、投标报价、计算工程量、工程索赔等的依据之一。

4. 清单的组成

招标工程量清单应以单位（项）工程为单位编制，应由分部分项工程量清单、措施项目清单、其他项目清单、规费和税金项目清单组成。

5. 清单编制依据

编制工程量清单应依据：

1）《房屋建筑与装饰工程工程量计算规范》GB 50854—2013 和现行国家标准《建设工程工程量清单计价规范》GB 50500—2013。

2）国家或省级、行业建设主管部门颁发的计价依据和办法。

3）建设工程设计文件。

4）与建设工程项目有关的标准、规范、技术资料。

5）拟定的招标文件。

6）施工现场情况、工程特点及常规施工方案。

7）其他相关资料。

6. 编制要求

1）其他项目、规费和税金项目清单应按照现行国家标准《建设工程工程量清单计价规范》GB 50500—2013 的相关规定编制。

2）编制工程量清单出现《房屋建筑与装饰工程工程量计算规范》GB 50854—2013 附录中未包括的项目，编制人应做补充，并报省级或行业工程造价管理机构备案，省级或行业工程造价管理机构应汇总报住房和城乡建设部标准定额研究所。

补充项目的编码由《房屋建筑与装饰工程工程量计算规范》GB 50854—2013 的代码 01 与 B 和三位阿拉伯数字组成，并应从 01B001 起顺序编制，同一招标工程的项目不得重码。

补充的工程量清单需附有补充项目的名称、项目特征、计量单位、工程量计算规则、工作内容。不能计量的措施项目，需附有补充项目的名称、工作内容及包含范围。

3.1.2 分部分项工程

1. 工程量清单编码

1）工程量清单应根据《房屋建筑与装饰工程工程量计算规范》GB 50854—2013 附录规定的项目编码、项目名称、项目特征、计量单位和工程量计算规则进行编制。

2）工程量清单的项目编码，应采用前十二位阿拉伯数字表示，一至九位应按《房屋建筑与装饰工程工程量计算规范》GB 50854—2013 附录的规定设置，十至十二位应根据拟建工程的工程量清单项目名称设置，同一招标工程的项目编码不得有重码。

一至十二位数字的含义是：一、二位为专业工程代码（01—房屋建筑与装饰工程；02—仿古建筑工程；03—通用安装工程；04—市政工程；05—园林绿化工程；06—矿山工程；07—构筑物工程；08—城市轨道交通工程；09—爆破工程。以后进入国标的专业工程代码依此类推）；三、四位为工程分类顺序码；五、六位为分部工程顺序码；七、八、九位为分项工程项目名称顺序码；十至十二位为清单项目名称顺序码。

当同一标段（或合同段）的一份工程量清单中含有多个单位工程且工程量清单是以单位工程为编制对象时，在编制工程量清单时应特别注意对项目编码十至十二位的设置不得有重码的规定。

2. 工程量清单项目名称与项目特征

1）工程量清单的项目名称应按《房屋建筑与装饰工程工程量计算规范》GB 50854—2013 附录的项目名称结合拟建工程的实际确定。

2）分部分项工程量清单项目特征应按《房屋建筑与装饰工程工程量计算规范》GB 50854—2013 附录规定的项目特征，结合拟建工程项目的实际予以描述。

工程量清单的项目特征是确定一个清单项目综合单价不可缺少的重要依据，在编制工程量清单时，必须对项目特征进行准确和全面的描述。但有些项目特征用文字往往又难以准确和全面地描述清楚。因此，为达到规范、简洁、准确、全面描述项目特征的要求，在描述工程量清单项目特征时应按以下原则进行：

①项目特征描述的内容应按《房屋建筑与装饰工程工程量计算规范》GB 50854—2013 附录中的规定，结合拟建工程的实际，能满足确定综合单价的需要。

②若采用标准图集或施工图纸能够全部或部分满足项目特征描述的要求，项目特征描述可直接采用详见××图集或××图号的方式。对不能满足项目特征描述要求的部分，仍应用文字描述。

3. 工程量计算规则与计量单位

1）工程量清单中所列工程量应按《房屋建筑与装饰工程工程量计算规范》GB 50854—2013 附录中规定的工程量计算规则计算。

2）分部分项工程量清单的计量单位应按《房屋建筑与装饰工程工程量计算规范》GB 50854—2013 附录中规定的计量单位确定。

3.1.3 措施项目

1）措施项目清单必须根据相关工程现行国家计量规范的规定编制，应根据拟建工程的实际情况列项。

2）措施项目中列出了项目编码、项目名称、项目特征、计量单位、工程量计算规则的项目。编制工程量清单时，应按照“分部分项工程”的规定执行。

3）措施项目中仅列出项目编码、项目名称，未列出项目特征、计量单位和工程量计算规则的项目编制工程量清单时，应按第5章“措施项目”规定的项目编码、项目名称确定。

3.1.4 其他项目

其他项目清单应按照暂列金额、暂估价、计日工、总承包服务费列项。

1. 暂列金额

暂列金额是招标人暂定并包括在合同价款中的一笔款项。不管采用何种合同形式，其理想的标准是，一份合同的价格就是其最终的竣工结算价格，或者至少两者应尽可能接近。我国规定对政府投资工程实行概算管理，经项目审批部门批复的设计概算是工程投资控制的刚性指标，即使商业性开发项目也有成本的预先控制问题，否则，无法相对准确地预测投资的收益和科学合理地进行投资控制。但工程建设自身的特性决定了工程的设计需要根据工程进展不断地进行优化和调整，业主需求可能会随工程建设进展而出现变化，工程建设过程还会存在一些不能预见、不能确定的因素。消化这些因素必然会影响合同价格的调整，暂列金额正是因应这类不可避免的价格调整而设立，以便达到合理确定和有效控制工程造价的目标。

2. 暂估价

暂估价是指招标阶段直至签订合同协议时，招标人在招标文件中提供的用于支付必然要发生，但暂时不能确定价格的材料以及专业工程的金额。其中包括材料暂估价、工程设备暂估单价、专业工程暂估价。

为方便合同管理和计价，需要纳入工程量清单项目综合单价中的暂估价最好只是材料费，以方便投标人组价。对专业工程暂估价一般应是综合暂估价，包括除规费、税金以外的管理费、利润等。

3. 计日工

计日工是为了解决现场发生的零星工作的计价而设立的。国际上常见的标准合同条款中，大多数都设立了计日工计价机制。计日工对完成零星工作所消耗的人工工时、材料数量、施工机械台班进行计量，并按照计日工表中填报的适用项目的单价进行计价支付。计日工适用的所谓零星工作一般是指合同约定之外或者因变更而产生的、工程量清单中没有相应项目的额外工作，尤其是那些时间不允许事先商定价格的额外工作。

4. 总承包服务费

总承包服务费是为了解决招标人在法律、法规允许的条件下进行专业工程发包以及自行供应材料、工程设备，并需要总承包人对发包的专业工程提供协调和配合服务，对发包人提供的材料、工程设备提供收、发和保管服务以及进行施工现场管理时发生并向总承包人支付的费用。招标人应预计该项费用，并按投标人的投标报价向投标人支付该项费用。

3.1.5 规费项目

1）规费项目清单应按照下列内容列项：

①社会保障费：包括养老保险费、失业保险费、医疗保险费、工伤保险费、生育保险费。

②住房公积金。

③工程排污费。

2）出现第1）条未列的项目，应根据省级政府或省级有关部门的规定列项。

3.1.6 税金项目

1）税金项目清单应包括下列内容：

①营业税。

②城市维护建设税。

③教育费附加。

④地方教育附加。

2）出现第1）条未列的项目，应根据税务部门的规定列项。

3.2 工程量清单计价编制

3.2.1 一般规定

1. 计价方式

1）使用国有资金投资的建设工程发承包，必须采用工程量清单计价。

2）非国有资金投资的建设工程，宜采用工程量清单计价。

3）不采用工程量清单计价的建设工程，应执行《建设工程工程量清单计价规范》GB 50500—2013除工程量清单等专门性规定外的其他规定。

4）工程量清单应采用综合单价计价。

5）措施项目中的安全文明施工费必须按国家或省级、行业建设主管部门的规定计算，不得作为竞争性费用。

6）规费和税金必须按国家或省级、行业建设主管部门的规定计算，不得作为竞争性费用。

2. 发包人提供材料和工程设备

1）发包人提供的材料和工程设备（以下简称“甲供材料”）应在招标文件中按照规定填写《发包人提供材料和工程设备一览表》，写明甲供材料的名称、规格、数量、单价、交货方式、交货地点等。

承包人投标时，甲供材料单价应计入相应项目的综合单价中，签约后，发包人应按合同约定扣除甲供材料款，不予支付。

2）承包人应根据合同工程进度计划的安排，向发包人提交甲供材料交货的日期计划。发包人应按计划提供。

3）发包人提供的甲供材料如规格、数量或质量不符合合同要求，或由于发包人原因发生交货日期延误、交货地点及交货方式变更等情况的，发包人应承担由此增加的费用和（或）工期延误，并应向承包人支付合理利润。

4）发承包双方对甲供材料的数量发生争议不能达成一致的，应按照相关工程的计价定额同类项目规定的材料消耗量计算。

5）若发包人要求承包人采购已在招标文件中确定为甲供材料的，材料价格应由发承包双方根据市场调查确定，并应另行签订补充协议。

3. 承包人提供材料和工程设备

1）除合同约定的发包人提供的甲供材料外，合同工程所需的材料和工程设备应由承包人提供，承包人提供的材料和工程设备均应由承包人负责采购、运输和保管。

2）承包人应按合同约定将采购材料和工程设备的供货人及品种、规格、数量和供货时间等提交发包人确认，并负责提供材料和工程设备的质量证明文件，满足合同约定的质量标准。

3）对承包人提供的材料和工程设备经检测不符合合同约定的质量标准，发包人应立即要求承包人更换，由此增加的费用和（或）工期延误应由承包人承担。对发包人要求检测承包人已具有合格证明的材料、工程设备，但经检测证明该项材料、工程设备符合合同约定的质量标准，发包人应承担由此增加的费用和（或）工期延误，并向承包人支付合理利润。

4. 计价风险

1）建设工程发承包。必须在招标文件、合同中明确计价中的风险内容及其范围。不得采用无限风险、所有风险或类似语句规定计价中的风险内容及范围。

2）由于下列因素出现，影响合同价款调整的，应由发包人承担：

①国家法律、法规、规章和政策发生变化。

②省级或行业建设主管部门发布的人工费调整，但承包人对人工费或人工单价的报价高于发布的除外。

③由政府定价或政府指导价管理的原材料等价格进行了调整。

3）由于市场物价波动影响合同价款的，应由发承包双方合理分摊，填写《承包人提供主要材料和工程设备一览表》作为合同附件；当合同中没有约定，发承包双方发生争议时，应按“3.2.6 合同价款调整”中“物价变化”的规定调整合同价款。

4）由于承包人使用机械设备、施工技术以及组织管理水平等自身原因造成施工费用增加的，应由承包人全部承担。

5）当不可抗力发生，影响合同价款时，应按“3.2.6 合同价款调整”中“不可抗力”的规定执行。

3.2.2 招标控制价

1. 一般规定

1）国有资金投资的建设工程招标，招标人必须编制招标控制价。

我国对国有资金投资项目的投资控制实行的是投资概算审批制度，国有资金投资的工程原则上不能超过批准的投资概算。

国有资金投资的工程实行工程量清单招标，为了客观、合理地评审投标报价和避免哄抬标价，避免造成国有资产流失，招标人必须编制招标控制价，规定最高投标限价。

2）招标控制价应由具有编制能力的招标人或受其委托具有相应资质的工程造价咨询

人编制和复核。

3）工程造价咨询人接受招标人委托编制招标控制价，不得再就同一工程接受投标人委托编制投标报价。

4）招标控制价应按照下述第2条“编制与复核”1）规定编制，不应上调或下浮。

5）当招标控制价超过批准的概算时，招标人应将其报原概算审批部门审核。

6）招标人应在发布招标文件时公布招标控制价，同时应将招标控制价及有关资料报送工程所在地或有该工程管辖权的行业管理部门工程造价管理机构备查。

招标控制价的作用决定了招标控制价不同于标底，无需保密。为体现招标的公平、公正性，防止招标人有意抬高或压低工程造价，招标人应在招标文件中如实公布招标控制价，同时，招标人应将招标控制价报工程所在地或有该工程管辖权的行业管理部门的工程造价管理机构备查。

2. 编制与复核

1）招标控制价应根据下列依据编制与复核：

①《建设工程工程量清单计价规范》GB 50500—2013；

②国家或省级、行业建设主管部门颁发的计价定额和计价办法；

③建设工程设计文件及相关资料；

④拟定的招标文件及招标工程量清单；

⑤与建设项目相关的标准、规范、技术资料；

⑥施工现场情况、工程特点及常规施工方案；

⑦工程造价管理机构发布的工程造价信息，当工程造价信息没有发布时，参照市场价；

⑧其他的相关资料。

2）综合单价中应包括招标文件中划分的应由投标人承担的风险范围及其费用。招标文件中没有明确的，如果是工程造价咨询人编制，应提请招标人明确；如果是招标人编制，应予明确。

3）分部分项工程和措施项目中的单价项目，应根据拟定的招标文件和招标工程量清单项目中的特征描述及有关要求确定综合单价计算。

4）措施项目中的总价项目应根据拟定的招标文件和常规施工方案按“3.2.1 一般规定”中“计价方式”的4）、5）的规定计价。

5）其他项目应按下列规定计价：

①暂列金额应按招标工程量清单中列出的金额填写。

②暂估价中的材料、工程设备单价应按招标工程量清单中列出的单价计入综合单价。

③暂估价中的专业工程金额应按招标工程量清单中列出的金额填写。

④计日工应按招标工程量清单中列出的项目，根据工程特点和有关计价依据确定综合单价计算。

⑤总承包服务费应根据招标工程量清单列出的内容和要求估算。

6）规费和税金应按“3.2.1 一般规定”中“计价方式”的6）的规定计算。

3. 投诉与处理

1）投标人经复核认为招标人公布的招标控制价未按照《建设工程工程量清单计价规

范》（GB 50500—2013）的规定进行编制的，应在招标控制价公布后5天内向招投标监督机构和工程造价管理机构投诉。

2）投诉人投诉时，应当提交由单位盖章和法定代表人或其委托人签名或盖章的书面投诉书，投诉书应包括下列内容：

①投诉人与被投诉人的名称、地址及有效联系方式；

②投诉的招标工程名称、具体事项及理由；

③投诉依据及相关证明材料；

④相关的请求及主张。

3）投诉人不得进行虚假、恶意投诉，阻碍投标活动的正常进行。

4）工程造价管理机构在接到投诉书后，应在2个工作日内进行审查，对有下列情况之一的，不予受理：

①投诉人不是所投诉招标工程招标文件的收受人；

②投诉书提交的时间不符合上述1）规定的；

③投诉书不符合上述2）条规定的；

④投诉事项已进入行政复议或行政诉讼程序的。

5）工程造价管理机构应在不迟于结束审查的次日，将是否受理投诉的决定书面通知投诉人、被投诉人以及负责该工程招投标监督的招投标管理机构。

6）工程造价管理机构受理投诉后，应立即对招标控制价进行复查，组织投诉人、被投诉人或其委托的招标控制价编制人等单位人员对投诉问题逐一核对。有关当事人应当予以配合，并应保证所提供资料的真实性。

7）工程造价管理机构应当在受理投诉的10天内完成复查，特殊情况下可适当延长，并作出书面结论通知投诉人、被投诉人及负责该工程招投标监督的招投标管理机构。

8）当招标控制价复查结论与原公布的招标控制价误差大于±3%时，应当责成招标人改正。

9）招标人根据招标控制价复查结论需要重新公布招标控制价的，其最终公布的时间至招标文件要求提交投标文件截止时间不足15天的，应相应延长投标文件的截止时间。

3.2.3　投标报价

1. 一般规定

1）投标价应由投标人或受其委托具有相应资质的工程造价咨询人编制。

2）投标人应依据下述第2条“编制与复核”的规定自主确定投标报价。

3）投标报价不得低于工程成本。

4）投标人必须按招标工程量清单填报价格。项目编码、项目名称、项目特征、计量单位、工程量必须与招标工程量清单一致。

5）投标人的投标报价高于招标控制价的应予废标。

2. 编制与复核

1）投标报价应根据下列依据编制和复核：

①《建设工程工程量清单计价规范》GB 50500—2013；

②国家或省级、行业建设主管部门颁发的计价办法；

③企业定额，国家或省级、行业建设主管部门颁发的计价定额和计价办法；

④招标文件、招标工程量清单及其补充通知、答疑纪要；

⑤建设工程设计文件及相关资料；

⑥施工现场情况、工程特点及投标时拟定的施工组织设计或施工方案；

⑦建设项目相关的标准、规范等技术资料；

⑧市场价格信息或工程造价管理机构发布的工程造价信息；

⑨其他的相关资料。

2）综合单价中应包括招标文件中划分的应由投标人承担的风险范围及其费用，招标文件中没有明确的，应提请招标人明确。

3）分部分项工程和措施项目中的单价项目，应根据招标文件和招标工程量清单项目中的特征描述确定综合单价计算。

4）措施项目中的总价项目金额应根据招标文件和投标时拟定的施工组织设计或施工方案按“3.2.1 一般规定”的“计价方式”中4）的规定自主确定。其中安全文明施工费应按照“3.2.1 一般规定”的“计价方式”中5）的规定确定。

5）其他项目费应按下列规定报价：

①暂列金额应按招标工程量清单中列出的金额填写。

②材料、工程设备暂估价应按招标工程量清单中列出的单价计入综合单价。

③专业工程暂估价应按招标工程量清单中列出的金额填写。

④计日工应按招标工程量清单中列出的项目和数量，自主确定综合单价并计算计日工金额。

⑤总承包服务费应根据招标工程量清单中列出的内容和提出的要求自主确定。

6）规费和税金应按“3.2.1 一般规定”的“计价方式”中6）的规定确定。

7）招标工程量清单与计价表中列明的所有需要填写单价和合价的项目，投标人均应填写且只允许有一个报价。未填写单价和合价的项目，可视为此项费用已包含在已标价工程量清单中其他项目的单价和合价之中。当竣工结算时，此项目不得重新组价予以调整。

8）投标总价应当与分部分项工程费、措施项目费、其他项目费和规费、税金的合计金额一致。

3.2.4 合同价款约定

1. 一般规定

1）实行招标的工程合同价款应在中标通知书发出之日起30天内，由发承包双方依据招标文件和中标人的投标文件在书面合同中约定。

合同约定不得违背招标、投标文件中关于工期、造价、质量等方面的实质性内容。招标文件与中标人投标文件不一致的地方，应以投标文件为准。

2）不实行招标的工程合同价款，应在发承包双方认可的工程价款基础上，由发承包双方在合同中约定。

3）实行工程量清单计价的工程，应采用单价合同；建设规模较小，技术难度较低，工期较短，且施工图设计已审查批准的建设工程可采用总价合同；紧急抢险、救灾以及施工技术特别复杂的建设工程可采用成本加酬金合同。

2. 约定内容

1）发承包双方应在合同条款中对下列事项进行约定：

①预付工程款的数额、支付时间及抵扣方式。

②安全文明施工措施的支付计划、使用要求等。

③工程计量与支付工程进度款的方式、数额及时间。

④工程价款的调整因素、方法、程序、支付及时间。

⑤施工索赔与现场签证的程序、金额确认与支付时间。

⑥承担计价风险的内容、范围以及超出约定内容、范围的调整办法。

⑦工程竣工价款结算编制与核对、支付及时间。

⑧工程质量保证金的数额、预留方式及时间。

⑨违约责任以及发生合同价款争议的解决方法及时间。

⑩与履行合同、支付价款有关的其他事项等。

2）合同中没有按照上述 1）的要求约定或约定不明确的，若发承包双方在合同履行中发生争议，由双方协商确定；当协商不能达成一致时，应按《建设工程工程量清单计价规范》GB 50500—2013 的规定执行。

3.2.5 工程计量

1. 工程计量的依据

工程量计算除依据《房屋建筑与装饰工程工程量计算规范》GB 50854—2013 各项规定外，尚应依据以下文件：

1）经审定通过的施工设计图纸及其说明。

2）经审定通过的施工组织设计或施工方案。

3）经审定通过的其他有关技术经济文件。

2. 工程计量的执行

(1) 一般规定

1）工程量必须按照相关工程现行国家计量规范规定的工程量计算规则计算。

2）工程计量可选择按月或按工程形象进度分段计量，具体计量周期应在合同中约定。

3）因承包人原因造成的超出合同工程范围施工或返工的工程量，发包人不予计量。

4）成本加酬金合同应按下述"（2）单价合同的计量"的规定计量。

(2) 单价合同的计量

1）工程量必须以承包人完成合同工程应予计量的工程量确定。

2）施工中进行工程计量，当发现招标工程量清单中出现缺项、工程量偏差，或因工程变更引起工程量增减时，应按承包人在履行合同义务中完成的工程量计算。

3）承包人应当按照合同约定的计量周期和时间向发包人提交当期已完工程量报告。发包人应在收到报告后 7 天内核实，并将核实计量结果通知承包人。发包人未在约定时间内进行核实的，承包人提交的计量报告中所列的工程量应视为承包人实际完成的工程量。

4）发包人认为需要进行现场计量核实时，应在计量前 24 小时通知承包人，承包人应为计量提供便利条件并派人参加。当双方均同意核实结果时，双方应在上述记录上签字确认。承包人收到通知后不派人参加计量，视为认可发包人的计量核实结果。发包人不按照约定时间通知承包人，致使承包人未能派人参加计量，计量核实结果无效。

5）当承包人认为发包人核实后的计量结果有误时，应在收到计量结果通知后的7天内向发包人提出书面意见，并应附上其认为正确的计量结果和详细的计算资料。发包人收到书面意见后，应在7天内对承包人的计量结果进行复核后通知承包人。承包人对复核计量结果仍有异议的，按照合同约定的争议解决办法处理。

6）承包人完成已标价工程量清单中每个项目的工程量并经发包人核实无误后，发承包双方应对每个项目的历次计量报表进行汇总，以核实最终结算工程量，并应在汇总表上签字确认。

(3) 总价合同的计量

1）采用工程量清单方式招标形成的总价合同，其工程量应按照上述“(2) 单价合同的计量”的规定计算。

2）采用经审定批准的施工图纸及其预算方式发包形成的总价合同，除按照工程变更规定的工程量增减外，总价合同各项目的工程量应为承包人用于结算的最终工程量。

3）总价合同约定的项目计量应以合同工程经审定批准的施工图纸为依据，发承包双方应在合同中约定工程计量的形象目标或时间节点进行计量。

4）承包人应在合同约定的每个计量周期内对已完成的工程进行计量，并向发包人提交达到工程形象目标完成的工程量和有关计量资料的报告。

5）发包人应在收到报告后7天内对承包人提交的上述资料进行复核，以确定实际完成的工程量和工程形象目标。对其有异议的，应通知承包人进行共同复核。

3. 计量单位与有效数字

1）有两个或两个以上计量单位的，应结合拟建工程项目的实际情况，确定其中一个为计量单位。同一工程项目的计量单位应一致。

2）工程计量时每一项目汇总的有效位数应遵守下列规定：

①以“t”为单位，应保留小数点后三位数字，第四位小数四舍五入。

②以“m”、“m^2”、“m^3”、“kg”为单位，应保留小数点后两位数字，第三位小数四舍五入。

③以“个”、“件”、“根”、“组”、“系统”为单位，应取整数。

4. 计量项目要求

工程量清单项目仅列出了主要工作内容，除另有规定和说明外，应视为已经包括完成该项目所列或未列的全部工作内容。

3.2.6 合同价款调整

1. 一般规定

1）下列事项（但不限于）发生，发承包双方应当按照合同约定调整合同价款：法律法规变化，工程变更，项目特征不符，工程量清单缺项，工程量偏差，计日工，物价变化，暂估价，不可抗力，提前竣工（赶工补偿），误期赔偿，索赔，现场签证，暂列金额，发承包双方约定的其他调整事项。

2）出现合同价款调增事项（不含工程量偏差、计日工、现场签证、索赔）后的14天内，承包人应向发包人提交合同价款调增报告并附上相关资料；承包人在14天内未提交合同价款调增报告的，应视为承包人对该事项不存在调整价款请求。

3）出现合同价款调减事项（不含工程量偏差、索赔）后的14天内，发包人应向承包人提交合同价款调减报告并附相关资料；发包人在14天内未提交合同价款调减报告的，应视为发包人对该事项不存在调整价款请求。

4）发（承）包人应在收到承（发）包人合同价款调增（减）报告及相关资料之日起14天内对其核实，予以确认的应书面通知承（发）包人。当有疑问时，应向承（发）包人提出协商意见。发（承）包人在收到合同价款调增（减）报告之日起14天内未确认也未提出协商意见的，应视为承（发）包人提交的合同价款调增（减）报告已被发（承）包人认可。发（承）包人提出协商意见的，承（发）包人应在收到协商意见后的14天内对其核实，予以确认的应书面通知发（承）包人。承（发）包人在收到发（承）包人的协商意见后14天内既不确认也未提出不同意见的，应视为发（承）包人提出的意见已被承（发）包人认可。

5）发包人与承包人对合同价款调整的不同意见不能达成一致的，只要对发承包双方履约不产生实质影响，双方应继续履行合同义务，直到其按照合同约定的争议解决方式得到处理。

6）经发承包双方确认调整的合同价款，作为追加（减）合同价款，应与工程进度款或结算款同期支付。

2. 法律法规变化

1）招标工程以投标截止日前28天、非招标工程以合同签订前28天为基准日，其后因国家的法律、法规、规章和政策发生变化引起工程造价增减变化的，发承包双方应按照省级或行业建设主管部门或其授权的工程造价管理机构据此发布的规定调整合同价款。

2）因承包人原因导致工期延误的，按1）规定的调整时间，在合同工程原定竣工时间之后，合同价款调增的不予调整，合同价款调减的予以调整。

3. 工程变更

1）因工程变更引起已标价工程量清单项目或其工程数量发生变化时，应按照下列规定调整：

①已标价工程量清单中有适用于变更工程项目的，应采用该项目的单价；但当工程变更导致该清单项目的工程数量发生变化，且工程量偏差超过15%时，该项目单价应按照“3.2.6　合同价款调整”中“工程量偏差”的规定调整。

②已标价工程量清单中没有适用但有类似于变更工程项目的，可在合理范围内参照类似项目的单价。

③已标价工程量清单中没有适用也没有类似于变更工程项目的，应由承包人根据变更工程资料、计量规则和计价办法、工程造价管理机构发布的信息价格和承包人报价浮动率提出变更工程项目的单价，并应报发包人确认后调整。承包人报价浮动率可按下列公式计算：

$$\text{招标工程：承包人报价浮动率 } L = (1 - \text{中标价} / \text{招标控制价}) \times 100\% \tag{3-1}$$

$$\text{非招标工程：承包人报价浮动率 } L = (1 - \text{报价} / \text{施工图预算}) \times 100\% \tag{3-2}$$

④已标价工程量清单中没有适用也没有类似于变更工程项目，且工程造价管理机构发

布的信息价格缺价的，应由承包人根据变更工程资料、计量规则、计价办法和通过市场调查等取得有合法依据的市场价格提出变更工程项目的单价，并应报发包人确认后调整。

2）工程变更引起施工方案改变并使措施项目发生变化时，承包人提出调整措施项目费的，应事先将拟实施的方案提交发包人确认，并应详细说明与原方案措施项目相比的变化情况。拟实施的方案经发承包双方确认后执行，并应按照下列规定调整措施项目费：

①安全文明施工费应按照实际发生变化的措施项目依据“3.2.1 一般规定”的“计价方式”5）的规定计算。

②采用单价计算的措施项目费，应按照实际发生变化的措施项目，按1）的规定确定单价。

③按总价（或系数）计算的措施项目费，按照实际发生变化的措施项目调整，但应考虑承包人报价浮动因素，即调整金额按照实际调整金额乘以1）规定的承包人报价浮动率计算。

如果承包人未事先将拟实施的方案提交给发包人确认，则应视为工程变更不引起措施项目费的调整或承包人放弃调整措施项目费的权利。

3）当发包人提出的工程变更因非承包人原因删减了合同中的某项原定工作或工程，致使承包人发生的费用或（和）得到的收益不能被包括在其他已支付或应支付的项目中，也未被包含在任何替代的工作或工程中时，承包人有权提出并应得到合理的费用及利润补偿。

4. 项目特征描述不符

1）发包人在招标工程量清单中对项目特征的描述，应被认为是准确的和全面的，并且与实际施工要求相符合。承包人应按照发包人提供的招标工程量清单，根据项目特征描述的内容及有关要求实施合同工程，直到项目被改变为止。

2）承包人应按照发包人提供的设计图纸实施合同工程，若在合同履行期间出现设计图纸（含设计变更）与招标工程量清单任一项目的特征描述不符，且该变化引起该项目工程造价增减变化的，应按照实际施工的项目特征，按“3.2.6 合同价款调整”中“工程变更”的相关条款的规定，重新确定相应工程量清单项目的综合单价，并调整合同价款。

5. 工程量清单缺项

1）合同履行期间，由于招标工程量清单中缺项，新增分部分项工程清单项目的，应按照“3.2.6 工程价款调整”中“工程变更”1）的规定确定单价，并调整合同价款。

2）新增分部分项工程清单项目后，引起措施项目发生变化的，应按照“3.2.6 工程价款调整”中“工程变更”2）的规定，在承包人提交的实施方案被发包人批准后调整合同价款。

3）由于招标工程量清单中措施项目缺项，承包人应将新增措施项目实施方案提交发包人批准后，按照“3.2.6 工程价款调整”中“工程变更”1）、2）的规定调整合同价款。

6. 工程量偏差

1）合同履行期间，当应予计算的实际工程量与招标工程量清单出现偏差，且符合下述2）、3）规定时，发承包双方应调整合同价款。

2）对于任一招标工程量清单项目，当因工程量偏差规定的“工程量偏差”和“工程变更”规定的工程变更等原因导致工程量偏差超过15%时，可进行调整。当工程量增加15%以上时，增加部分的工程量的综合单价应予调低；当工程量减少15%以上时，减少后剩余部分的工程量的综合单价应予调高。

上述调整参考如下公式：

当 $Q_1>1.15Q_0$ 时： $S=1.15Q_0\times P_0+(Q_1-1.15Q_0)\times P_1$ (3-3)

当 $Q_1<0.85Q_0$ 时： $S=Q_1\times P_1$ (3-4)

式中 S——调整后的某一分部分项工程费结算价；

Q_1——最终完成的工程量；

Q_0——招标工程量清单中列出的工程量；

P_1——按照最终完成工程量重新调整后的综合单价；

P_0——承包人在工程量清单中填报的综合单价。

采用上述两式的关键是确定新的综合单价，即 P_1 确定的方法，一是发承包双方协商确定；二是与招标控制价相联系。当工程量偏差项目出现承包人在工程量清单中填报的综合单价与发包人招标控制价相应清单项目的综合单价偏差超过15%时，工程量偏差项目综合单价调整可参考以下公式：

当 $P_0<P_2\times(1-L)\times(1-15\%)$ 时，该类项目的综合单价：

P_1 按照 $P_2\times(1-L)\times(1-15\%)$ 调整 (3-5)

当 $P_0>P_2\times(1+15\%)$ 时，该类项目的综合单价：

P_1 按照 $P_2\times(1+15\%)$ 调整 (3-6)

式中 P_0——承包人在工程量清单中填报的综合单价；

P_2——发包人招标控制价相应项目的综合单价；

L——承包人报价浮动率。

3）当工程量出现2）的变化，且该变化引起相关措施项目相应发生变化时，按系数或单一总价方式计价的，工程量增加的措施项目费调增，工程量减少的措施项目费调减。

7. 计日工

1）发包人通知承包人以计日工方式实施的零星工作，承包人应予执行。

2）采用计日工计价的任何一项变更工作，在该项变更的实施过程中，承包人应按合同约定提交下列报表和有关凭证送发包人复核：

①工作名称、内容和数量。

②投入该工作所有人员的姓名、工种、级别和耗用工时。

③投入该工作的材料名称、类别和数量。

④投入该工作的施工设备型号、台数和耗用台时。

⑤发包人要求提交的其他资料和凭证。

3）任一计日工项目持续进行时，承包人应在该项工作实施结束后的24小时内向发包人提交有计日工记录汇总的现场签证报告一式三份。发包人在收到承包人提交现场签证报告后的2天内予以确认并将其中一份返还给承包人，作为计日工计价和支付的依据。发包人逾期未确认也未提出修改意见的，应视为承包人提交的现场签证报告已被发包人认可。

4）任一计日工项目实施结束后，承包人应按照确认的计日工现场签证报告核实该类项目的工程数量，并应根据核实的工程数量和承包人已标价工程量清单中的计日工单价计算，提出应付价款；已标价工程量清单中没有该类计日工单价的，由发承包双方按“3.2.6　合同价款调整”中“工程变更”的规定商定计日工单价计算。

5）每个支付期末，承包人应按照“进度款”的规定向发包人提交本期间所有计日工记录的签证汇总表，并应说明本期间自己认为有权得到的计日工金额，调整合同价款，列入进度款支付。

8. 物价变化

1）合同履行期间，因人工、材料、工程设备、机械台班价格波动影响合同价款时，应根据合同约定，按物价变化合同价款调整方法调整合同价款。物价变化合同价款调整方法主要有以下两种：

①价格指数调整价格差额。

a. 价格调整公式。因人工、材料和工程设备、施工机械台班等价格波动影响合同价格时，根据招标人提供的“承包人提供主要材料和工程设备一览表（适用于价格指数差额调整法）”，并由投标人在投标函附录中的价格指数和权重表约定的数据，按下式计算差额并调整合同价款：

$$\Delta P = P_0\left[A+\left(B_1\times\frac{F_{t1}}{F_{01}}+B_2\times\frac{F_{t2}}{F_{02}}+B_3\times\frac{F_{t3}}{F_{03}}+\cdots+B_n\times\frac{F_{tn}}{F_{0n}}\right)-1\right] \quad (3\text{-}7)$$

式中　ΔP——需调整的价格差额；

P_0——约定的付款证书中承包人应得到的已完成工程量的金额。此项金额应不包括价格调整、不计质量保证金的扣留和支付、预付款的支付和扣回。约定的变更及其他金额已按现行价格计价的，也不计在内；

A——定值权重（即不调部分的权重）；

B_1、B_2、$B_3\cdots B_n$——各可调因子的变值权重（即可调部分的权重），为各可调因子在投标函投标总报价中所占的比例；

F_{t1}、F_{t2}、$F_{t3}\cdots F_{tn}$——各可调因子的现行价格指数，指约定的付款证书相关周期最后一天的前42天的各可调因子的价格指数；

F_{01}、F_{02}、$F_{03}\cdots F_{0n}$——各可调因子的基本价格指数，指基准日期的各可调因子的价格指数。

以上价格调整公式中的各可调因子、定值和变值权重，以及基本价格指数及其来源在投标函附录价格指数和权重表中约定。价格指数应首先采用工程造价管理机构提供的价格指数，缺乏上述价格指数时，可采用工程造价管理机构提供的价格代替。

b. 暂时确定调整差额。在计算调整差额时得不到现行价格指数的，可暂用上一次价格指数计算，并在以后的付款中再按实际价格指数进行调整。

c. 权重的调整。约定的变更导致原定合同中的权重不合理时，由承包人和发包人协商后进行调整。

d. 承包人工期延误后的价格调整。由于承包人原因未在约定的工期内竣工的，对原约定竣工日期后继续施工的工程，在使用上述a. 的价格调整公式时，应采用原约定竣工日期与实际竣工日期的两个价格指数中较低的一个作为现行价格指数。

e. 若可调因子包括了人工在内，则不适用“3.2.1　一般规定”中“计价风险”2）中的②的规定。

②造价信息调整价格差额。

a. 施工期内，因人工、材料和工程设备、施工机械台班价格波动影响合同价格时，人工、机械使用费按照国家或省、自治区、直辖市建设行政管理部门、行业建设管理部门或其授权的工程造价管理机构发布的人工成本信息、机械台班单价或机械使用费系数进行调整；需要进行价格调整的材料，其单价和采购数应由发包人复核，发包人确认需调整的材料单价及数量作为调整合同价款差额的依据。

b. 人工单价发生变化且符合“3.2.1　一般规定”中“计价风险”2）中的②的规定的条件时，发承包双方应按省级或行业建设主管部门或其授权的工程造价管理机构发布的人工成本文件调整合同价款。

c. 材料、工程设备价格变化按照发包人提供的《承包人提供主要材料和工程设备一览表（适用于造价信息差额调整法）》，由发承包双方约定的风险范围按下列规定调整合同价款：

（a）承包人投标报价中材料单价低于基准单价：施工期间材料单价涨幅以基准单价为基础超过合同约定的风险幅度值，或材料单价跌幅以投标报价为基础超过合同约定的风险幅度值时，其超过部分按实调整。

（b）承包人投标报价中材料单价高于基准单价：施工期间材料单价跌幅以基准单价为基础超过合同约定的风险幅度值，或材料单价涨幅以投标报价为基础超过合同约定的风险幅度值时，其超过部分按实调整。

（c）承包人投标报价中材料单价等于基准单价：施工期间材料单价涨、跌幅以基准单价为基础超过合同约定的风险幅度值时，其超过部分按实调整。

（d）承包人应在采购材料前将采购数量和新的材料单价报送发包人核对，确认用于本合同工程时，发包人应确认采购材料的数量和单价。发包人在收到承包人报送的确认资料后3个工作日不予答复的视为已经认可，作为调整合同价款的依据。如果承包人未报经发包人核对即自行采购材料，再报发包人确认调整合同价款的，如发包人不同意，则不作调整。

d. 施工机械台班单价或施工机械使用费发生变化超过省级或行业建设主管部门或其授权的工程造价管理机构规定的范围时，按其规定调整合同价款。

2）承包人采购材料和工程设备的，应在合同中约定主要材料、工程设备价格变化的范围或幅度；当没有约定且材料、工程设备单价变化超过5%时，超过部分的价格应按照以上两种物价变化合同价款调整方法计算调整材料、工程设备费。

3）发生合同工程工期延误的，应按照下列规定确定合同履行期的价格调整：

①因非承包人原因导致工期延误的，计划进度日期后续工程的价格，应采用计划进度日期与实际进度日期两者的较高者。

②因承包人原因导致工期延误的，计划进度日期后续工程的价格，应采用计划进度日期与实际进度日期两者的较低者。

4）发包人供应材料和工程设备的，不适用1）、2）规定，应由发包人按照实际变化调整，列入合同工程的工程造价内。

9. 暂估价

1）发包人在招标工程量清单中给定暂估价的材料、工程设备属于依法必须招标的，应由发承包双方以招标的方式选择供应商，确定价格，并应以此为依据取代暂估价，调整合同价款。

2）发包人在招标工程量清单中给定暂估价的材料、工程设备不属于依法必须招标的，应由承包人按照合同约定采购，经发包人确认单价后取代暂估价，调整合同价款。

3）发包人在工程量清单中给定暂估价的专业工程不属于依法必须招标的，应按照“3.2.6　合同价款调整”中“工程变更”的相应条款的规定确定专业工程价款，并应以此为依据取代专业工程暂估价，调整合同价款。

4）发包人在招标工程量清单中给定暂估价的专业工程依法必须招标的，应当由发承包双方依法组织招标选择专业分包人，并接受有管辖权的建设工程招标投标管理机构的监督，还应符合下列要求：

①除合同另有约定外，承包人不参加投标的专业工程发包招标，应由承包人作为招标人，但拟定的招标文件、评标工作、评标结果应报送发包人批准。与组织招标工作有关的费用应当被认为已经包括在承包人的签约合同价（投标总报价）中。

②承包人参加投标的专业工程发包招标，应由发包人作为招标人，与组织招标工作有关的费用由发包人承担。同等条件下，应优先选择承包人中标。

③应以专业工程发包中标价为依据取代专业工程暂估价，调整合同价款。

10. 不可抗力

1）因不可抗力事件导致的人员伤亡、财产损失及其费用增加，发承包双方应按下列原则分别承担并调整合同价款和工期：

①合同工程本身的损害、因工程损害导致第三方人员伤亡和财产损失以及运至施工场地用于施工的材料和待安装的设备的损害，应由发包人承担。

②发包人、承包人人员伤亡应由其所在单位负责，并应承担相应费用。

③承包人的施工机械设备损坏及停工损失，应由承包人承担。

④停工期间，承包人应发包人要求留在施工场地的必要的管理人员及保卫人员的费用应由发包人承担。

⑤工程所需清理、修复费用，应由发包人承担。

2）不可抗力解除后复工的，若不能按期竣工，应合理延长工期。发包人要求赶工的，赶工费用由发包人承担。

3）因不可抗力解除合同的，应按“3.2.9　合同解除的价款结算与支付”中2）的规定办理。

11. 提前竣工（赶工补偿）

1）招标人应依据相关工程的工期定额合理计算工期，压缩的工期天数不得超过定额工期的20%，超过者，应在招标文件中明示增加赶工费用。

2）发包人要求合同工程提前竣工的，应征得承包人同意后与承包人商定采取加快工程进度的措施，并应修订合同工程进度计划。发包人应承担承包人由此增加的提前竣工（赶工补偿）费用。

3）发承包双方应在合同中约定提前竣工每日历天应补偿额度，此项费用应作为增加合同价款列入竣工结算文件中，与结算款一并支付。

12. 误期赔偿

1）承包人未按照合同约定施工，导致实际进度迟于计划进度的，承包人应加快进度，实现合同工期。

合同工程发生误期，承包人应赔偿发包人由此造成的损失，并应按照合同约定向发包人支付误期赔偿费。即使承包人支付误期赔偿费，也不能免除承包人按照合同约定应承担的任何责任和应履行的任何义务。

2）发承包双方应在合同中约定误期赔偿费，并应明确每日历天应赔偿额度。误期赔偿费应列入竣工结算文件中，并应在结算款中扣除。

3）在工程竣工之前，合同工程内的某单项（位）工程已通过了竣工验收，且该单项（位）工程接收证书中表明的竣工日期并未延误，而是合同工程的其他部分产生了工期延误时，误期赔偿费应按照已颁发工程接收证书的单项（位）工程造价占合同价款的比例幅度予以扣减。

13. 索赔

1）当合同一方向另一方提出索赔时，应有正当的索赔理由和有效证据，并应符合合同的相关约定。

2）根据合同约定，承包人认为非承包人原因发生的事件造成了承包人的损失，应按下列程序向发包人提出索赔：

①承包人应在知道或应当知道索赔事件发生后 28 天内，向发包人提交索赔意向通知书，说明发生索赔事件的事由。承包人逾期未发出索赔意向通知书的，丧失索赔的权利。

②承包人应在发出索赔意向通知书后 28 天内，向发包人正式提交索赔通知书。索赔通知书应详细说明索赔理由和要求，并应附必要的记录和证明材料。

③索赔事件具有连续影响的，承包人应继续提交延续索赔通知，说明连续影响的实际情况和记录。

④在索赔事件影响结束后的 28 天内，承包人应向发包人提交最终索赔通知书，说明最终索赔要求，并应附必要的记录和证明材料。

3）承包人索赔应按下列程序处理：

①发包人收到承包人的索赔通知书后，应及时查验承包人的记录和证明材料。

②发包人应在收到索赔通知书或有关索赔的进一步证明材料后的 28 天内，将索赔处理结果答复承包人，如果发包人逾期未作出答复，视为承包人索赔要求已被发包人认可。

③承包人接受索赔处理结果的，索赔款项应作为增加合同价款，在当期进度款中进行支付；承包人不接受索赔处理结果的，应按合同约定的争议解决方式办理。

4）承包人要求赔偿时，可以选择下列一项或几项方式获得赔偿：

①延长工期。

②要求发包人支付实际发生的额外费用。

③要求发包人支付合理的预期利润。

④要求发包人按合同的约定支付违约金。

5）当承包人的费用索赔与工期索赔要求相关联时，发包人在作出费用索赔的批准决定时，应结合工程延期，综合作出费用赔偿和工程延期的决定。

6）发承包双方在按合同约定办理了竣工结算后，应被认为承包人已无权再提出竣工结算前所发生的任何索赔。承包人在提交的最终结清申请中，只限于提出竣工结算后的索赔，提出索赔的期限应自发承包双方最终结清时终止。

7）根据合同约定，发包人认为由于承包人的原因造成发包人的损失，宜按承包人索赔的程序进行索赔。

8）发包人要求赔偿时，可以选择下列一项或几项方式获得赔偿：

①延长质量缺陷修复期限。

②要求承包人支付实际发生的额外费用。

③要求承包人按合同的约定支付违约金。

9）承包人应付给发包人的索赔金额可从拟支付给承包人的合同价款中扣除，或由承包人以其他方式支付给发包人。

14. 现场签证

1）承包人应发包人要求完成合同以外的零星项目、非承包人责任事件等工作的，发包人应及时以书面形式向承包人发出指令，并应提供所需的相关资料；承包人在收到指令后，应及时向发包人提出现场签证要求。

2）承包人应在收到发包人指令后的7天内向发包人提交现场签证报告，发包人应在收到现场签证报告后的48小时内对报告内容进行核实，予以确认或提出修改意见。发包人在收到承包人现场签证报告后的48小时内未确认也未提出修改意见的，应视为承包人提交的现场签证报告已被发包人认可。

3）现场签证的工作如已有相应的计日工单价，现场签证中应列明完成该类项目所需的人工、材料、工程设备和施工机械台班的数量。

如现场签证的工作没有相应的计日工单价，应在现场签证报告中列明完成该签证工作所需的人工、材料设备和施工机械台班的数量及单价。

4）合同工程发生现场签证事项，未经发包人签证确认，承包人便擅自施工的，除非征得发包人书面同意，否则发生的费用应由承包人承担。

5）现场签证工作完成后的7天内，承包人应按照现场签证内容计算价款，报送发包人确认后，作为增加合同价款，与进度款同期支付。

6）在施工过程中，当发现合同工程内容因场地条件、地质水文、发包人要求等不一致时，承包人应提供所需的相关资料，并提交发包人签证认可，作为合同价款调整的依据。

15. 暂列金额

1）已签约合同价中的暂列金额应由发包人掌握使用。

2）发包人按照上述1～14条的规定支付后，暂列金额余额应归发包人所有。

3.2.7 合同价款期中支付

1. 预付款

1）承包人应将预付款专用于合同工程。

2）包工包料工程的预付款的支付比例不得低于签约合同价（扣除暂列金额）的10%，不宜高于签约合同价（扣除暂列金额）的30%。

3）承包人应在签订合同或向发包人提供与预付款等额的预付款保函后向发包人提交预付款支付申请。

4）发包人应在收到支付申请的7天内进行核实，向承包人发出预付款支付证书，并在签发支付证书后的7天内向承包人支付预付款。

5）发包人没有按合同约定按时支付预付款的，承包人可催告发包人支付；发包人在预付款期满后的7天内仍未支付的，承包人可在付款期满后的第8天起暂停施工。发包人应承担由此增加的费用和延误的工期，并应向承包人支付合理利润。

6）预付款应从每一个支付期应支付给承包人的工程进度款中扣回，直到扣回的金额达到合同约定的预付款金额为止。

7）承包人的预付款保函的担保金额根据预付款扣回的数额相应递减，但在预付款全部扣回之前一直保持有效。发包人应在预付款扣完后的14天内将预付款保函退还给承包人。

2. 安全文明施工费

1）安全文明施工费包括的内容和使用范围，应符合国家有关文件和计量规范的规定。

2）发包人应在工程开工后的28天内预付不低于当年施工进度计划的安全文明施工费总额的60%，其余部分应按照提前安排的原则进行分解，并应与进度款同期支付。

3）发包人没有按时支付安全文明施工费的，承包人可催告发包人支付；发包人在付款期满后的7天内仍未支付的，若发生安全事故，发包人应承担相应责任。

4）承包人对安全文明施工费应专款专用，在财务账目中应单独列项备查，不得挪作他用，否则发包人有权要求其限期改正；逾期未改正的，造成的损失和延误的工期应由承包人承担。

3. 进度款

1）发承包双方应按照合同约定的时间、程序和方法，根据工程计量结果办理期中价款结算，支付进度款。

2）进度款支付周期应与合同约定的工程计量周期一致。

3）已标价工程量清单中的单价项目，承包人应按工程计量确认的工程量与综合单价计算；综合单价发生调整的，以发承包双方确认调整的综合单价计算进度款。

4）已标价工程量清单中的总价项目和按照“3.2.5 工程计量”中“工程计量的执行”中（3）的2）规定形成的总价合同，承包人应按合同中约定的进度款支付分解，分别列入进度款支付申请中的安全文明施工费和本周期应支付的总价项目的金额中。

5）发包人提供的甲供材料金额，应按照发包人签约提供的单价和数量从进度款支付中扣除，列入本周期应扣减的金额中。

6）承包人现场签证和得到发包人确认的索赔金额应列入本周期应增加金额中。

7）进度款的支付比例按照合同约定，按期中结算价款总额计，不低于60%，不高于90%。

8）承包人应在每个计量周期到期后的7天内向发包人提交已完工程进度款支付申请一式四份，详细说明此周期认为有权得到的款额，包括分包人已完工程的价款。支付申请应包括下列内容：

①累计已完成的合同价款。

②累计已实际支付的合同价款。

③本周期合计完成的合同价款。包括：本周期已完成单价项目的金额，本周期应支付的总价项目的金额，本周期已完成的计日工价款，本周期应支付的安全文明施工费，本周期应增加的金额。

④本周期合计应扣减的金额。包括：本周期应扣回的预付款，本周期应扣减的金额。

⑤本周期实际应支付的合同价款。

9）发包人应在收到承包人进度款支付申请后的14天内，根据计量结果和合同约定对申请内容予以核实，确认后向承包人出具进度款支付证书。若发承包双方对部分清单项目的计量结果出现争议，发包人应对无争议部分的工程计量结果向承包人出具进度款支付证书。

10）发包人应在签发进度款支付证书后的14天内，按照支付证书列明的金额向承包人支付进度款。

11）若发包人逾期未签发进度款支付证书，则视为承包人提交的进度款支付申请已被发包人认可，承包人可向发包人发出催告付款的通知。发包人应在收到通知后的14天内，按照承包人支付申请的金额向承包人支付进度款。

12）发包人未按照9）～11）的规定支付进度款的，承包人可催告发包人支付，并有权获得延迟支付的利息；发包人在付款期满后的7天内仍未支付的，承包人可在付款期满后的第8天起暂停施工。发包人应承担由此增加的费用和延误的工期，向承包人支付合理利润，并应承担违约责任。

13）发现已签发的任何支付证书有错、漏或重复的数额，发包人有权予以修正，承包人也有权提出修正申请。经发承包双方复核同意修正的，应在本次到期的进度款中支付或扣除。

3.2.8 竣工结算与支付

1. 一般规定

1）工程完工后，发承包双方必须在合同约定时间内办理工程竣工结算。

2）工程竣工结算应由承包人或受其委托具有相应资质的工程造价咨询人编制，并应由发包人或受其委托具有相应资质的工程造价咨询人核对。

3）当发承包双方或一方对工程造价咨询人出具的竣工结算文件有异议时，可向工程造价管理机构投诉，申请对其进行执业质量鉴定。

4）工程造价管理机构对投诉的竣工结算文件进行质量鉴定，宜按“3.2.11 工程造价鉴定”的相关规定进行。

5）竣工结算办理完毕，发包人应将竣工结算文件报送工程所在地或有该工程管辖权的行业管理部门的工程造价管理机构备案，竣工结算文件应作为工程竣工验收备案、交付使用的必备文件。

2. 编制与复核

1）工程竣工结算应根据下列依据编制和复核：

①《建设工程工程量清单计价规范》GB 50500—2013；

②工程合同；

③发承包双方实施过程中已确认的工程量及其结算的合同价款；

④发承包双方实施过程中已确认调整后追加（减）的合同价款；

⑤建设工程设计文件及相关资料；

⑥投标文件；

⑦其他依据。

2）分部分项工程和措施项目中的单价项目应依据发承包双方确认的工程量与已标价工程量清单的综合单价计算；发生调整的，应以发承包双方确认调整的综合单价计算。

3）措施项目中的总价项目应依据已标价工程量清单的项目和金额计算；发生调整的，应以发承包双方确认调整的金额计算，其中安全文明施工费应按“3.2.1 一般规定”中“计价方式”5）的规定计算。

4）其他项目应按下列规定计价：

①计日工应按发包人实际签证确认的事项计算。

②暂估价应按“3.2.6 合同价款调整”中“暂估价”的规定计算。

③总承包服务费应依据已标价工程量清单金额计算；发生调整的，应以发承包双方确认调整的金额计算。

④索赔费用应依据发承包双方确认的索赔事项和金额计算。

⑤现场签证费用应依据发承包双方签证资料确认的金额计算。

⑥暂列金额应减去合同价款调整（包括索赔、现场签证）金额计算，如有余额归发包人。

5）规费和税金应按“3.2.1 一般规定”中“计价方式”6）的规定计算。规费中的工程排污费应按工程所在地环境保护部门规定的标准缴纳后按实列入。

6）发承包双方在合同工程实施过程中已经确认的工程计量结果和合同价款，在竣工结算办理中应直接进入结算。

3. 竣工结算

1）合同工程完工后，承包人应在经发承包双方确认的合同工程期中价款结算的基础上汇总编制完成竣工结算文件，应在提交竣工验收申请的同时向发包人提交竣工结算文件。

承包人未在合同约定的时间内提交竣工结算文件，经发包人催告后14天内仍未提交或没有明确答复的，发包人有权根据已有资料编制竣工结算文件，作为办理竣工结算和支付结算款的依据，承包人应予以认可。

2）发包人应在收到承包人提交的竣工结算文件后的28天内核对。发包人经核实，认为承包人还应进一步补充资料和修改结算文件，应在上述时限内向承包人提出核实意见，承包人在收到核实意见后的28天内应按照发包人提出的合理要求补充资料，修改竣工结算文件，并应再次提交给发包人复核后批准。

3）发包人应在收到承包人再次提交的竣工结算文件后的28天内予以复核，将复核结果通知承包人，并应遵守下列规定：

①发包人、承包人对复核结果无异议的，应在7天内在竣工结算文件上签字确认，竣工结算办理完毕。

②发包人或承包人对复核结果认为有误的，无异议部分按照规定办理不完全竣工结算；有异议部分由发承包双方协商解决；协商不成的，应按照合同约定的争议解决方式处理。

4）发包人在收到承包人竣工结算文件后的28天内，不核对竣工结算或未提出核对意见的，应视为承包人提交的竣工结算文件已被发包人认可，竣工结算办理完毕。

5）承包人在收到发包人提出的核实意见后的28天内，不确认也未提出异议的，应视为发包人提出的核实意见已被承包人认可，竣工结算办理完毕。

6）发包人委托工程造价咨询人核对竣工结算的，工程造价咨询人应在28天内核对完毕，核对结论与承包人竣工结算文件不一致的，应提交给承包人复核；承包人应在14天内将同意核对结论或不同意见的说明提交工程造价咨询人。工程造价咨询人收到承包人提出的异议后，应再次复核，复核无异议的，应按3）条①的规定办理，复核后仍有异议的，按3）条②的规定办理。

承包人逾期未提出书面异议的，应视为工程造价咨询人核对的竣工结算文件已经承包人认可。

7）对发包人或发包人委托的工程造价咨询人指派的专业人员与承包人指派的专业人员经核对后无异议并签名确认的竣工结算文件，除非发承包人能提出具体、详细的不同意见，发承包人都应在竣工结算文件上签名确认，如其中一方拒不签认的，按下列规定办理：

①若发包人拒不签认的，承包人可不提供竣工验收备案资料，并有权拒绝与发包人或其上级部门委托的工程造价咨询人重新核对竣工结算文件。

②若承包人拒不签认的，发包人要求办理竣工验收备案的，承包人不得拒绝提供竣工验收资料，否则，由此造成的损失，承包人承担相应责任。

8）合同工程竣工结算核对完成，发承包双方签字确认后，发包人不得要求承包人与另一个或多个工程造价咨询人重复核对竣工结算。

9）发包人对工程质量有异议，拒绝办理工程竣工结算的，已竣工验收或已竣工未验收但实际投入使用的工程，其质量争议应按该工程保修合同执行，竣工结算应按合同约定办理；已竣工未验收且未实际投入使用的工程以及停工、停建工程的质量争议，双方应就有争议的部分委托有资质的检测鉴定机构进行检测，并应根据检测结果确定解决方案，或按工程质量监督机构的处理决定执行后办理竣工结算，无争议部分的竣工结算应按合同约定办理。

4. 结算款支付

1）承包人应根据办理的竣工结算文件向发包人提交竣工结算款支付申请。申请包括下列内容：

①竣工结算合同价款总额。

②累计已实际支付的合同价款。

③应预留的质量保证金。

④实际应支付的竣工结算款金额。

2）发包人应在收到承包人提交竣工结算款支付申请后7天内予以核实，向承包人签发竣工结算支付证书。

3）发包人签发竣工结算支付证书后的14天内，应按照竣工结算支付证书列明的金额向承包人支付结算款。

4）发包人在收到承包人提交的竣工结算款支付申请后7天内不予核实，不向承包人签发竣工结算支付证书的，视为承包人的竣工结算款支付申请已被发包人认可；发包人应在收到承包人提交的竣工结算款支付申请7天后的14天内，按照承包人提交的竣工结算款支付申请列明的金额向承包人支付结算款。

5）发包人未按照3）、4）规定支付竣工结算款的，承包人可催告发包人支付，并有权获得延迟支付的利息。发包人在竣工结算支付证书签发后或者在收到承包人提交的竣工结算款支付申请7天后的56天内仍未支付的，除法律另有规定外，承包人可与发包人协商将该工程折价，也可直接向人民法院申请将该工程依法拍卖。承包人应就该工程折价或拍卖的价款优先受偿。

5. 质量保证金

1）发包人应按照合同约定的质量保证金比例从结算款中预留质量保证金。

2）承包人未按照合同约定履行属于自身责任的工程缺陷修复义务的，发包人有权从质量保证金中扣除用于缺陷修复的各项支出。经查验，工程缺陷属于发包人原因造成的，应由发包人承担查验和缺陷修复的费用。

3）在合同约定的缺陷责任期终止后，发包人应按照“3.2.8 竣工结算与支付”中“最终结清”的规定，将剩余的质量保证金返还给承包人。

6. 最终结清

1）缺陷责任期终止后，承包人应按照合同约定向发包人提交最终结清支付申请。发包人对最终结清支付申请有异议的，有权要求承包人进行修正和提供补充资料。承包人修正后，应再次向发包人提交修正后的最终结清支付申请。

2）发包人应在收到最终结清支付申请后的14天内予以核实，并应向承包人签发最终结清支付证书。

3）发包人应在签发最终结清支付证书后的14天内，按照最终结清支付证书列明的金额向承包人支付最终结清款。

4）发包人未在约定的时间内核实，又未提出具体意见的，应视为承包人提交的最终结清支付申请已被发包人认可。

5）发包人未按期最终结清支付的，承包人可催告发包人支付，并有权获得延迟支付的利息。

6）最终结清时，承包人被预留的质量保证金不足以抵减发包人工程缺陷修复费用的，承包人应承担不足部分的补偿责任。

7）承包人对发包人支付的最终结清款有异议的，应按照合同约定的争议解决方式处理。

3.2.9 合同解除的价款结算与支付

1）发承包双方协商一致解除合同的，应按照达成的协议办理结算和支付合同价款。

2）由于不可抗力致使合同无法履行解除合同的，发包人应向承包人支付合同解除之日前已完成工程但尚未支付的合同价款，此外，还应支付下列金额：

①“3.2.6 合同价款调整”中“提前竣工（赶工补偿）”规定的由发包人承担的费用。

②已实施或部分实施的措施项目应付价款。

③承包人为合同工程合理订购且已交付的材料和工程设备货款。

④承包人撤离现场所需的合理费用，包括员工遣送费和临时工程拆除、施工设备运离现场的费用。

⑤承包人为完成合同工程而预期开支的任何合理费用，且该项费用未包括在本款其他各项支付之内。

发承包双方办理结算合同价款时，应扣除合同解除之日前发包人应向承包人收回的价款。当发包人应扣除的金额超过了应支付的金额，承包人应在合同解除后的56天内将其差额退还给发包人。

3）因承包人违约解除合同的，发包人应暂停向承包人支付任何价款。发包人应在合同解除后28天内核实合同解除时承包人已完成的全部合同价款以及按施工进度计划已运至现场的材料和工程设备货款，按合同约定核算承包人应支付的违约金以及造成损失的索赔金额，并将结果通知承包人。发承包双方应在28天内予以确认或提出意见，并应办理结算合同价款。如果发包人应扣除的金额超过了应支付的金额，承包人应在合同解除后的56天内将其差额退还给发包人。发承包双方不能就解除合同后的结算达成一致的，按照合同约定的争议解决方式处理。

4）因发包人违约解除合同的，发包人除应按照2）的规定向承包人支付各项价款外，应按合同约定核算发包人应支付的违约金以及给承包人造成损失或损害的索赔金额费用。该笔费用应由承包人提出，发包人核实后应与承包人协商确定后的7天内向承包人签发支付证书。协商不能达成一致的，应按照合同约定的争议解决方式处理。

3.2.10 合同价款争议的解决

1. 监理或造价工程师暂定

1）若发包人和承包人之间就工程质量、进度、价款支付与扣除、工期延期、索赔、价款调整等发生任何法律上、经济上或技术上的争议，首先应根据已签约合同的规定，提交合同约定职责范围内的总监理工程师或造价工程师解决，并应抄送另一方。总监理工程师或造价工程师在收到此提交件后14天内应将暂定结果通知发包人和承包人。发承包双方对暂定结果认可的，应以书面形式予以确认，暂定结果成为最终决定。

2）发承包双方在收到总监理工程师或造价工程师的暂定结果通知后的14天内未对暂定结果予以确认也未提出不同意见的，应视为发承包双方已认可该暂定结果。

3）发承包双方或一方不同意暂定结果的，应以书面形式向总监理工程师或造价工程师提出，说明自己认为正确的结果，同时抄送另一方，此时该暂定结果成为争议。在暂定结果对发承包双方当事人履约不产生实质影响的前提下，发承包双方应实施该结果，直到按照发承包双方认可的争议解决办法被改变为止。

2. 管理机构的解释或认定

1）合同价款争议发生后，发承包双方可就工程计价依据的争议以书面形式提请工程造价管理机构对争议以书面文件进行解释或认定。

2）工程造价管理机构应在收到申请的10个工作日内就发承包双方提请的争议问题进行解释或认定。

3）发承包双方或一方在收到工程造价管理机构书面解释，或认定后仍可按照合同约定的争议解决方式提请仲裁或诉讼。除工程造价管理机构的上级管理部门作出了不同的解释或认定，或在仲裁裁决或法院判决中不予采信的外，工程造价管理机构作出的书面解释或认定应为最终结果，并应对发承包双方均有约束力。

3. 协商和解

1）合同价款争议发生后，发承包双方任何时候都可以进行协商。协商达成一致的，双方应签订书面和解协议，和解协议对发承包双方均有约束力。

2）如果协商不能达成一致协议，发包人或承包人都可以按合同约定的其他方式解决争议。

4. 调解

1）发承包双方应在合同中约定或在合同签订后共同约定争议调解人，负责双方在合同履行过程中发生争议的调解。

2）合同履行期间，发承包双方可协议调换或终止任何调解人，但发包人或承包人都不能单独采取行动。除非双方另有协议，在最终结清支付证书生效后，调解人的任期应即终止。

3）如果发承包双方发生了争议，任何一方可将该争议以书面形式提交调解人，并将副本抄送另一方，委托调解人调解。

4）发承包双方应按照调解人提出的要求，给调解人提供所需要的资料、现场进入权及相应设施。调解人应被视为不是在进行仲裁人的工作。

5）调解人应在收到调解委托后28天内或由调解人建议并经发承包双方认可的其他期限内提出调解书，发承包双方接受调解书的，经双方签字后作为合同的补充文件，对发承包双方均具有约束力，双方都应立即遵照执行。

6）当发承包双方中任一方对调解人的调解书有异议时，应在收到调解书后28天内向另一方发出异议通知，并应说明争议的事项和理由。但除非并直到调解书在协商和解或仲裁裁决、诉讼判决中作出修改，或合同已经解除，承包人应继续按照合同实施工程。

7）当调解人已就争议事项向发承包双方提交了调解书，而任一方在收到调解书后28天内均未发出表示异议的通知时，调解书对发承包双方应均具有约束力。

5. 仲裁、诉讼

1）发承包双方的协商和解或调解均未达成一致意见，其中的一方已就此争议事项根据合同约定的仲裁协议申请仲裁，应同时通知另一方。

2）仲裁可在竣工之前或之后进行，但发包人、承包人、调解人各自的义务不得因在工程实施期间进行仲裁而有所改变。当仲裁是在仲裁机构要求停止施工的情况下进行时，承包人应对合同工程采取保护措施，由此增加的费用应由败诉方承担。

3）在上述各项规定的期限之内，暂定或和解协议或调解书已经有约束力的情况下，当发承包中一方未能遵守暂定或和解协议或调解书时，另一方可在不损害他可能具有的任何其他权利的情况下，将未能遵守暂定或不执行和解协议或调解书达成的事项提交仲裁。

4）发包人、承包人在履行合同时发生争议，双方不愿和解、调解或者和解、调解不成，又没有达成仲裁协议的，可依法向人民法院提起诉讼。

3.2.11 工程造价鉴定

1. 一般鉴定

1）在工程合同价款纠纷案件处理中，需作工程造价司法鉴定的，应委托具有相应资质的工程造价咨询人进行。

2）工程造价咨询人接受委托时提供工程造价司法鉴定服务，应按仲裁、诉讼程序和要求进行，并应符合国家关于司法鉴定的规定。

3）工程造价咨询人进行工程造价司法鉴定时，应指派专业对口、经验丰富的注册造价工程师承担鉴定工作。

4）工程造价咨询人应在收到工程造价司法鉴定资料后10天内，根据自身专业能力和证据资料判断能否胜任该项委托，如不能，应辞去该项委托。工程造价咨询人不得在鉴定期满后以上述理由不作出鉴定结论，影响案件处理。

5）接受工程造价司法鉴定委托的工程造价咨询人或造价工程师如是鉴定项目一方当事人的近亲属或代理人、咨询人以及其他关系可能影响鉴定公正的，应当自行回避；未自行回避，鉴定项目委托人以该理由要求其回避的，必须回避。

6）工程造价咨询人应当依法出庭接受鉴定项目当事人对工程造价司法鉴定意见书的质询。如确因特殊原因无法出庭的，经审理该鉴定项目的仲裁机关或人民法院准许，可以书面形式答复当事人的质询。

2. 取证

1）工程造价咨询人进行工程造价鉴定工作时，应自行收集以下（但不限于）鉴定资料：

①适用于鉴定项目的法律、法规、规章、规范性文件以及规范、标准、定额。

②鉴定项目同时期、同类型工程的技术经济指标及其各类要素价格等。

2）工程造价咨询人收集鉴定项目的鉴定依据时，应向鉴定项目委托人提出具体书面要求，其内容包括：

①与鉴定项目相关的合同、协议及其附件。

②相应的施工图纸等技术经济文件。

③施工过程中的施工组织、质量、工期和造价等工程资料。

④存在争议的事实及各方当事人的理由。

⑤其他有关资料。

3）工程造价咨询人在鉴定过程中要求鉴定项目当事人对缺陷资料进行补充的，应征得鉴定项目委托人同意，或者协调鉴定项目各方当事人共同签认。

4）根据鉴定工作需要现场勘验的，工程造价咨询人应提请鉴定项目委托人组织各方当事人对被鉴定项目所涉及的实物标的进行现场勘验。

5）勘验现场应制作勘验记录、笔录或勘验图表，记录勘验的时间、地点、勘验人、在场人、勘验经过、结果，由勘验人、在场人签名或者盖章确认。绘制的现场图应注明绘制的时间、测绘人姓名、身份等内容。必要时应采取拍照或摄像取证，留下影像资料。

6）鉴定项目当事人未对现场勘验图表或勘验笔录等签字确认的，工程造价咨询人应提请鉴定项目委托人决定处理意见，并在鉴定意见书中作出表述。

3. 鉴定

1）工程造价咨询人在鉴定项目合同有效的情况下，应根据合同约定进行鉴定，不得任意改变双方合法的合意。

2）工程造价咨询人在鉴定项目合同无效或合同条款约定不明确的情况下，应根据法律法规、相关国家标准和《建设工程工程量清单计价规范》（GB 50500—2013）的规定，选择相应专业工程的计价依据和方法进行鉴定。

3）工程造价咨询人出具正式鉴定意见书之前，可报请鉴定项目委托人向鉴定项目各方当事人发出鉴定意见书征求意见稿，并指明应书面答复的期限及其不答复的相应法律责任。

4）工程造价咨询人收到鉴定项目各方当事人对鉴定意见书征求意见稿的书面复函后，应对不同意见认真复核，修改完善后再出具正式鉴定意见书。

5）工程造价咨询人出具的工程造价鉴定书应包括下列内容：

①鉴定项目委托人名称、委托鉴定的内容、委托鉴定的证据材料。

②鉴定的依据及使用的专业技术手段。

③对鉴定过程的说明。

④明确的鉴定结论。

⑤其他需说明的事宜。

⑥工程造价咨询人盖章及注册造价工程师签名盖执业专用章。

6）工程造价咨询人应在委托鉴定项目的鉴定期限内完成鉴定工作，如确因特殊原因不能在原定期限内完成鉴定工作时，应按照相应法规提前向鉴定项目委托人申请延长鉴定期限，并应在此期限内完成鉴定工作。

经鉴定项目委托人同意等待鉴定项目当事人提交、补充证据的，质证所用的时间不应计入鉴定期限。

7）对于已经出具的正式鉴定意见书中有部分缺陷的鉴定结论，工程造价咨询人应通过补充鉴定作出补充结论。

3.2.12 工程计价资料与档案

1. 计价资料

1）发承包双方应当在合同中约定各自在合同工程中现场管理人员的职责范围，双方现场管理人员在职责范围内签字确认的书面文件是工程计价的有效凭证，但如有其他有效证据或经实证证明其是虚假的除外。

2）发承包双方不论在何种场合对与工程计价有关的事项所给予的批准、证明、同意、指令、商定、确定、确认、通知和请求，或表示同意、否定、提出要求和意见等，均应采用书面形式，口头指令不得作为计价凭证。

3）任何书面文件送达时，应由对方签收，通过邮寄应采用挂号、特快专递传送，或以发承包双方商定的电子传输方式发送，交付、传送或传输至指定的接收人的地址。如接收人通知了另外地址时，随后通信信息应按新地址发送。

4）发承包双方分别向对方发出的任何书面文件，均应将其抄送现场管理人员，如系复印件应加盖合同工程管理机构印章，证明与原件相同。双方现场管理人员向对方所发任何书面文件，也应将其复印件发送给发承包双方，复印件应加盖合同工程管理机构印章，证明与原件相同。

5）发承包双方均应当及时签收另一方送达其指定接收地点的来往信函，拒不签收的，送达信函的一方可以采用特快专递或者公证方式送达，所造成的费用增加（包括被迫采用特殊送达方式所发生的费用）和延误的工期由拒绝签收一方承担。

6）书面文件和通知不得扣压，一方能够提供证据证明另一方拒绝签收或已送达的，应视为对方已签收并应承担相应责任。

2. 计价档案

1）发承包双方以及工程造价咨询人对具有保存价值的各种载体的计价文件，均应收集齐全，整理立卷后归档。

2）发承包双方和工程造价咨询人应建立完善的工程计价档案管理制度，并应符合国家和有关部门发布的档案管理相关规定。

3）工程造价咨询人归档的计价文件，保存期不宜少于五年。

4）归档的工程计价成果文件应包括纸质原件和电子文件，其他归档文件及依据可为纸质原件、复印件或电子文件。

5）归档文件应经过分类整理，并应组成符合要求的案卷。

6）归档可以分阶段进行，也可以在项目竣工结算完成后进行。

7）向接受单位移交档案时，应编制移交清单，双方应签字、盖章后方可交接。

4 装饰装修工程工程量计算及清单编制实例

4.1 工程量计算一般规定

4.1.1 工程量计算方法和依据

1）2013年7月1日施行的《建设工程工程量清单计价规范》GB 50500—2013。

2）2002年1月1日施行的《全国统一建筑装饰装修工程消耗量定额》GYD－901—2002（以下简称"《全统装饰装修消耗量定额》"）。

3）1995年12月15日施行的《全国统一建筑工程基础定额》GJD－101—1995（以下简称"《全统建筑基础定额》"）。

4）地区现行的《装饰装修工程预算定额》（以下简称"地方定额"）。

5）企业现行的《装饰装修工程施工定额》（以下简称"企业定额"）。

4.1.2 招标的工程量

招标的工程量是指招标人在编制招标文件时，列在工程量清单中的工程量。建筑装饰装修工程量清单是招标文件的组成部分，是编制招标标底、投标报价的依据。工程量清单应由具有编制能力的招标人或受其委托、具有相应资质的工程造价咨询人编制。工程量清单是按照招标文件、施工图纸和技术资料的要求，将拟建招标工程的全部项目内容、依据和统一的施工项目划分规定，计算拟招标工程项目的全部分部分项的实物工程量和技术性措施项目，并以统一的计量单位和表式列出的工程量表，称为工程量清单。工程量清单由分部分项工程量清单、措施项目清单、其他项目清单、规费项目清单、税金项目清单组成。

1. 招标工程量的计算依据

1）招标文件。

2）施工图纸及相关资料。

3）《房屋建筑与装饰工程工程量计算规范》GB 50854—2013统一的工程量计算（量）规则。

4）《房屋建筑与装饰工程工程量计算规范》GB 50854—2013统一的工程量清单项目划分标准。

5）《房屋建筑与装饰工程工程量计算规范》GB 50854—2013统一的工程量计量单位。

6）《房屋建筑与装饰工程工程量计算规范》GB 50854—2013统一的分部分项清单项目编码、项目名称和项目特征。

7）施工现场实际情况。

2. 招标工程量的主要作用

1）招标人编制并确定标底价的依据。

2）投标人编制投标报价，策划投标方案的依据。

3）工程量清单是招标人、投标人签订工程施工合同的依据。

4）工程量清单也是工程结算和工程竣工结算的依据。

4.1.3 投标的工程量

投标的工程量是指投标人在编制投标文件时，确定投标报价的工程量。

1. 投标工程量的计算依据

1）招标文件。

2）施工图纸及有关资料。

3）企业定额。

4）《全统建筑基础定额》。

5）《全统装饰装修消耗量定额》。

6）施工现场实际情况。

2. 投标工程量的主要作用

1）投标人编制并确定投标报价的依据。

2）投标人策划投标方案的依据。

3）投标人编制施工组织设计的依据。

4）投标人进行工料分析、确定实际工期、编制施工预算和施工计划的依据。

4.1.4 定额工程量与清单工程量

1. 定额工程量与清单工程量的含义

（1）定额工程量

施工企业（承包商、投标人）在投标报价时，依据企业定额，或者参考地区装饰定额、《全统建筑基础定额》和《全统装饰装修消耗量定额》计算出来的工程量，简称为定额工程量，即投标的工程量。

由于目前全国许多施工企业尚没有自己内部的企业定额，所以，在编制投标报价时，可以参考现行的地方定额、《全统建筑基础定额》和《全统装饰装修消耗量定额》的工程量计算规则并结合实际情况计算工程量。

（2）清单工程量

建设单位（业主、招标人）在编制招标文件时，依据清单计价规范计算出来的工程量，简称为清单工程量，即招标的工程量。

凡是实行工程量清单招标的工程，招标文件中必须附有工程量清单，工程量清单工程量必须严格按照清单计价规范中的工程量计算规则进行计算。

2. 定额工程量与清单工程量的区别

（1）工程量计算依据不同

1）定额工程量依据的是施工企业内部的施工定额（企业定额），如果没有企业定额，则可以参考地区装饰定额或《全统建筑基础定额》和《全统装饰装修消耗量定额》，并可结合实际情况进行调整。

2）清单工程量依据的是清单计价规范。

(2) 工程量的用途不同

1) 定额工程量是供施工企业确定投标报价时使用。

2) 清单工程量是供建设单位编制招标文件时使用。

(3) 工程量项目设置的数量不同

1) 全统装饰定额的项目设置为：楼地面工程，墙柱面工程，顶棚工程，门窗工程，油漆、涂料、裱糊工程，其他工程，装饰装修脚手架及项目成品保护费，垂直运输及超高增加费，共8章、59节、1457个子目。

2) 清单计价规范的项目设置为：楼地面工程，墙柱面工程，顶棚工程，门窗工程，油漆、涂料、裱糊工程，其他工程，共6章、47节、214个子目。《全统装饰装修消耗量定额》中的"装饰装修脚手架及项目成品保护费"和"垂直运输及超高增加费"列入工程量清单措施项目中。

(4) 工程量计算规则适用的范围不同

1) 全统装饰定额工程量计算规则适用于所有新建、扩建和改建工程的装饰装修工程预算工程量计算。

2) 清单计价规范工程量计算规则只适用于采用工程量清单计价的装饰装修工程预算工程量计算。

(5) 工程量项目包括的工程内容不同

1)《全统装饰装修消耗量定额》的项目是按施工工序进行设置的，其分项子目划分的比较细，有1457个之多。各节子目包括的工程内容也比较单一，例如大理石楼地面、花岗岩楼地面等项目，其工作内容包括：清理基层、试排弹线、锯板修边、铺贴饰面、清理净面。从工作内容可以看出，其工程内容只限大理石和花岗岩地面面层本身，其垫层、找平层则只需列子目单独计算。

2) 清单计价规范的项目设置按"综合实体"考虑，其分项子目划分的比较粗，只有214个。划分时，在《全统装饰装修消耗量定额》的基础上进行了综合扩大，各子目包括的工程内容大大增加了，例如石材楼地面子目包括了大理石楼地面、花岗岩楼地面等石材楼地面项目，其工程内容包括：基层清理，铺设垫层，抹找平层，防水层铺设，填充层铺设，面层铺设，嵌缝，刷防护材料，酸洗，打蜡，材料运输。从工程内容可以看出，该子目不但包括了石材楼地面面层，还综合了在《全统装饰装修消耗量定额》中应单独列项的垫层、找平层等多项内容。

(6) 工程量的计量单位值不同

1)《全统装饰装修消耗量定额》的工程量计量单位值根据不同情况设置为"1"、"10"、"1000"等数值。

2) 清单计价规范的工程量计量单位值全部设置为"1"。

(7) 工程量的计量原则不同

1)《全统装饰装修消耗量定额》工程量的计量原则是：在根据图纸的净尺寸计算出分项工程的实体净值（理论量）的基础上，还要加算实际施工中因各种因素必须发生的工程量，例如各种不可避免的损耗量以及需要增加的工程量。

2) 清单计价规范工程量的计量原则是：以按图纸的净尺寸计算出分项工程的实体工程量为准，以完成后的净值（理论量）计算。其他因素引起的工程量变化不予考虑。

4.2 建筑面积计算实例

4.2.1 建筑面积基础知识

1. 建筑面积的概念

(1) 建筑面积

建筑面积也称建筑展开面积，是指建筑物各层水平面积的总和。建筑面积是由使用面积、辅助面积和结构面积组成，其中使用面积与辅助面积之和称为有效面积。其公式为：

建筑面积=使用面积+辅助面积+结构面积=有效面积+结构面积 (4-1)

(2) 使用面积

使用面积是指建筑物各层布置中可直接为生产或生活使用的净面积总和。例如住宅建筑中的卧室、起居室、客厅等。住宅建筑中的使用面积也称为居住面积。

(3) 辅助面积

辅助面积是指建筑物各层平面布置中为辅助生产和生活所占净面积的总和。例如住宅建筑中的楼梯、走道、厕所、厨房等。

(4) 结构面积

结构面积是指建筑物各层平面布置中的墙体、柱等结构所占面积的总和。

(5) 首层建筑面积

首层建筑面积（也称为底层建筑面积）是指建筑物底层勒脚以上外墙外围水平投影面积。首层建筑面积作为“二线一面”中的一个重要指标，在工程量计算时将被反复使用。

2. 建筑面积计算的要求

(1) 建筑面积计算的步骤

1）读图。建筑面积计算规则可归纳为以下几种情况：凡层高超过 2.2m 的有顶盖或维护结构以及有柱（除深基础以外）的，均应全部计算建筑面积；凡无顶或无柱的，能供人们利用的，一般按水平投影面积一半计算建筑面积；除此之外及有关配件，均不计算建筑面积。在掌握建筑面积计算规则的基础上，必须认真阅读施工图，明确哪些部分需要计算，哪些部分不需要计算，哪些是单层，哪些是多层，以及阳台的类型等。

2）列项。按照单层、多层、雨篷、车棚等分类，并按一定顺序编号列出项目。

3）计算。

4）查取尺寸。按照施工图查取尺寸，并根据如上所述计算规则进行建筑面积计算。

(2) 计算建筑面积时的注意事项

1）在计算建筑面积时，是按外墙的外边线取定尺寸，而设计图纸多以轴线标注尺寸，因此，要注意将底层和标准层按各自墙厚尺寸转换成边线尺寸进行计算。

2）当在同一外边轴线上有墙有柱时，要查看墙外边线是否一致，不一致时要按墙外边线、柱外边线分别取定尺寸计算建筑面积。

3）如果遇到有建筑物内留有天井空间时，在计算建筑面积中应注意扣除天井面积。

4）无柱走廊、檐廊和无围护结构的阳台，通常都按栏杆或栏板标注尺寸，其水平面积可以按栏杆或栏板墙外边线取定尺寸；如果是采用钢木花栏杆的，应以廊台板外边线取定尺寸。

5）层高小于 2.2m 的架空层或结构层，通常均不计算建筑面积。

3.《建筑工程建筑面积计算规范》简述

为规范工业与民用建筑工程建设全过程的建筑面积计算，统一计算方法，住房城乡建设部颁布实施了《建筑工程建筑面积计算规范》GB/T 50353—2013（以下简称《建筑面积计算规范》），自 2014 年 7 月 1 日起实施，规范适用于新建、扩建、改建的工业与民用建筑工程建设全过程的建筑面积计算。原《建筑工程建筑面积计算规范》GB/T 50353—2005 同时废止。

建筑工程的建筑面积计算，除应符合《建筑面积计算规范》外，尚应符合国家现行有关标准的规定。

《建筑面积计算规范》修订的主要技术内容是：

1）增加了建筑物架空层的面积计算规定，取消了深基础架空层。

2）取消了有永久性顶盖的面积计算规定，增加了无围护结构有围护设施的面积计算规定。

3）修订了落地橱窗、门斗、挑廊、走廊、檐廊的面积计算规定。

4）增加了凸（飘）窗的建筑面积计算要求。

5）修订了围护结构不垂直于水平面而超出底板外沿的建筑物的面积计算规定。

6）删除了原室外楼梯强调的有永久性顶盖的面积计算要求。

7）修订了阳台的面积计算规定。

8）修订了外保温层的面积计算规定。

9）修订了设备层、管道层的面积计算规定。

10）增加了门廊的面积计算规定。

11）增加了有顶盖的采光井的面积计算规定。

4. 与建筑面积计算有关的术语

为了准确计算建筑物的建筑面积，《建筑面积计算规范》对相关术语作了明确规定，见表 4-1。

表 4-1 与建筑面积计算有关的术语

序号	术语	释 义
1	自然层	按楼地面结构分层的楼层
2	结构层高	楼面或地面结构层上表面至上部结构层上表面之间的垂直距离
3	围护结构	围合建筑空间的墙体、门、窗
4	建筑空间	以建筑界面限定的、供人们生活和活动的场所 具备可出入、可利用条件（设计中可能标明了使用用途，也可能没有标明使用用途或使用用途不明确）的围合空间
5	结构净高	楼面或地面结构层上表面至上部结构层下表面之间的垂直距离
6	围护设施	为保障安全而设置的栏杆、栏板等围挡

续表 4-1

序号	术语	释 义
7	地下室	室内地平面低于室外地平面的高度超过室内净高的 1/2 的房间
8	半地下室	室内地平面低于室外地平面的高度超过室内净高的 1/3，且不超过 1/2 的房间
9	架空层	仅有结构支撑而无外围护结构的开敞空间层
10	走廊	建筑物中的水平交通空间
11	架空走廊	专门设置在建筑物的二层或二层以上，作为不同建筑物之间水平交通的空间
12	结构层	整体结构体系中承重的楼板层，包括板、梁等构件。结构层承受整个楼层的全部荷载，并对楼层的隔声、防火等起主要作用
13	落地橱窗	突出外墙面且根基落地的橱窗，即在商业建筑临街面设置的下槛落地、可落在室外地坪也可落在室内首层地板，用来展览各种样品的玻璃窗
14	凸窗（飘窗）	凸出建筑物外墙面的窗户 凸窗（飘窗）既作为窗，就有别于楼（地）板的延伸，也就是不能把楼（地）板延伸出去的窗称为凸窗（飘窗）。凸窗（飘窗）的窗台应只是墙面的一部分，且距（楼）地面应有一定的高度
15	檐廊	建筑物挑檐下的水平交通空间，即附属于建筑物底层外墙有屋檐作为顶盖，其下部一般有柱或栏杆、栏板等的水平交通空间
16	挑廊	挑出建筑物外墙的水平交通空间
17	门斗	建筑物入口处两道门之间的空间
18	雨篷	建筑物出入口上方、凸出墙面、为遮挡雨水而单独设立的建筑部件。雨篷划分为有柱雨篷（包括独立柱雨篷、多柱雨篷、柱墙混合支撑雨篷、墙支撑雨篷）和无柱雨篷（悬挑雨篷） 如凸出建筑物，且不单独设立顶盖，利用上层结构板（如楼板、阳台底板）进行遮挡，则不视为雨篷，不计算建筑面积。对于无柱雨篷，如顶盖高度达到或超过两个楼层时，也不视为雨篷，不计算建筑面积
19	门廊	建筑物入口前有顶棚的半围合空间，即在建筑物出入口，无门、三面或二面有墙，上部有板（或借用上部楼板）围护的部位
20	楼梯	由连续行走的梯级、休息平台和维护安全的栏杆（或栏板）、扶手以及相应的支托结构组成的作为楼层之间垂直交通使用的建筑部件
21	阳台	附设于建筑物外墙，设有栏杆或栏板，可供人活动的室外空间
22	主体结构	接受、承担和传递建设工程所有上部荷载，维持上部结构整体性、稳定性和安全性的有机联系的构造

续表 4-1

序号	术语	释 义
23	变形缝	在建筑物因温差、不均匀沉降以及地震而可能引起结构破坏变形的敏感部位或其他必要的部位，预先设缝将建筑物断开，令断开后建筑物的各部分成为独立的单元，或者是划分为简单、规则的段，并令各段之间的缝达到一定的宽度，以能够适应变形的需要。根据外界破坏因素的不同，变形缝一般分为伸缩缝、沉降缝、抗震缝三种
24	骑楼	建筑底层沿街面后退且留出公共人行空间的建筑物，即沿街二层以上用承重柱支撑骑跨在公共人行空间之上，其底层沿街面后退的建筑物
25	过街楼	当有道路在建筑群穿过时为保证建筑物之间的功能联系，设置跨越道路上空使两边建筑相连接的建筑物
26	建筑物通道	为穿过建筑物而设置的空间
27	露台	设置在屋面、首层地面或雨篷上的供人室外活动的有围护设施的平台 露台应满足四个条件：一是位置，设置在屋面、地面或雨篷顶，二是可出入，三是有围护设施，四是无盖，这四个条件须同时满足 如果设置在首层并有围护设施的平台，且其上层为同体量阳台，则该平台应视为阳台，按阳台的规则计算建筑面积
28	勒脚	在房屋外墙接近地面部位设置的饰面保护构造
29	台阶	联系室内外地坪或同楼层不同标高而设置的阶梯形踏步，即建筑物出入口不同标高地面或同楼层不同标高处设置的供人行走的阶梯式连接构件。室外台阶还包括与建筑物出入口连接处的平台

4.2.2 建筑面积计算规则及实例详解

1. 计算建筑面积的规定

1）建筑物的建筑面积应按自然层外墙结构外围水平面积之和计算。结构层高在 2.20m 及以上的，应计算全面积；结构层高在 2.20m 以下的，应计算 1/2 面积。

【例 4-1】 某 6 层砖结构住宅楼，如图 4-1 所示，2～6 层建筑平面图均相同。阳台为不封闭阳台，首层无阳台，其他均与 2 层相同。请计算其建筑面积。

【解】

（1）首层建筑面积：

$$S_1 = (10+0.24) \times (16+0.24) = 166.30\ (m^2)$$

（2）2～6 层建筑面积（包括主体面积和阳台面积）：

$$S_{2\sim6} = S_Z + S_Y$$

式中 S_Z——主体面积；

S_Y——阳台面积。

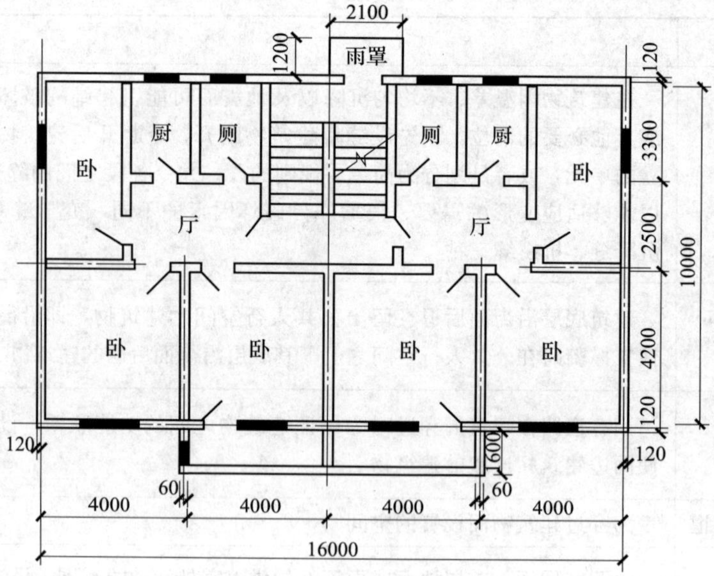

图 4-1 某砖结构住宅楼 2～6 层平面图

2～6 层建筑面积：

$$S_Z = S_1 \times 5 = 166.30 \times 5 = 831.5 \text{ (m}^2\text{)}$$

$$S_Y = (1.6 - 0.12) \times (4 \times 2 + 0.06 \times 2) \times 5 \times 1 \div 2 = 30.04 \text{ (m}^2\text{)}$$

$$S_{2\sim6} = 831.5 + 30.04 = 861.54 \text{ (m}^2\text{)}$$

（3）总建筑面积：

$$S = S_1 + S_{2\sim6} = 166.30 + 861.54 = 1027.84 \text{ (m}^2\text{)}$$

2）建筑物内设有局部楼层时，对于局部楼层的二层及以上楼层，有围护结构的应按其围护结构外围水平面积计算，无围护结构的应按其结构底板水平面积计算，且结构层高在 2.20m 及以上的，应计算全面积，结构层高在 2.20m 以下的，应计算 1/2 面积。

建筑物内的局部楼层如图 4-2 所示。

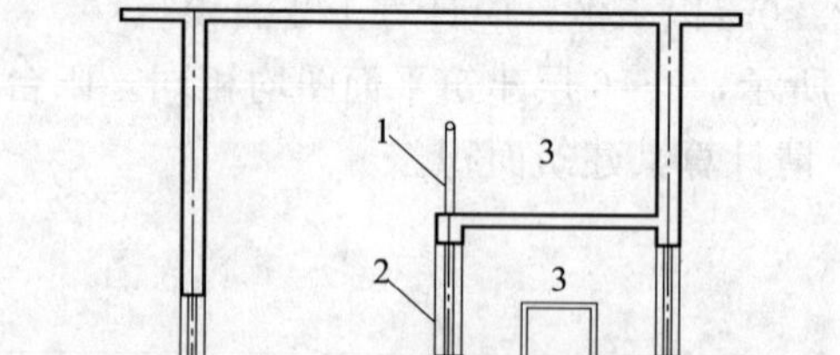

图 4-2 建筑物内的局部楼层

1—围护设施；2—围护结构；3—局部楼层

3）对于形成建筑空间的坡屋顶，结构净高在 2.10m 及以上的部位应计算全面积；结构净高在 1.20m 及以上至 2.10m 以下的部位应计算 1/2 面积；结构净高在 1.20m 以下的部位不应计算建筑面积。

4）对于场馆看台下的建筑空间，结构净高在 2.10m 及以上的部位应计算全面积；结构净高在 1.20m 及以上至 2.10m 以下的部位应计算 1/2 面积；结构净高在 1.20m 以下的部位不应计算建筑面积。室内单独设置的有围护设施的悬挑看台，应按看台结构底板水平投影面积计算建筑面积。有顶盖无围护结构的场馆看台应按其顶盖水平投影面积的 1/2 计算面积。

5）地下室、半地下室应按其结构外围水平面积计算。结构层高在 2.20m 及以上的，应计算全面积；结构层高在 2.20m 以下的，应计算 1/2 面积。

6）出入口外墙外侧坡道有顶盖的部位，应按其外墙结构外围水平面积的 1/2 计算面积。

出入口坡道分有顶盖出入口坡道和无顶盖出入口坡道，出入口坡道顶盖的挑出长度，为顶盖结构外边线至外墙结构外边线的长度；顶盖以设计图纸为准，对后增加及建设单位自行增加的顶盖等，不计算建筑面积。顶盖不分材料种类（如钢筋混凝土顶盖、彩钢板顶盖、阳光板顶盖等）。地下室出入口如图 4-3 所示。

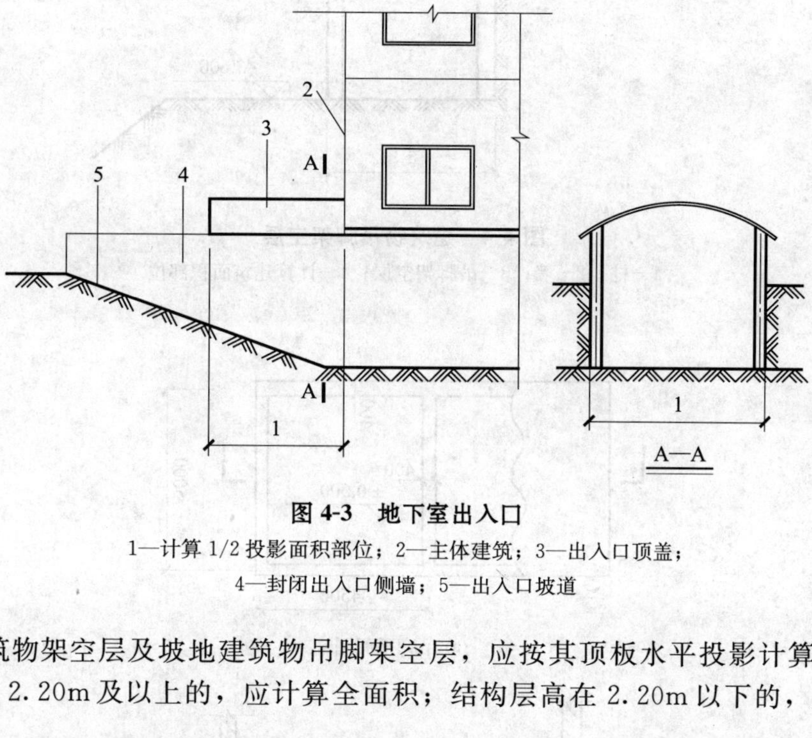

图 4-3　地下室出入口

1—计算 1/2 投影面积部位；2—主体建筑；3—出入口顶盖；
4—封闭出入口侧墙；5—出入口坡道

7）建筑物架空层及坡地建筑物吊脚架空层，应按其顶板水平投影计算建筑面积。结构层高在 2.20m 及以上的，应计算全面积；结构层高在 2.20m 以下的，应计算 1/2 面积。

本条规定既适用于建筑物吊脚架空层、深基础架空层建筑面积的计算，也适用于目前部分住宅、学校教学楼等工程在底层架空或在二楼或以上某个甚至多个楼层架空，作为公共活动、停车、绿化等空间的建筑面积的计算。架空层中有围护结构的建筑空间按相关规定计算。建筑物吊脚架空层如图 4-4 所示。

【例 4-2】　如图 4-5 所示，求利用吊脚空间设置的架空层（S）建筑面积。

【解】

$$S = (5+0.4) \times (4.5+0.4)$$
$$=26.46\ (m^2)$$

【例 4-3】　如图 4-6 所示，深基础做地下架空层的建筑面积。

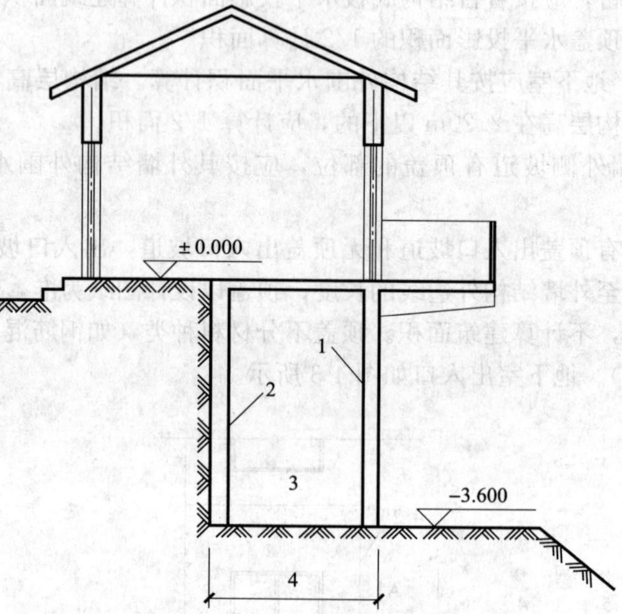

图 4-4 建筑物吊脚架空层

1—柱；2—墙；3—吊脚架空层；4—计算建筑面积部位

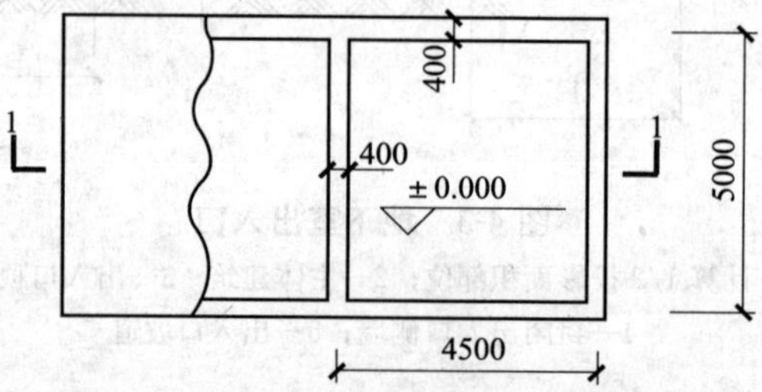

(a) 吊脚平面图

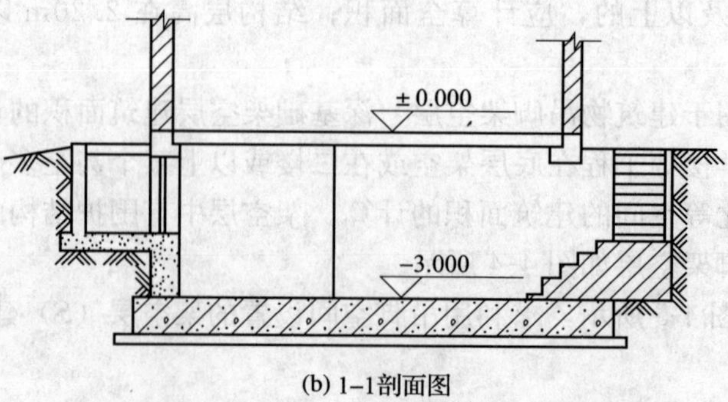

(b) 1-1剖面图

图 4-5 利用吊脚空间示意图

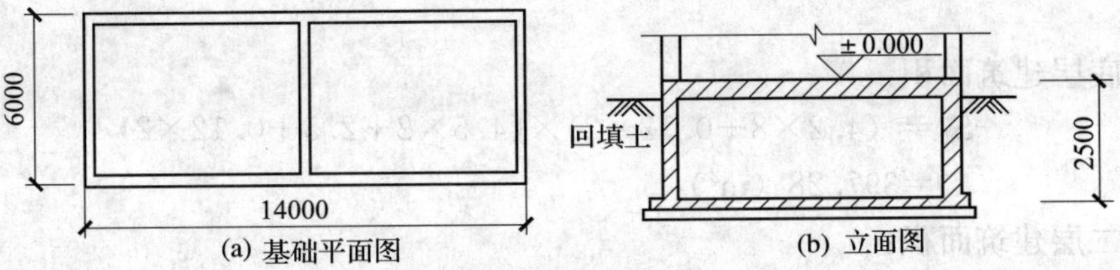

(a) 基础平面图　　(b) 立面图

图 4-6　深基础做地下架空层

【解】

建筑物架空层层高超过 2.2m，按围护结构外围水平投影面积计算全面积。

$$S=14\times6=84\ (\mathrm{m}^2)$$

8）建筑物的门厅、大厅应按一层计算建筑面积，门厅、大厅内设置的走廊应按走廊结构底板水平投影面积计算建筑面积。结构层高在 2.20m 及以上的，应计算全面积；结构层高在 2.20m 以下的，应计算 1/2 面积。

【例 4-4】　求如图 4-7 所示某宾馆的建筑面积。

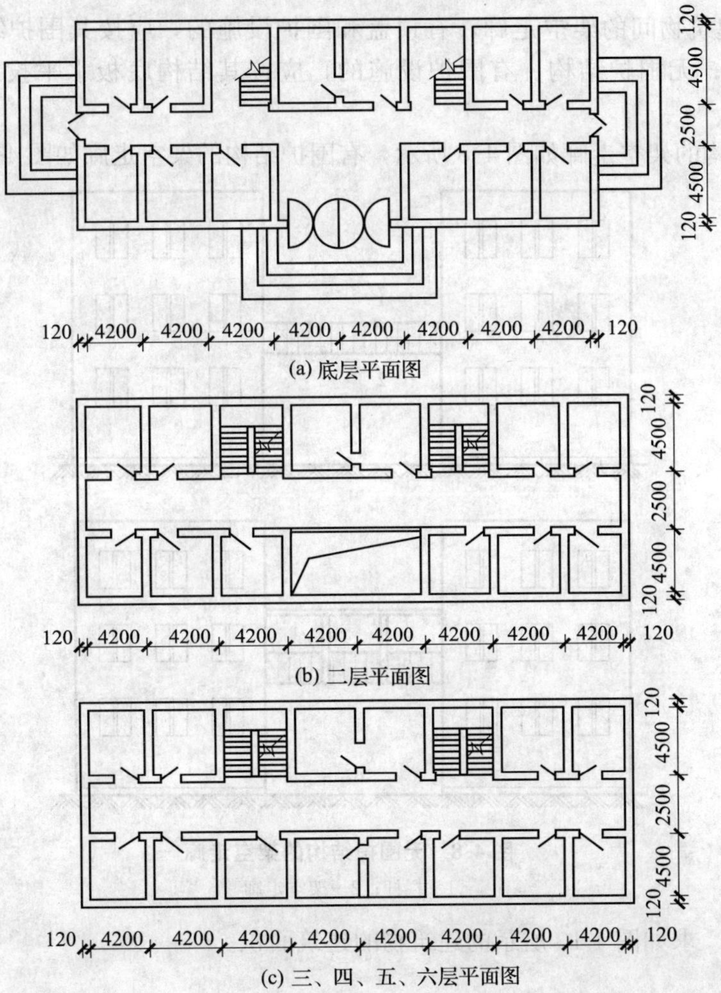

(a) 底层平面图

(b) 二层平面图

(c) 三、四、五、六层平面图

图 4-7　某宾馆示意图

【解】

(1) 底层建筑面积：

$$S_1 = (4.2\times8+0.12\times2)\times(4.5\times2+2.5+0.12\times2)$$
$$=397.28\ (m^2)$$

(2) 二层建筑面积：

$$S_2 = (4.2\times8+0.12\times2)\times(4.5\times2+2.5+0.12\times2)-(4.2\times2-0.12\times2)\times(4.5-0.12\times2)$$
$$=362.52\ (m^2)$$

(3) 三、四、五、六层建筑面积分别是：

$$S_{3,4,5,6} = (4.2\times8+0.12\times2)\times(4.5\times2+2.5+0.12\times2)$$
$$=397.28\ (m^2)$$

(4) 总建筑面积：

$$S = 397.28+362.52+397.28\times4$$
$$=2348.92\ (m^2)$$

9）对于建筑物间的架空走廊，有顶盖和围护设施的，应按其围护结构外围水平面积计算全面积；无围护结构、有围护设施的，应按其结构底板水平投影面积计算 1/2 面积。

无围护结构的架空走廊如图 4-8 所示，有围护结构的架空走廊如图 4-9 所示。

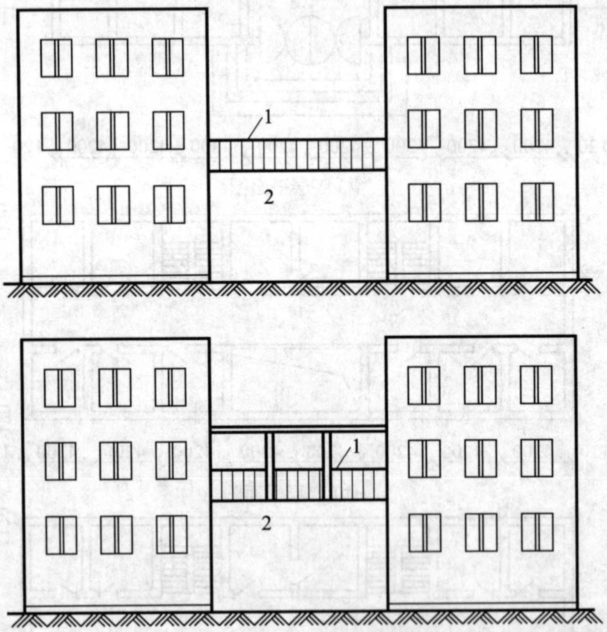

图 4-8 无围护结构的架空走廊

1—栏杆；2—架空走廊

【例 4-5】 求如图 4-10 所示的建筑物的建筑面积。

【解】

(1) 有顶盖的架空通廊建筑面积：

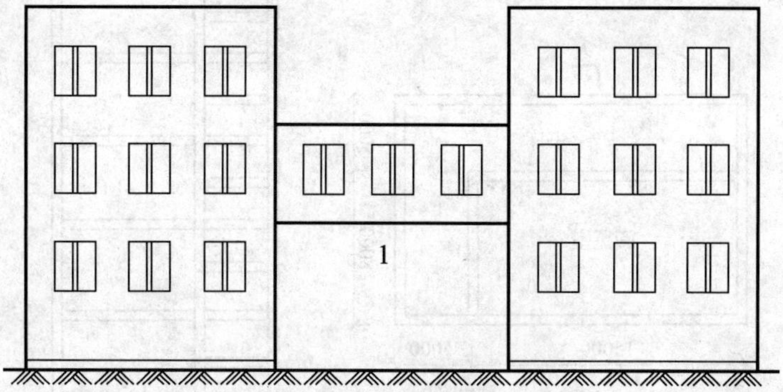

图 4-9 有围护结构的架空走廊

1—架空走廊

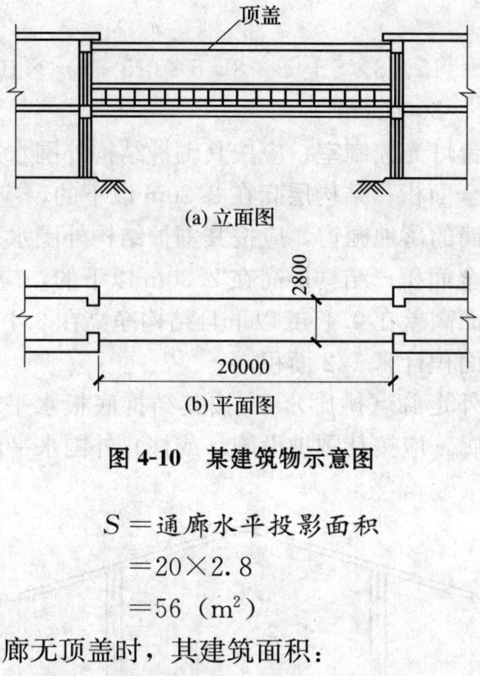

图 4-10 某建筑物示意图

S = 通廊水平投影面积

= 20×2.8

= 56 (m^2)

(2) 当图中的架空通廊无顶盖时，其建筑面积：

S = 通廊水平投影面积×1/2

= 20×2.8×1/2

= 28 (m^2)

10）对于立体书库、立体仓库、立体车库，有围护结构的，应按其围护结构外围水平面积计算建筑面积；无围护结构、有围护设施的，应按其结构底板水平投影面积计算建筑面积。无结构层的应按一层计算，有结构层的应按其结构层面积分别计算。结构层高在 2.20m 及以上的，应计算全面积；结构层高在 2.20m 以下的，应计算 1/2 面积。

起局部分隔、存储等作用的书架层、货架层或可升降的立体钢结构停车层均不属于结构层，故该部分分层不计算建筑面积。

【例 4-6】 如图 4-11 所示，求有书架层书库的图书馆建筑面积。

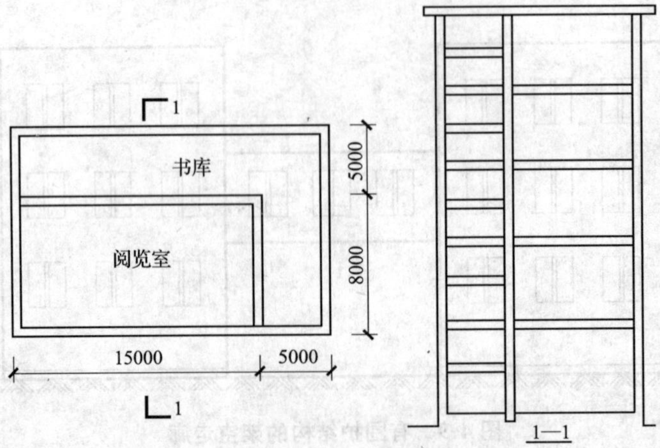

图 4-11 某图书馆书库示意图

【解】

图书馆建筑面积：

$$S=15\times8\times5+[5\times8+5\times(15+5)]\times10$$
$$=2000\ (m^2)$$

11）有围护结构的舞台灯光控制室，应按其围护结构外围水平面积计算。结构层高在 2.20m 及以上的，应计算全面积；结构层高在 2.20m 以下的，应计算 1/2 面积。

12）附属在建筑物外墙的落地橱窗，应按其围护结构外围水平面积计算。结构层高在 2.20m 及以上的，应计算全面积；结构层高在 2.20m 以下的，应计算 1/2 面积。

13）窗台与室内楼地面高差在 0.45m 以下且结构净高在 2.10m 及以上的凸（飘）窗，应按其围护结构外围水平面积计算 1/2 面积。

14）有围护设施的室外走廊（挑廊），应按其结构底板水平投影面积计算 1/2 面积；有围护设施（或柱）的檐廊，应按其围护设施（或柱）外围水平面积计算 1/2 面积。

檐廊如图 4-12 所示。

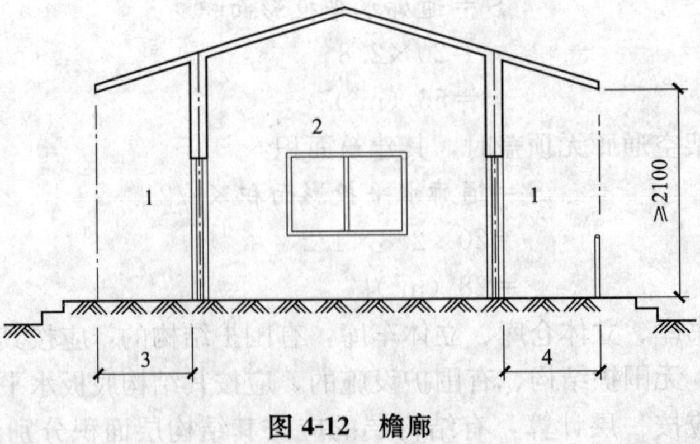

图 4-12 檐廊

1—檐廊；2—室内；3—不计算建筑面积部位；4—计算 1/2 建筑面积部位

15）门斗应按其围护结构外围水平面积计算建筑面积，且结构层高在 2.20m 及以上的，应计算全面积；结构层高在 2.20m 以下的，应计算 1/2 面积。

门斗如图 4-13 所示。

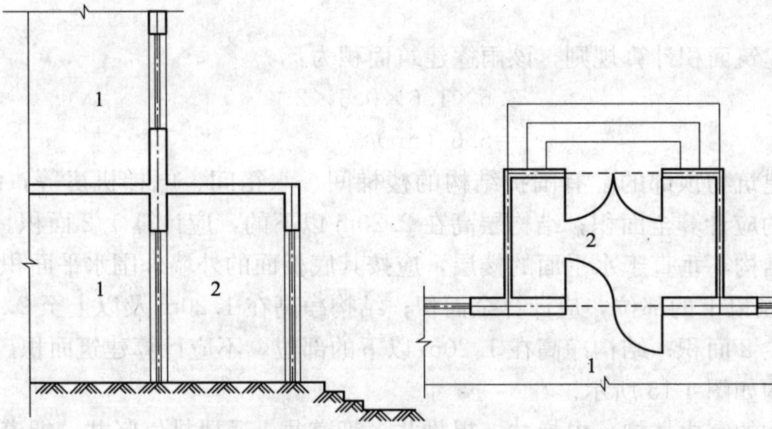

图 4-13 门斗

1—室内；2—门斗

16）门廊应按其顶板的水平投影面积的 1/2 计算建筑面积；有柱雨篷应按其结构板水平投影面积的 1/2 计算建筑面积；无柱雨篷的结构外边线至外墙结构外边线的宽度在 2.10m 及以上的，应按雨篷结构板的水平投影面积的 1/2 计算建筑面积。

雨篷分为有柱雨篷和无柱雨篷。有柱雨篷，没有出挑宽度的限制，也不受跨越层数的限制，均计算建筑面积。无柱雨篷，其结构板不能跨层，并受出挑宽度的限制，设计出挑宽度大于或等于 2.10m 时才计算建筑面积。出挑宽度，系指雨篷结构外边线至外墙结构外边线的宽度，弧形或异形时，取最大宽度。

【例 4-7】 已知如图 4-14 所示某个雨篷建筑，试计算雨篷建筑面积。

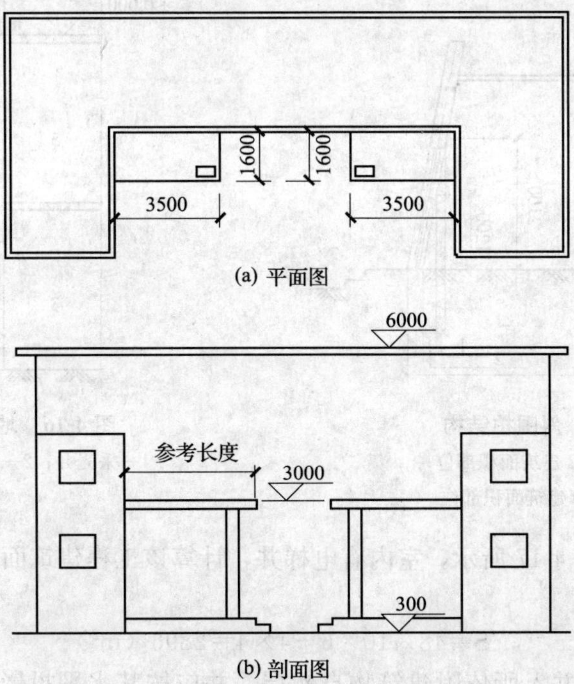

图 4-14 雨篷建筑（mm）

【解】

根据雨篷建筑面积计算规则，该雨篷建筑面积为：

$$3.5\times1.6\times0.5\times2$$
$$=5.6\ (m^2)$$

17）设在建筑物顶部的、有围护结构的楼梯间、水箱间、电梯机房等，结构层高在 2.20m 及以上的应计算全面积；结构层高在 2.20m 以下的，应计算 1/2 面积。

18）围护结构不垂直于水平面的楼层，应按其底板面的外墙外围水平面积计算。结构净高在 2.10m 及以上的部位，应计算全面积；结构净高在 1.20m 及以上至 2.10m 以下的部位，应计算 1/2 面积；结构净高在 1.20m 以下的部位，不应计算建筑面积。

斜围护结构如图 4-15 所示。

19）建筑物的室内楼梯、电梯井、提物井、管道井、通风排气竖井、烟道，应并入建筑物的自然层计算建筑面积。有顶盖的采光井应按一层计算面积，且结构净高在 2.10m 及以上的，应计算全面积；结构净高在 2.10m 以下的，应计算 1/2 面积。

有顶盖的采光井包括建筑物中的采光井和地下室采光井。地下室采光井如图 4-16 所示。

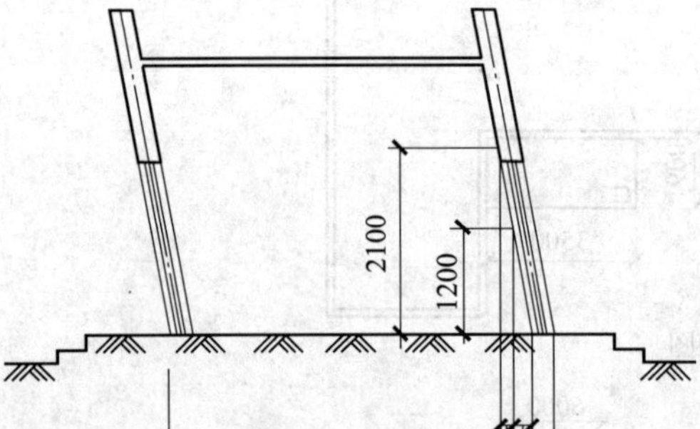

图 4-15　斜围护结构

1—计算 1/2 建筑面积部位；
2—不计算建筑面积部位

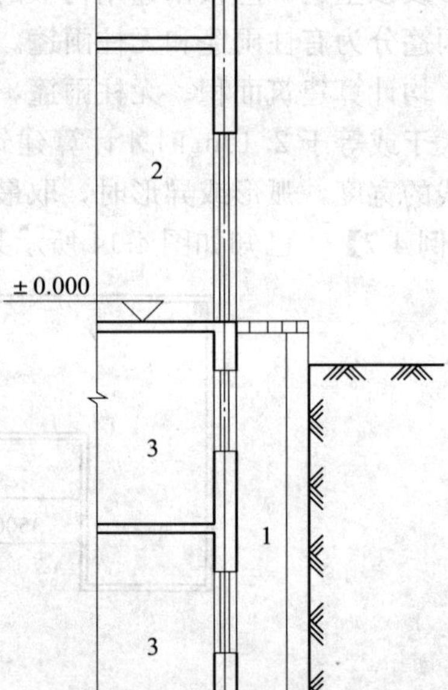

图 4-16　地下室采光井

1—采光井；2—室内；3—地下室

【例 4-8】　如图 4-17 所示，室内有电梯井，计算该工程建筑面积。

【解】

$$S=48\times10\times6+4\times4=2896\ (m^2)$$

20）室外楼梯应并入所依附建筑物自然层，并应按其水平投影面积的 1/2 计算建筑面积。

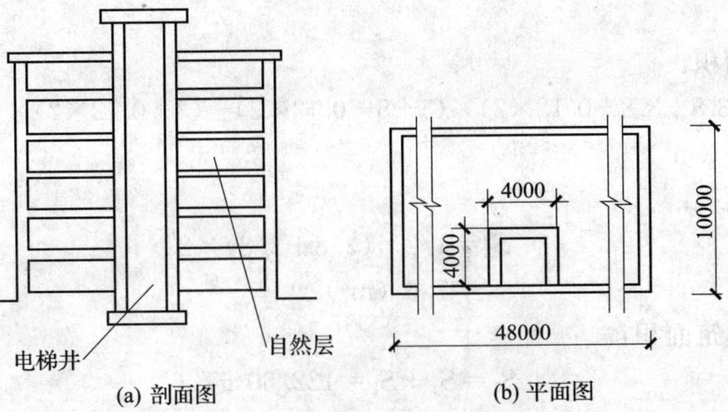

图 4-17 设有电梯的某建筑物示意图

室外楼梯作为连接该建筑物层与层之间交通不可缺少的基本部件，无论从其功能还是工程计价的要求来说，均需计算建筑面积。层数为室外楼梯所依附的楼层数，即梯段部分投影到建筑物范围的层数。利用室外楼梯下部的建筑空间不得重复计算建筑面积；利用地势砌筑的为室外踏步，不计算建筑面积。

21）在主体结构内的阳台，应按其结构外围水平面积计算全面积；在主体结构外的阳台，应按其结构底板水平投影面积计算 1/2 面积。

【例 4-9】 某住宅楼底层平面图如图 4-18 所示，已知内、外墙墙厚均为 240mm，雨篷挑出墙外 1.2m，阳台为封闭式，试计算住宅底层建筑面积。

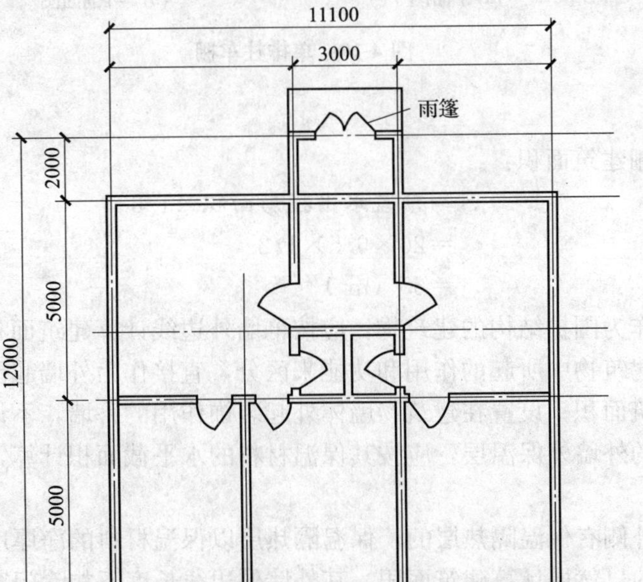

图 4-18 底层平面图

【解】

房屋建筑面积：

$S_1=(3.5+3.8+3.8+0.12\times2)\times(5+5+0.12\times2)+(3+0.12\times2)\times(2-0.12+0.12)$
$=122.60\ (m^2)$

阳台建筑面积：

$$S_2=1/2\times(3.8+3.8)\times2=7.6\ (m^2)$$

住宅底层建筑面积：

$$S_3=S_1+S_2=122.60+7.6=130.2\ (m^2)$$

22）有顶盖无围护结构的车棚、货棚、站台、加油站、收费站等，应按其顶盖水平投影面积的1/2计算建筑面积。

【例4-10】 求如图4-19所示的单排柱的车棚的建筑面积。

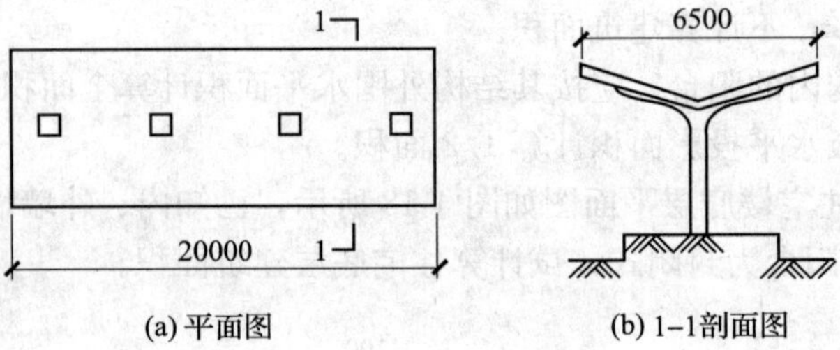

图4-19　单排柱车棚

【解】

单排柱的车棚建筑面积：

$$S=\text{顶盖水平投影面积}\times1/2=20\times6.5\times1/2=65\ (m^2)$$

23）以幕墙作为围护结构的建筑物，应按幕墙外边线计算建筑面积。

幕墙以其在建筑物中所起的作用和功能来区分，直接作为外墙起围护作用的幕墙，按其外边线计算建筑面积；设置在建筑物墙体外起装饰作用的幕墙，不计算建筑面积。

24）建筑物的外墙外保温层，应按其保温材料的水平截面积计算，并计入自然层建筑面积。

建筑物外墙外侧有保温隔热层的，保温隔热层以保温材料的净厚度乘以外墙结构外边线长度按建筑物的自然层计算建筑面积，其外墙外边线长度不扣除门窗和建筑物外已计算建筑面积构件（如阳台、室外走廊、门斗、落地橱窗等部件）所占长度。当建筑物外已计算建筑面积的构件（如阳台、室外走廊、门斗、落地橱窗等部件）有保温隔热层时，其保温隔热层也不再计算建筑面积。外墙是斜面者按楼面楼板处的外墙外边线长度乘以保温材料的净厚度计算。外墙外保温以沿高度方向满铺为准，某层外墙外保温铺设高度未达到全部高度时（不包括阳台、室外走廊、门斗、落地橱窗、雨篷、飘窗等），不计算建筑面积。

保温隔热层的建筑面积是以保温隔热材料的厚度来计算的，不包含抹灰层、防潮层、保护层（墙）的厚度。建筑外墙外保温如图 4-20 所示。

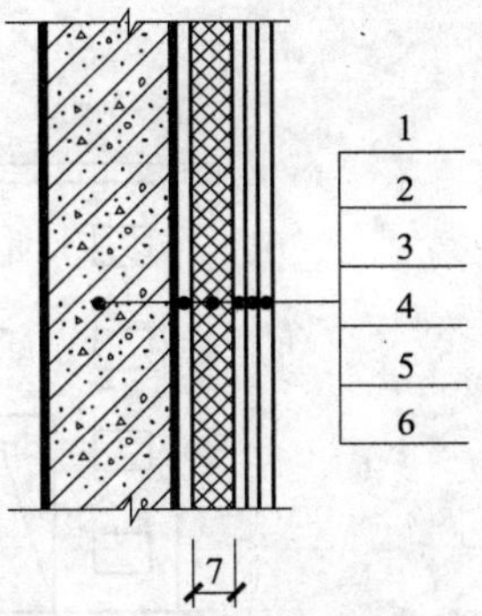

图 4-20　建筑外墙外保温

1—墙体；2—黏结胶浆；3—保温材料；4—标准网；5—加强网；6—抹面胶浆；7—计算建筑面积部位

25）与室内相通的变形缝，应按其自然层合并在建筑物建筑面积内计算。对于高低联跨的建筑物，当高低跨内部连通时，其变形缝应计算在低跨面积内。

26）对于建筑物内的设备层、管道层、避难层等有结构层的楼层，结构层高在 2.20m 及以上的，应计算全面积；结构层高在 2.20m 以下的，应计算 1/2 面积。

2. 不计算建筑面积的规定

下列项目不应计算建筑面积：

1）与建筑物内不相连通的建筑部件，指的是依附于建筑物外墙外不与户室开门连通，起装饰作用的敞开式挑台（廊）、平台，以及不与阳台相通的空调室外机搁板（箱）等设备平台部件。

2）骑楼、过街楼底层的开放公共空间和建筑物通道。

骑楼如图 4-21 所示，过街楼如图 4-22 所示。

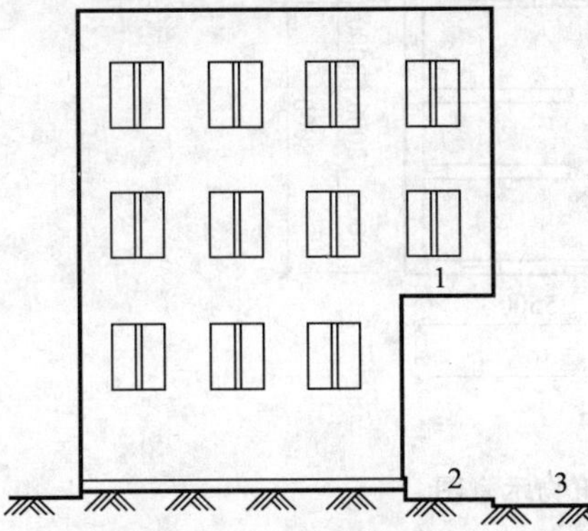

图 4-21　骑楼

1—骑楼；2—人行道；3—街道

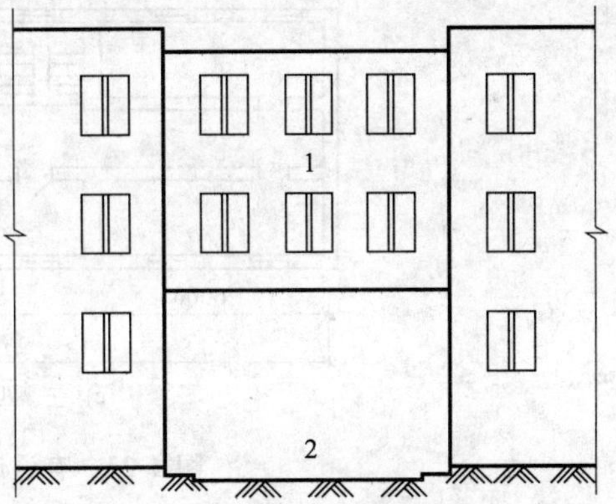

图 4-22　过街楼

1—过街楼；2—建筑物通道

【例 4-11】　如图 4-23 所示，通道穿过建筑物，计算该工程建筑面积。

【解】

$$S=(17+0.24)\times(8+0.24)\times4-(3-0.24)\times(8+0.24)$$
$$=545.49\ (m^2)$$

3）舞台及后台悬挂幕布和布景的天桥、挑台等，指的是影剧院的舞台及为舞台服务的可供上人维修、悬挂幕布、布置灯光及布景等搭设的天桥和挑台等构件设施。

4）露台、露天游泳池、花架、屋顶的水箱及装饰性结构构件。

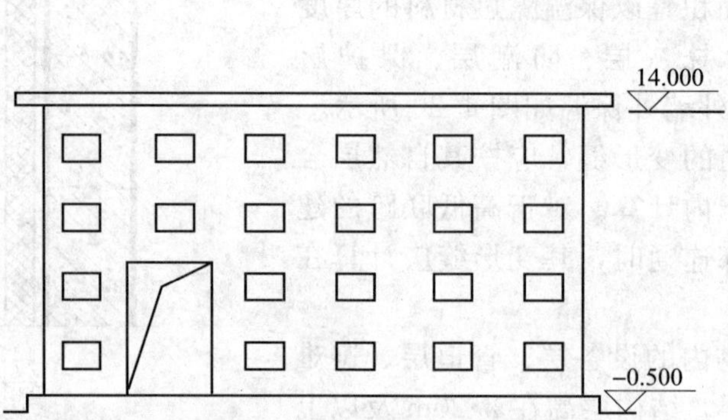

(a) 正立面示意图

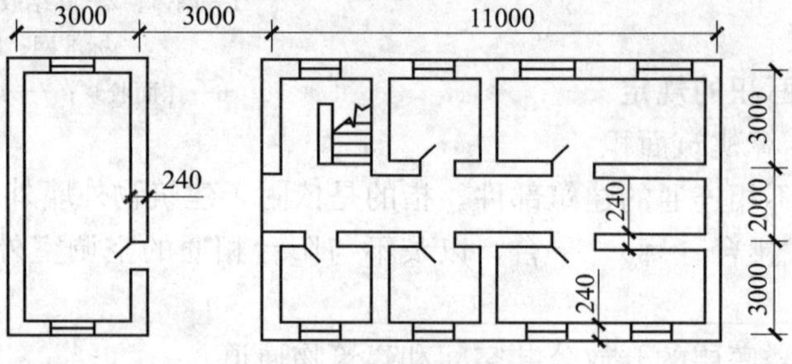

(b) 二层平面示意图

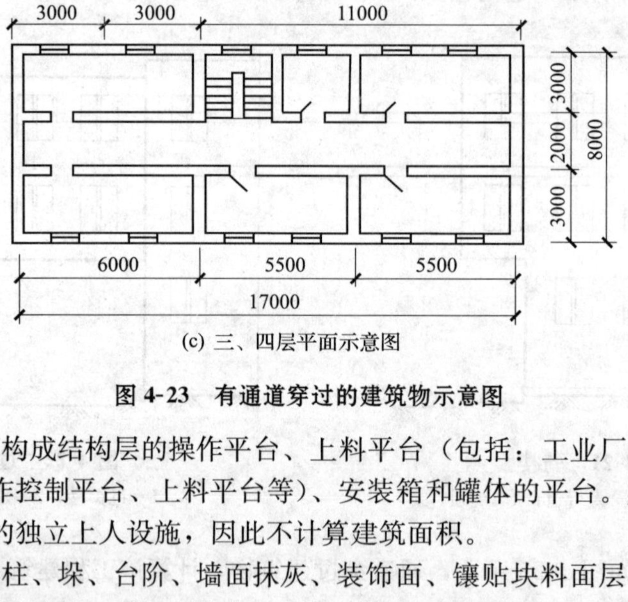

(c) 三、四层平面示意图

图 4-23　有通道穿过的建筑物示意图

5）建筑物内不构成结构层的操作平台、上料平台（包括：工业厂房、搅拌站和料仓等建筑中的设备操作控制平台、上料平台等）、安装箱和罐体的平台。其主要作用为室内构筑物或设备服务的独立上人设施，因此不计算建筑面积。

6）勒脚、附墙柱、垛、台阶、墙面抹灰、装饰面、镶贴块料面层、装饰性幕墙，主体结构外的空调室外机搁板（箱）、构件、配件，挑出宽度在 2.10m 以下的无柱雨篷和顶盖高度达到或超过两个楼层的无柱雨篷。

附墙柱是指非结构性装饰柱。

7）窗台与室内地面高差在 0.45m 以下且结构净高在 2.10m 以下的凸（飘）窗，窗台与室内地面高差在 0.45m 及以上的凸（飘）窗。

8）室外爬梯、室外专用消防钢楼梯。

9）无围护结构的观光电梯。

10）建筑物以外的地下人防通道，独立的烟囱、烟道、地沟、油（水）罐、气柜、水塔、贮油（水）池、贮仓、栈桥等构筑物。

4.3 楼地面工程

4.3.1 楼地面工程清单工程量计算规则

1. 整体面层及找平层

整体面层及找平层工程量清单项目的设置、项目特征描述的内容、计量单位、工程量计算规则应按表4-2的规定执行。

表4-2 整体面层及找平层（编码：011101）

项目编码	项目名称	项目特征	计量单位	工程量计算规则	工程内容
011101001	水泥砂浆楼地面	1. 找平层厚度、砂浆配合比 2. 素水泥浆遍数 3. 面层厚度、砂浆配合比 3. 面层做法要求	m^2	按设计图示尺寸以面积计算。扣除凸出地面构筑物、设备基础、室内铁道、地沟等所占面积，不扣除间壁墙及≤0.3m^2柱、垛、附墙烟囱及孔洞所占面积。门洞、空圈、暖气包槽、壁龛的开口部分不增加面积	1. 基层清理 2. 抹找平层 3. 抹面层 4. 材料运输
011101002	现浇水磨石楼地面	1. 找平层厚度、砂浆配合比 2. 面层厚度、水泥石子浆配合比 3. 嵌条材料种类、规格 4. 石子种类、规格、颜色 5. 颜料种类、颜色 6. 图案要求 7. 磨光、酸洗、打蜡要求			1. 基层清理 2. 抹找平层 3. 面层铺设 4. 嵌缝条安装 5. 磨光、酸洗打蜡 6. 材料运输
011101003	细石混凝土楼地面	1. 找平层厚度、砂浆配合比 2. 面层厚度、混凝土强度等级			1. 基层清理 2. 抹找平层 3. 面层铺设 4. 材料运输
011101004	菱苦土楼地面	1. 找平层厚度、砂浆配合比 2. 面层厚度 3. 打蜡要求			1. 基层清理 2. 抹找平层 3. 面层铺设 4. 打蜡 5. 材料运输

续表 4-2

项目编码	项目名称	项目特征	计量单位	工程量计算规则	工程内容
011101005	自流坪楼地面	1. 找平层砂浆配合比、厚度 2. 界面剂材料种类 3. 中层漆材料种类、厚度 4. 面漆材料种类、厚度 5. 面层材料种类	m^2	按设计图示尺寸以面积计算。扣除凸出地面构筑物、设备基础、室内铁道、地沟等所占面积，不扣除间壁墙及≤0.3m²柱、垛、附墙烟囱及孔洞所占面积。门洞、空圈、暖气包槽、壁龛的开口部分不增加面积	1. 基层处理 2. 抹找平层 3. 涂界面剂 4. 涂刷中层漆 5. 打磨、吸尘 6. 镘自流平面漆（浆） 7. 拌和自流平浆料 8. 铺面层
011101006	平面砂浆找平层	找平层砂浆配合比、厚度		按设计图示尺寸以面积计算	1. 基层处理 2. 抹找平层 3. 材料运输

注：1. 水泥砂浆面层处理是拉毛还是提浆压光应在面层做法要求中描述。
2. 平面砂浆找平层只适用于仅做找平层的平面抹灰。
3. 间壁墙指墙厚≤120mm 的墙。
4. 楼地面混凝土垫层另按《房屋建筑与装饰工程工程量计算规范》GB 50854—2013 附录 E. 1“现浇混凝土基础”中“垫层”项目编码列项，除混凝土外的其他材料垫层按《房屋建筑与装饰工程工程量计算规范》GB 50854—2013 附录 D. 4“垫层”项目编码列项。

2. 块料面层

块料面层工程量清单项目的设置、项目特征描述的内容、计量单位、工程量计算规则应按表 4-3 的规定执行。

表 4-3 块料面层（编码：011102）

项目编码	项目名称	项目特征	计量单位	工程量计算规则	工程内容
011102001	石材楼地面	1. 找平层厚度、砂浆配合比 2. 结合层厚度、砂浆配合比 3. 面层材料品种、规格、颜色 4. 嵌缝材料种类 5. 防护层材料种类 6. 酸洗、打蜡要求	m^2	按设计图示尺寸以面积计算。门洞、空圈、暖气包槽、壁龛的开口部分并入相应的工程量内	1. 基层清理 2. 抹找平层 3. 面层铺设、磨边 4. 嵌缝
011102002	碎石材楼地面				

续表 4-3

项目编码	项目名称	项目特征	计量单位	工程量计算规则	工程内容
011102003	块料楼地面	1. 找平层厚度、砂浆配合比 2. 结合层厚度、砂浆配合比 3. 面层材料品种、规格、颜色 4. 嵌缝材料种类 5. 防护层材料种类 6. 酸洗、打蜡要求	m^2	按设计图示尺寸以面积计算。门洞、空圈、暖气包槽、壁龛的开口部分并入相应的工程量内	5. 刷防护材料 6. 酸洗、打蜡 7. 材料运输

注：1. 在描述碎石材项目的面层材料特征时可不用描述规格、品牌、颜色。
2. 石材、块料与黏结材料的结合面刷防渗材料的种类在防护层材料种类中描述。
3. 本表工作内容中的“磨边”指施工现场磨边，本书“工作内容”一项中涉及的“磨边”含义同此条。

3. 橡塑面层

橡胶面层工程量清单项目的设置、项目特征描述的内容、计量单位、工程量计算规则应按表 4-4 的规定执行。

表 4-4 橡塑面层（编码：011103）

项目编码	项目名称	项目特征	计量单位	工程量计算规则	工程内容
011103001	橡胶板楼地面	1. 黏结层厚度、材料种类 2. 面层材料品种、规格、颜色 3. 压线条种类	m^2	按设计图示尺寸以面积计算。门洞、空圈、暖气包槽、壁龛的开口部分并入相应的工程量内	1. 基层清理 2. 面层铺贴 3. 压缝条装钉 4. 材料运输
011103002	橡胶板卷材楼地面				
011103003	塑料板楼地面				
011103004	塑料卷材楼地面				

注：本表项目中如涉及找平层，另按表 4-1 中“找平层”的项目编码列项。

4. 其他材料面层

其他材料面层工程量清单项目的设置、项目特征描述的内容、计量单位、工程量计算规则应按表 4-5 的规定执行。

5. 踢脚线

踢脚线工程量清单项目的设置、项目特征描述的内容、计量单位、工程量计算规则应按表 4-6 的规定执行。

表 4-5 其他材料面层（编码：011104）

项目编码	项目名称	项目特征	计量单位	工程量计算规则	工程内容
011104001	地毯楼地面	1. 面层材料品种、规格、颜色 2. 防护材料种类 3. 黏结材料种类 4. 压线条种类	m^2	按设计图示尺寸以面积计算。门洞、空圈、暖气包槽、壁龛的开口部分并入相应的工程量内	1. 基层清理 2. 铺贴面层 3. 刷防护材料 4. 装钉压条 5. 材料运输
011104002	竹、木（复合）地板	1. 龙骨材料种类、规格、铺设间距 2. 基层材料种类、规格 3. 面层材料品种、规格、颜色 4. 防护材料种类			1. 基层清理 2. 龙骨铺设 3. 基层铺设 4. 面层铺贴 5. 刷防护材料 6. 材料运输
011104003	金属复合地板				
011104004	防静电活动地板	1. 支架高度、材料种类 2. 面层材料品种、规格、颜色 3. 防护材料种类			1. 基层清理 2. 固定支架安装 3. 活动面层安装 4. 刷防护材料 5. 材料运输

表 4-6 踢脚线（编码：011105）

项目编码	项目名称	项目特征	计量单位	工程量计算规则	工程内容
011105001	水泥砂浆踢脚线	1. 踢脚线高度 2. 底层厚度、砂浆配合比 3. 面层厚度、砂浆配合比	1. m^2 2. m	1. 按设计图示长度乘高度以面积计算 2. 按延长米计算	1. 基层清理 2. 底层和面层抹灰 3. 材料运输
011105002	石材踢脚线	1. 踢脚线高度 2. 粘贴层厚度、材料种类 3. 面层材料品种、规格、颜色 4. 防护材料种类			1. 基层清理 2. 底层抹灰 3. 面层铺贴、磨边 4. 擦缝 5. 磨光、酸洗、打蜡 6. 刷防护材料 7. 材料运输
011105003	块料踢脚线				

续表 4-6

项目编码	项目名称	项目特征	计量单位	工程量计算规则	工程内容
011105004	塑料板踢脚线	1. 踢脚线高度 2. 黏结层厚度、材料种类 3. 面层材料种类、规格、颜色	1. m^2 2. m	1. 按设计图示长度乘高度以面积计算 2. 按延长米计算	1. 基层清理 2. 基层铺贴 3. 面层铺贴 4. 材料运输
011105005	木质踢脚线	1. 踢脚线高度 2. 基层材料种类、规格 3. 面层材料品种、规格、颜色			
011105006	金属踢脚线				
011105007	防静电踢脚线				

注：石材、块料与黏结材料的结合面刷防渗材料的种类在防护层材料种类中描述。

6. 楼梯面层

楼梯面层工程量清单项目的设置、项目特征描述的内容、计量单位、工程量计算规则应按表 4-7 的规定执行。

表 4-7 楼梯面层（编码：011106）

项目编码	项目名称	项目特征	计量单位	工程量计算规则	工程内容
011106001	石材楼梯面层	1. 找平层厚度、砂浆配合比 2. 黏结层厚度、材料种类 3. 面层材料的品种、规格、颜色 4. 防滑条材料种类、规格 5. 勾缝材料种类 6. 防护层材料种类 7. 酸洗、打蜡要求	m^2	按设计图示尺寸以楼梯（包括踏步、休息平台及≤500mm 的楼梯井）水平投影面积计算。楼梯与楼地面相连时，算至梯口梁内侧边沿；无梯口梁者，算至最上一层踏步边沿加 300mm	1. 基层清理 2. 抹找平层 3. 面层铺贴、磨边 4. 贴嵌防滑条 5. 勾缝 6. 刷防护材料 7. 酸洗、打蜡 8. 材料运输

续表 4-7

项目编码	项目名称	项目特征	计量单位	工程量计算规则	工程内容
011106002	块料楼梯面层	1. 找平层厚度、砂浆配合比 2. 黏结层厚度、材料种类 3. 面层材料的品种、规格、颜色 4. 防滑条材料种类、规格 5. 勾缝材料种类 6. 防护层材料种类 7. 酸洗、打蜡要求	m^2	按设计图示尺寸以楼梯（包括踏步、休息平台及≤500mm 的楼梯井）水平投影面积计算。楼梯与楼地面相连时，算至梯口梁内侧边沿；无梯口梁者，算至最上一层踏步边沿加 300mm	1. 基层清理 2. 抹找平层 3. 面层铺贴、磨边 4. 贴嵌防滑条 5. 勾缝 6. 刷防护材料 7. 酸洗、打蜡 8. 材料运输
011106003	拼碎块料面层				
011106004	水泥砂浆楼梯面层	1. 找平层厚度、砂浆配合比 2. 面层厚度、砂浆配合比 3. 防滑条材料种类、规格			1. 基层清理 2. 抹找平层 3. 抹面层 4. 抹防滑条 5. 材料运输
011106005	现浇水磨石楼梯面层	1. 找平层厚度、砂浆配合比 2. 面层厚度、水泥石子浆配合比 3. 防滑条材料种类、规格 4. 石子种类、规格、颜色 5. 颜料种类、颜色 6. 磨光、酸洗打蜡要求			1. 基层清理 2. 抹找平层 3. 抹面层 4. 贴嵌防滑条 5. 磨光、酸洗、打蜡 6. 材料运输
011106006	地毯楼梯面层	1. 基层种类 2. 面层材料的品种、规格、颜色 3. 防护材料种类 4. 黏结材料种类 5. 固定配件材料种类、规格			1. 基层清理 2. 铺贴面层 3. 固定配件安装 4. 刷防护材料 5. 材料运输
011106007	木板楼梯面层	1. 基层材料种类、规格 2. 面层材料的品种、规格、颜色 3. 黏结材料种类 4. 防护材料种类			1. 基层清理 2. 基层铺贴 3. 面层铺贴 4. 刷防护材料 5. 材料运输
011106008	橡胶板楼梯面层	1. 粘结层厚度、材料种类 2. 面层材料的品种、规格、颜色 3. 压线条种类			1. 基层清理 2. 面层铺贴 3. 压缝条装钉 4. 材料运输
011106009	塑料板楼梯面层				

注：1. 在描述碎石材项目的面层材料特征时可不用描述规格、品牌、颜色。

2. 石材、块料与粘接材料的结合面刷防渗材料的种类在防护层材料种类中描述。

7. 台阶装饰

台阶装饰工程量清单项目的设置、项目特征描述的内容、计量单位、工程量计算规则应按表4-8的规定执行。

表4-8 台阶装饰（编码：011107）

项目编码	项目名称	项目特征	计量单位	工程量计算规则	工程内容
011107001	石材台阶面	1. 找平层厚度、砂浆配合比 2. 黏结层材料种类 3. 面层材料品种、规格、颜色 4. 勾缝材料种类 5. 防滑条材料种类、规格 6. 防护材料种类	m²	按设计图示尺寸以台阶（包括最上层踏步边沿加300mm）水平投影面积	1. 基层清理 2. 抹找平层 3. 面层铺贴 4. 贴嵌防滑条 5. 勾缝 6. 刷防护材料 7. 材料运输
011107002	块料台阶面				
011107003	拼碎块料台阶面				
011107004	水泥砂浆台阶面	1. 找平层厚度、砂浆配合比 2. 面层厚度、砂浆配合比 3. 防滑条材料种类			1. 基层清理 2. 抹找平层 3. 抹面层 4. 抹防滑条 5. 材料运输
011107005	现浇水磨石台阶面	1. 找平层厚度、砂浆配合比 2. 面层厚度、水泥石子浆配合比 3. 防滑条材料种类、规格 4. 石子种类、规格、颜色 5. 颜料种类、颜色 6. 磨光、酸洗、打蜡要求			1. 清理基层 2. 抹找平层 3. 抹面层 4. 贴嵌防滑条 5. 打磨、酸洗、打蜡 6. 材料运输
011107006	剁假石台阶面	1. 找平层厚度、砂浆配合比 2. 面层厚度、砂浆配合比 3. 剁假石要求			1. 清理基层 2. 抹找平层 3. 抹面层 4. 剁假石 5. 材料运输

注：1. 在描述碎石材项目的面层材料特征时可不用描述规格、品牌、颜色。

2. 石材、块料与粘接材料的结合面刷防渗材料的种类在防护层材料种类中描述。

8. 零星装饰项目

零星装饰工程量清单项目的设置、项目特征描述的内容、计量单位、工程量计算规则应按表4-9的规定执行。

表 4-9 零星装饰（编码：011108）

项目编码	项目名称	项目特征	计量单位	工程量计算规则	工程内容
011108001	石材零星项目	1. 工程部位 2. 找平层厚度、砂浆配合比 3. 贴结合层厚度、材料种类 4. 面层材料品种、规格、颜色 5. 勾缝材料种类 6. 防护材料种类 7. 酸洗、打蜡要求	m^2	按设计图示尺寸以面积计算	1. 清理基层 2. 抹找平层 3. 面层铺贴、磨边 4. 勾缝 5. 刷防护材料 6. 酸洗、打蜡 7. 材料运输
011108002	拼碎石材零星项目				
011108003	块料零星项目				
011108004	水泥砂浆零星项目	1. 工程部位 2. 找平层厚度、砂浆配合比 3. 面层厚度、砂浆厚度			1. 清理基层 2. 抹找平层 3. 抹面层 4. 材料运输

注：1. 楼梯、台阶牵边和侧面镶贴块料面层≤0.5m^2的少量分散的楼地面镶贴块料面层，应按本表执行。
2. 石材、块料与粘接材料的结合面刷防渗材料的种类在防护层材料种类中描述。

4.3.2 楼地面工程定额工程量计算规则

1. 楼地面工程基础定额

(1) 基础定额说明

《全统装饰装修消耗量定额》楼地面装饰装修工程定额项目共分为 15 节 242 个项目。包括：天然石材、人造大理石、水磨石、陶瓷锦砖、玻璃地砖、水泥花砖、分隔嵌条、防滑条、塑料、橡胶板、地毯及附件、竹木地板、防静电活动地板、钛金不锈钢复合地砖、栏杆及扶手等项目。

1）该定额水泥砂浆、水泥石子浆、混凝土等的配合比，如设计规定与定额不同时，可以换算。

2）整体面层、块料面层中的楼地面项目，均不包括踢脚板工料；楼梯不包括踢脚板、侧面及板底抹灰，另按相应定额项目计算。

3）踢脚板高度是按 150mm 编制的。超过时材料用量可以调整，人工、机械用量不变。

4）菱苦土地面、现浇水磨石定额项目已包括酸洗打蜡工料。其余项目均不包括酸洗打蜡。

5）扶手、栏杆、栏板适用于楼梯、走廊、回廊及其他装饰性栏杆、栏板。扶手不包括弯头制作安装，另按弯头单项定额计算。

6）台阶不包括牵边、侧面装饰。

7）定额中的“零星装饰”项目，适用于小便池、蹲位、池槽等。本定额未列的项目，可按墙、柱面中相应项目计算。

8）木地板中的硬、衫、松木板，是按毛料厚度25mm编制的，设计厚度与定额厚度不同时，可以换算。

9）地面伸缩缝按《全统建筑基础定额》第九章相应项目及规定计算。

10）碎石、砾石灌沥青垫层按《全统建筑基础定额》第十章相应项目计算。

11）钢筋混凝土垫层按混凝土垫层项目执行，其钢筋部分按《全统建筑基础定额》第五章相应项目及规定计算。

12）各种明沟平均净空断面（深×宽），均是按190mm×260mm计算的，断面不同时允许换算。

（2）工程量计算规则

1）地面垫层按室内主墙间净空面积乘以设计厚度以“m^3”计算。应扣除凸出地面的构筑物、设备基础、室内铁道、地沟等所占体积，不扣除柱、垛、间壁墙、附墙烟囱及面积在0.3m^2以内孔洞所占体积。

2）整体面层、找平层均按主墙间净空面积以“m^2”计算。应扣除凸出地面构筑物、设备基础、室内管道、地沟等所占面积，不扣除柱、垛、间壁墙、附墙烟囱及面积在0.3m^2以内的孔洞所占面积，但门洞、空圈、暖气包槽、壁龛的开口部分亦不增加。

3）块料面层，按图示尺寸实铺面积以“m^2”计算，门洞、空圈、暖气包槽和壁龛的开口部分的工程量并入相应的面层内计算。

4）楼梯面层（包括踏步、平台以及小于500mm宽的楼梯井）按水平投影面积计算。

5）台阶面层（包括踏步及最上一层踏步沿300mm）按水平投影面积计算。

6）其他：

①踢脚板按延长米计算，洞口、空圈长度不予扣除，洞口、空圈、垛、附墙烟囱等侧壁长度亦不增加。

②散水、防滑坡道按图示尺寸以“m^2”计算。

③栏杆、扶手包括弯头长度按延长米计算。

④防滑条按楼梯踏步两端距离减300mm以延长米计算。

⑤明沟按图示尺寸以延长米计算。

（3）有关应用问题解释

1）地面垫层及面层“规则”规定按主墙间净空面积计算，主墙间净空面积的理解如下：

地面垫层按室内主墙间净空面积乘以设计厚度以“m^3”计算。整体面层找平层均按主墙间净空面积以“m^2”计算。

以上的主墙是指砖墙，砌块墙厚不小于180mm或不小于100mm的钢筋混凝土剪力墙；其他非承重的间壁墙都视为非主墙。

主墙间净空面积是指以上两种墙之间的净空面积，其他非承重间壁墙所占面积不扣除。

2）地面垫层及面层“规则”规定，楼梯、台阶面层按水平投影面积计算，具体内容包括如下：

①楼梯面层包括踏步、平台以及小于500mm宽的楼梯井按水平投影面积计算，不包括楼梯踢脚线，底面侧面抹灰，如图4-24、图4-25所示。

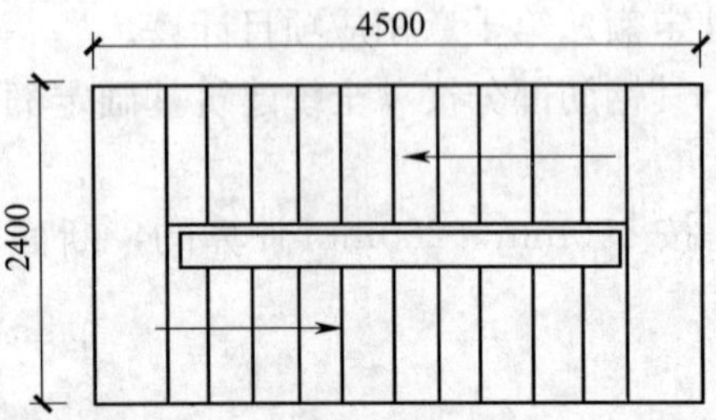

图 4-24 水泥砂浆面层

层高 300mm，踏步宽 280mm、高 167mm，
每 $100m^2$ 投影面积的展开面积 $133m^2$

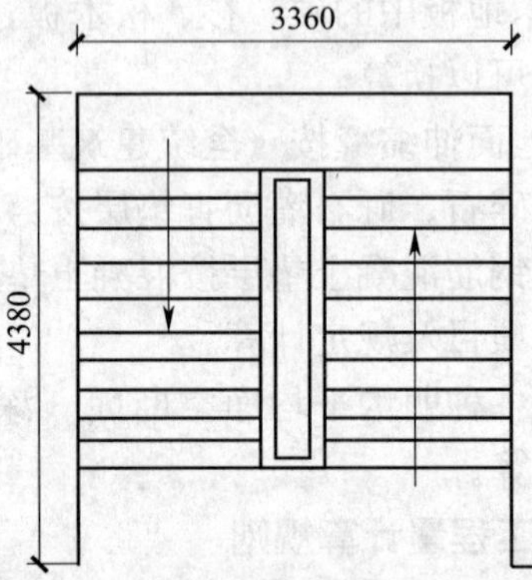

图 4-25 水磨石面积

层高 3200mm，踏步宽 300mm、高 160mm，
每 $100m^2$ 投影面积的展开面积 $136.5m^2$

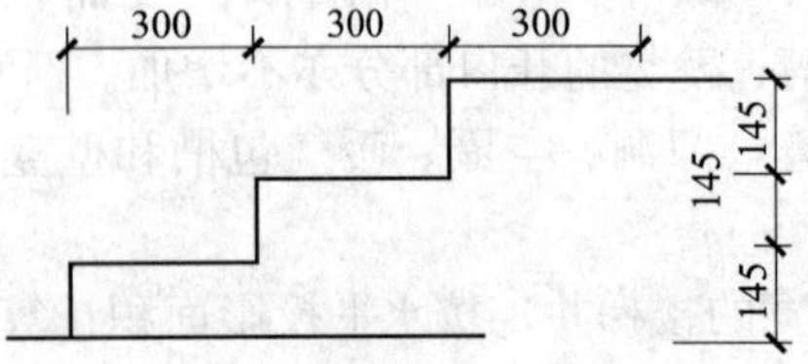

图 4-26 水泥砂浆面层

踏步高 145mm，宽 300mm，
每 $100m^2$ 投影面积的展开面积 $148m^2$

②台阶面层包括踏步及最上一层踏步沿 300mm 按水平投影面积计算，不包括牵边、侧面抹灰，如图 4-26 所示。

3）整体面层定额项目中是否包括结合层。如不包括结合层项目，应按如下方式处理：水泥砂浆定额项目是按 20mm 厚制定的，包括 1mm 素水泥浆黏结层，如设有水泥砂浆结合层的按水泥砂浆找平层项目进行补充。

4）各种块料面层的规格，定额的确定如下：

各种块料面层包括大理石、花岗岩、汉白玉、彩釉砖、预制水磨石块、水泥花砖和镭射钢化玻璃地砖，定额都是以“m^2”表示，由各地区采用一种常用规格、品种列入定额，制定单位估价表。品种不同时，设计规格可按实际换算。

5）垫层是否用于基础。厂区道路、院内便道、停车坪和球场地坪等混凝土整体面层，执行的定额如下：垫层用于基础垫层时，按相应定额人工乘以系数 1.2。垫层用于基础垫层需支模板时，其模板按《全统建筑基础定额》第五章“混凝土及钢筋混凝土工程”中 5-33项混凝土基础垫层项目执行。

厂区道路、停车坪和球场地坪等按市政工程相应定额项目执行，院内便道可参照该定额相关项目执行。

2. 楼地面工程消耗量定额

（1）定额说明

1）同一铺贴面上有不同种类、材质的材料。应分别按相应子目执行。

2）扶手、栏杆、栏板适用于楼梯、走廊、回廊及其他装饰性栏杆、栏板。

3）零星项目面层适用于楼梯侧面、台阶的牵边，小便池、蹲台、池槽，以及面积在 $1m^2$ 以内且定额未列项目的工程。

4）木地板填充材料，按照《全统建筑基础定额》相应子目执行。

5）大理石、花岗岩楼地面拼花按成品考虑。

6）镶拼面积小于 0.015m^2 的石材执行点缀定额。

（2）工程量计算规则

1）楼地面装饰面积按饰面的净面积计算，不扣除 0.1m^2 以内的孔洞所占面积。拼花部分按实贴面积计算。

2）楼梯面积（包括踏步、休息平台，以及小于 50mm 宽的楼梯井）按水平投影面积计算。

3）台阶面层（包括踏步及最上一层踏步沿 300mm）按水平投影面积计算。

4）踢脚线按实贴长乘高以"m^2"计算，成品踢脚线按实贴延长米计算。楼梯踢脚线按相应定额乘以 1.15 系数。

5）点缀按个计算，计算主体铺贴地面面积时，不扣除点缀所占面积。

6）零星项目按实铺面积计算。

7）栏杆、栏板、扶手均按其中心线长度以"延长米"计算，计算扶手时不扣除弯头所占长度。

8）弯头按"个"计算。

9）石材底面刷养护液按底面面积加 4 个侧面面积，以"m^2"计算。

4.3.3　楼地面工程工程量计算及清单编制实例

【例 4-12】　如图 4-27 所示，某过厅铺贴拼花大理石，石材表面刷养护液，计算该地面拼花大理石及大理石表面刷养护液的定额工程量。

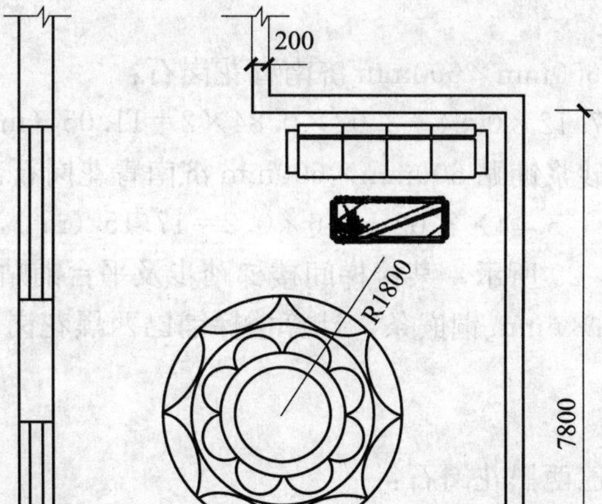

图 4-27　某过厅地面铺贴示意图

【解】

（1）地面铺贴拼花大理石：

$$3.14\times1.8^2=5.65\ (m^2)$$

（2）大理石表面刷养护液：

$$3.14\times1.8^2=5.65\ (m^2)$$

【例 4-13】 如图 4-28 所示，室外台阶及入口地面用水泥砂浆铺贴 600mm×600mm 济南青花岗石，计算某台阶及入口地面铺贴济南青花岗石的定额工程量（门洞口处铺贴济南青花岗石以墙中心线为界）。

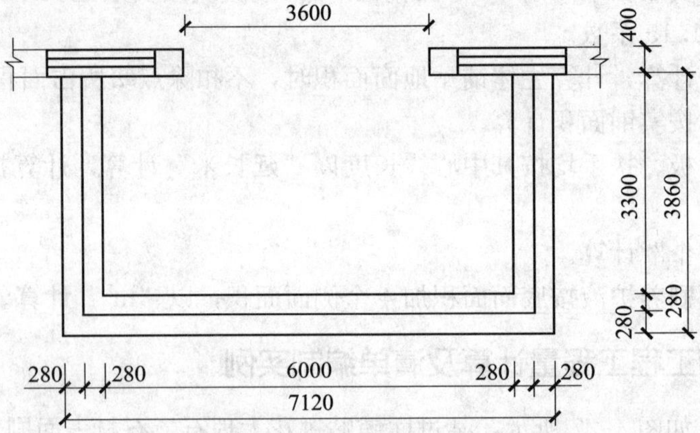

图 4-28 室外台阶铺济南青花岗石示意图

【解】

（1）室外台阶铺贴 600mm×600mm 济南青花岗石：

$$7.12\times0.84+3.02\times0.84\times2=11.05\ (m^2)$$

（2）入口地面水泥砂浆铺贴 600mm×600mm 济南青花岗石：

$$5.44\times3.02+3.6\times0.2=17.15\ (m^2)$$

【例 4-14】 如图 4-29 所示，某楼梯间楼梯踏步及平台铺贴巴西黑花岗石，同时踏步上镶嵌 1.72m 长、4mm×6mm 铜嵌条，计算楼梯铺巴西黑花岗石、踏步镶嵌铜嵌条的定额工程量。

【解】

（1）楼梯面层铺贴巴西黑花岗石：

$$S=3.8\times6.6+0.1\times1.4$$

$$=25.22\ (m^2)$$

（2）踏步镶嵌 4mm×6mm 铜嵌条：

$$L=1.72\times11\times2$$

$$=37.84\ (m)$$

【例 4-15】 如图 4-30 所示为某工程底层平面图，已知地面为水磨石面层，踢脚线为 150mm 高水磨石，试求地面的各项工程量。

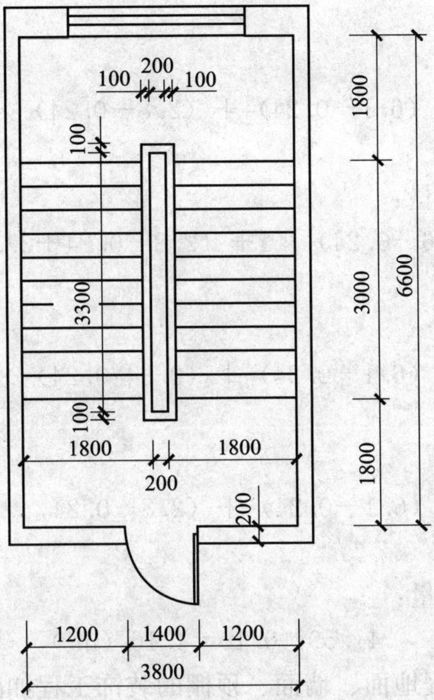

图 4-29　某楼梯间平面示意图

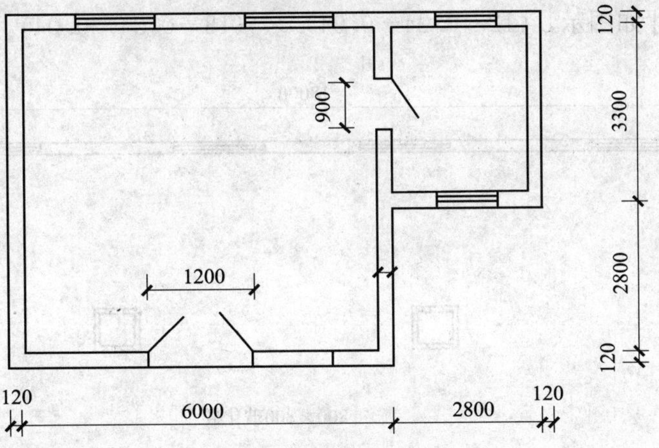

(a) 平面图

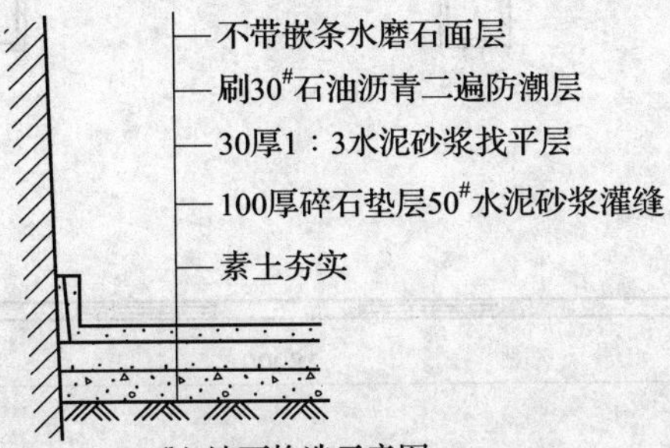

(b) 地面构造示意图

图 4-30　某工程地面施工图

【解】

（1）水磨石地面工程量：

（6－0.24）×（6.1－0.24）＋（2.8－0.24）×（3.3－0.24）

＝41.59（m^2）

（2）水磨石踢脚线工程量：

（6.1－0.24＋6－0.24）×2＋（2.8－0.24＋3.3－0.24）×2

＝34.48（m^2）

（3）防潮层工程量：

（5－0.24）×（6.1－0.24）＋（2.8－0.24）×（3.3－0.24）

＝41.59（m^2）

（4）找平层工程量：

（6－0.24）×（6.1－0.24）＋（2.8－0.24）×（3.3－0.24）

＝41.59（m^2）

（5）灌浆碎石垫层工程量：

41.59×0.10＝4.16（m^3）

【例 4-16】　某装饰工程地面、墙面、顶棚的装饰工程如图 4-31 所示，房间外墙厚度 240mm，中到中尺寸为 12000mm×18000mm，800mm×800mm 独立柱 4 根，墙体抹灰厚度 20mm（门窗占位面积 80m^2，门窗洞口侧壁抹灰 15m^2、柱踩展开面积 11m^2），地砖地面施工完成后尺寸如图示，（12－0.24－0.04）×（18－0.24－0.04），吊顶高度 3600mm

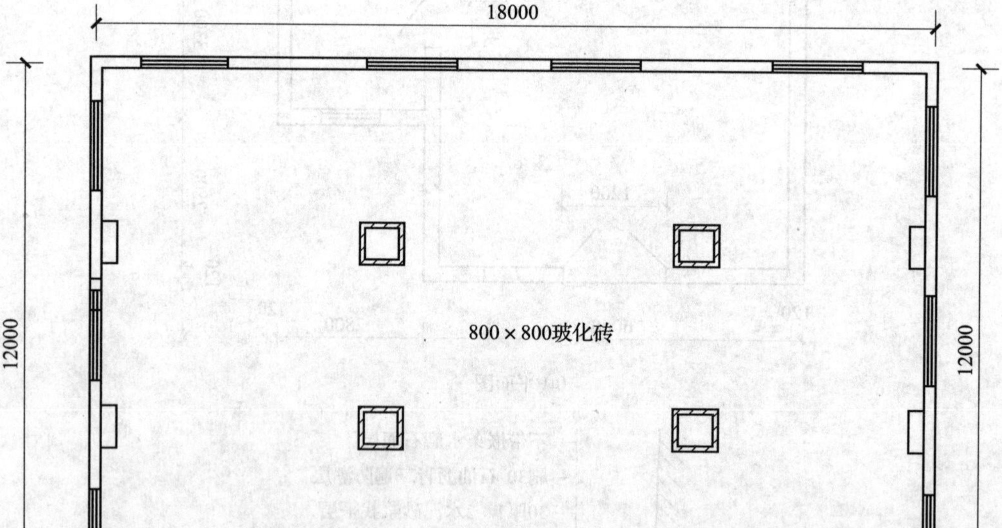

(a) 地面示意图

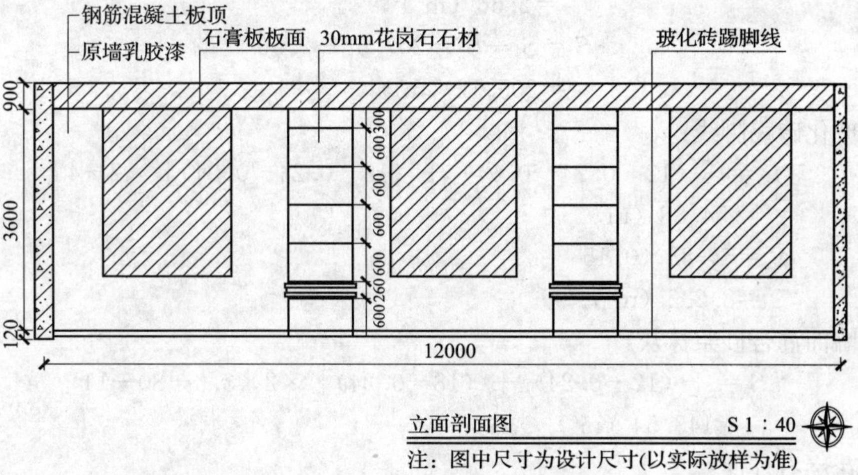

(b) 大厅立面图

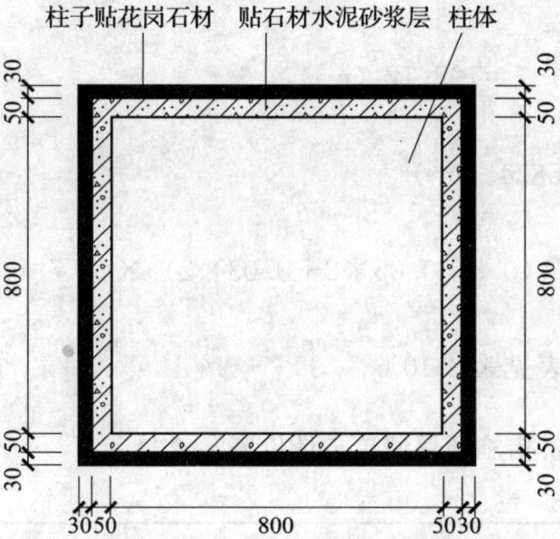

(c) 大厅立柱剖面图

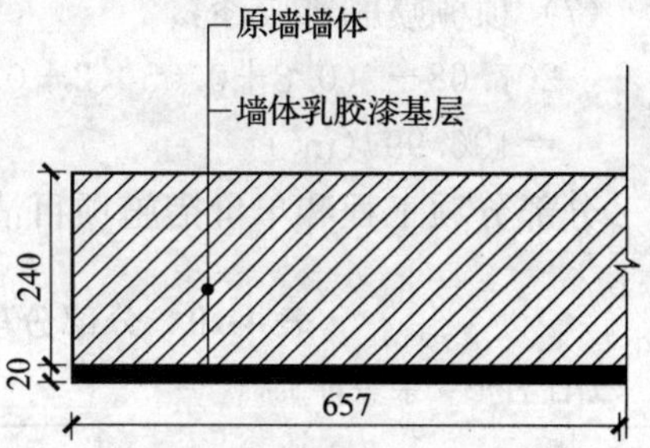

(d) 墙体抹灰剖面图

图 4-31　某工程施工图

（窗帘盒占位面积 7m²）。做法：地面 20mm 厚 1∶3 水泥砂浆找平、20mm 厚 1∶2 干性水泥砂浆粘贴玻化砖，玻化砖踢脚线，高度 150mm（门洞宽度合计 4m），乳胶漆一底两面，顶棚轻钢龙骨石膏板面刮成品腻子面罩乳胶漆一底两面。柱面挂贴 30mm 厚花岗石板，花岗石板和柱结构面之间空隙填灌 50mm 厚的 1∶3 水泥砂浆。试列出该装饰工程地面、墙面、顶棚等项目的分部分项工程量清单。

【解】

（1）玻化砖地面：

$$S_1 = (12-0.24-0.04) \times (18-0.24-0.04)$$
$$=207.68\ (m^2)$$

$$S_2=(0.8\times0.8)\times4$$
$$=2.56\ (m^2)$$
$$S=S_1-S_2=207.68-2.56$$
$$=205.12\ (m^2)$$

（2）玻化砖踢脚线：

$$L=[(12-0.24-0.04)+(18-0.24-0.04)]\times2-4$$
$$=54.88\ (m)$$
$$S=54.88\times0.15$$
$$=8.232\ (m^2)$$

（3）墙面混合砂浆抹灰：

$$S=[(12-0.24)+(18-0.24)]\times2\times3.6-80+11$$
$$=143.54\ (m^2)$$

（4）花岗石柱面：

$$S=[0.8+(0.05+0.03)\times2]\times4\times3.6\times4$$
$$=55.30\ (m^2)$$

（5）轻钢龙骨石膏板吊顶顶棚：

$$207.68-0.8\times0.8\times4-7=198.12\ (m^2)$$

（6）墙面喷刷乳胶漆：

$$143.4+15=158.4\ (m^2)$$

（7）顶棚喷刷乳胶漆：

$$207.68-(0.8+0.05\times2+0.03\times2)\times(0.8+0.05\times2+0.03\times2)\times4-7$$
$$=196.99\ (m^2)$$

分部分项工程和单价措施项目清单与计价表见表 4-10。

表 4-10 分部分项工程和单价措施项目清单与计价表

工程名称：某装饰工程

序号	项目编码	项目名称	项目特征描述	计量单位	工程量	金额（元）	
						综合单价	合价
1	011102001001	玻化砖地面	1. 找平层厚度、砂浆配合比：20mm 厚 1∶3 水泥砂浆 2. 结合层、砂浆配合比：20mm 厚 1∶2 干硬性水泥砂浆 3. 面层品种、规格、颜色：米色玻化砖（详见设计图纸）	205.12	m^2		

续表 4-10

序号	项目编码	项目名称	项目特征描述	计量单位	工程量	金额（元）	
						综合单价	合价
2	011105003001	玻化砖踢脚线	1. 踢脚线高度：150mm 2. 粘接层厚度、材料种类：4mm 厚纯水泥浆（425 号水泥中掺 20%白乳胶） 3. 面层材料种类：玻化砖面层，白水泥擦缝	8.23	m^2		
3	011201001001	墙面混合砂浆抹灰	1. 墙体类型：综合 2. 底层厚度、砂浆配合比：9mm 厚 1∶1∶6 混合砂浆打底、7mm 厚 1∶1∶6 混合砂浆垫层 3. 面层厚度、砂浆配合比：5mm 厚 1∶0.3∶2.5 混合砂浆	143.54	m^2		
4	011205001001	花岗石柱面	1. 柱截面类型、尺寸：800mm×800mm 矩形柱 2. 安装方式：挂贴，石材与柱结构面之间 50mm 的空隙灌填 1∶3 水泥砂浆 3. 缝宽、嵌缝材料种类：密缝，白水泥擦缝	55.30	m^2		
5	011302001001	轻钢龙骨石膏板吊顶顶棚	1. 吊顶形式、吊杆规格、高度：Φ6.5 吊杆，高度 900mm 2. 龙骨材料种类、规格、中距：轻钢龙骨规格中距详见设计图纸 3. 面层材料种类、规格：厚纸面石膏板 1200mm×2400mm×12mm	198.12	m^2		
6	011407001001	墙面喷刷乳胶漆	1. 基层类型：抹灰面 2. 喷刷涂料部位：内墙面 3. 腻子种类：成品腻子 4. 刮腻子要求：符合施工及验收规范的平整度 5. 涂料品种、喷刷遍数：乳胶漆底漆一遍、面漆两遍	158.4	m^2		

续表 4-10

序号	项目编码	项目名称	项目特征描述	计量单位	工程量	金额（元）	
						综合单价	合价
7	011407002001	顶棚喷刷乳胶漆	1. 基层类型：石膏板面 2. 喷刷涂料部位：顶棚 3. 腻子种类：成品腻子 4. 刮腻子要求：符合施工及验收规范的平整度 5. 涂料品种、喷刷遍数：乳胶漆底漆一遍、面漆两遍	196.99	m^2		

【例 4-17】 如图 4-32 所示的地面做法为：清理基层，刷素水泥浆，1∶3 水泥砂浆粘贴淡青色 600mm×600mm 瓷砖，镶嵌 100mm×100mm 黑白根花岗岩点缀，试编制分部分项工程和单价措施项目清单与计价表、综合单价分析表。

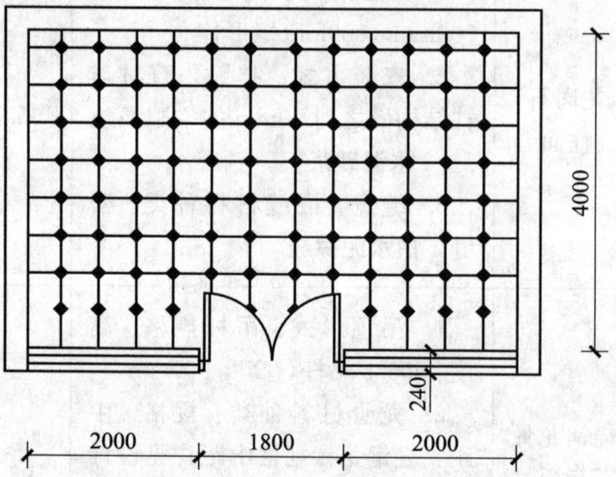

图 4-32 地面铺贴示意图

【解】

（1）清单工程量：

$$5.8\times4+0.24\times1.8=23.63\ (m^2)$$

（2）定额工程量：

1）铺贴淡青色 600mm×600mm 瓷砖：

$$5.8\times4+0.24\times1.8=23.63\ (m^2)$$

2）100mm×100mm 黑白根花岗岩点缀：

$$8\times12=96\ (个)$$

（3）清单项目每计量单位应包含工程数量：

1）铺贴米黄色 600mm×600mm 瓷砖：

$$23.63 \div 23.63 = 1\ (\mathrm{m}^2)$$

2）100mm×100mm 黑白根花岗岩点缀：

$$96 \div 23.63 = 4.06\ (\text{个})$$

（4）分部分项工程和单价措施项目清单与计价表见表 4-11。

表 4-11　分部分项工程和单价措施项目清单与计价表

工程名称：地面铺贴工程　　　　　　　　标段：　　　　　　　　第　页　共　页

项目编号	项目名称	项目特征描述	计量单位	工程数量	金额（元）		
					综合单价	合价	其中 暂估价
011102003001	块料楼地面	1. 面层材料品种、规格、颜色：淡青色 600mm×600mm 瓷砖、100mm×100mm 黑白根花岗岩点缀 2. 结合层材料种类：水泥砂浆 1∶3	m^2	23.63	273.54	6463.75	
合　计						6463.75	

（5）根据企业情况确定管理费率 170%，利润率 110%，计费基础为人工费。综合单价分析表见表 4-12。

表 4-12　综合单价分析表

工程名称：地面铺贴工程　　　　　　　　标段：　　　　　　　　第　页　共　页

项目编码	011102003001	项目名称	块料楼地面	计量单位	m^2	工程量	23.63				
综合单价组成明细											
定额编号	定额名称	定额单位	数量	单价（元）				合价（元）			
				人工费	材料费	机械费	管理费和利润	人工费	材料费	机械费	管理费和利润
2－162	陶瓷地砖铺贴	m^2	1	6.34	89.78	0.65	18.07	6.34	89.78	0.65	18.07
1－013	花岗岩楼地面点缀	个	4.06	7.03	11.36	0.66	20.04	28.54	46.12	2.68	81.36
人工单价		小计						34.88	135.9	3.33	99.43
22.47 元/工日		未计价材料费						—			
清单项目综合单价								273.54			

【例 4-18】 图 4-33 所示建筑平面图中，建筑物地面 1∶2 水泥砂浆花岗石（600mm×600mm），踢脚线高 150mm 用同种花岗石铺贴；地面找平层 1∶3 水泥砂浆 25mm 厚，试编制分部分项工程和单价措施项目清单与计价表、综合单价分析表。

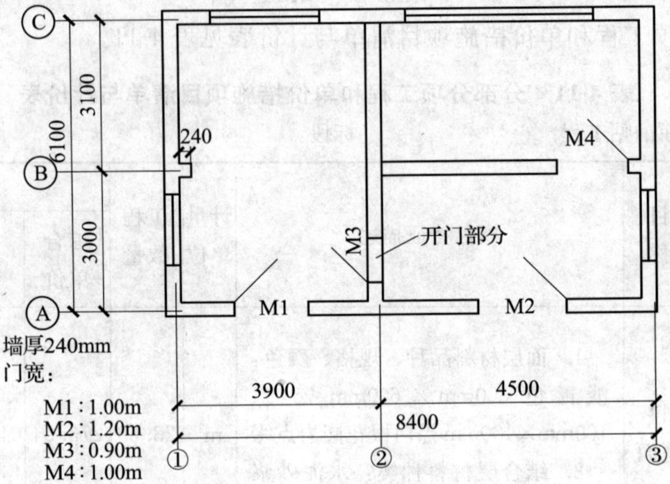

图 4-33　建筑平面图

【解】

（1）清单工程量：

1）花岗石地面：

8.64×6.34－［（8.4＋6.1）×2＋6.1－0.24＋4.5－0.24］×0.24

＝45.39（m²）

2）踢脚线：

［（3.9－0.24）×2＋（6.1－0.24）×2＋（4.5－0.24）×4＋（3－0.24）×2＋（3.1－0.24）×2－（1＋1.2＋0.9×2＋1×2）＋0.24×2］×0.15

＝6.27（m²）

（2）定额工程量：

1）花岗石地面：

8.64×6.34－［（8.4＋6.1）×2＋6.1－0.24＋4.5－0.24］×0.24

＝45.39（m²）

2）找平层：

8.64×6.34－［（8.4＋6.1）×2＋6.1－0.24＋4.5－0.24］×0.24

＝45.39（m²）

3）踢脚线：

［（3.9－0.24）×2＋（6.1－0.24）×2＋（4.5－0.24）×4＋（3－0.24）×2＋（3.1－0.24）×2－（1＋1.2＋0.9×2＋1×2）＋0.24×2］×0.15

＝6.27（m²）

（3）清单项目每计量单位应包含工程数量：

1）花岗石地面：

$$45.39 \div 45.39 = 1\ (m^2)$$

2）楼地面水泥砂浆找平层：

$$45.39 \div 45.39 = 1\ (m^2)$$

3）花岗石踢脚线：

$$6.27 \div 6.27 = 1\ (m^2)$$

（4）分部分项工程和单价措施项目清单与计价表见表 4-13。

表 4-13　分部分项工程和单价措施项目清单与计价表

工程名称：××工程　　　　标段：　　　　第　页　共　页

序号	项目编号	项目名称	项目特征描述	计量单位	工程数量	金额（元）		
						综合单价	合价	其中 暂估价
1	011102003001	块料楼地面	1. 1∶3 水泥砂浆找平层厚 25mm 2. 1∶25 水泥砂浆铺贴花岗岩（600mm×600mm）	m^2	45.39	242.55	11009.34	
2	011105003001	块料踢脚线	1∶2 水泥砂浆铺贴花岗岩石高 200mm	m^2	6.27	261.02	1636.60	
			合　计				12645.94	

（5）工料机单价：人工按 40 元/工日，管理费率 170%，利润率 40%，计费基础为人工费。综合单价分析表见表 4-14、表 4-15。

表 4-14 综合单价分析表

工程名称：××工程 标段： 第 页 共 页

项目编码	011102003001	项目名称		块料楼地面		计量单位		m^2	工程量		45.39
清单综合单价组成明细											
定额编号	定额名称	定额单位	数量	单价				合价			
				人工费	材料费	机械费	管理费和利润	人工费	材料费	机械费	管理费和利润
—	花岗岩楼地面	m^2	1	8.7	203.91	0.16	18.27	8.7	203.91	0.16	18.27
—	楼地面水泥砂浆找平层	m^2	1	2.62	3.23	0.16	5.50	2.62	3.23	0.16	5.50
人工单价		小计						11.32	207.14	0.32	23.77
40元/工日		未计价材料费									
清单项目综合单价								242.55			

表 4-15 综合单价分析表

工程名称：××工程 标段： 第 页 共 页

项目编码	011105003001	项目名称		块料踢脚线		计量单位		m^2	工程量		6.27
清单综合单价组成明细											
定额编号	定额名称	定额单位	数量	单价				合价			
				人工费	材料费	机械费	管理费和利润	人工费	材料费	机械费	管理费和利润
—	花岗岩踢脚线	m^2	1	16.58	209.62	0.00	34.82	16.58	209.62	0.00	34.82
人工单价		小计						16.58	209.62	0.00	34.82
40元/工日		未计价材料费									
清单项目综合单价								261.02			

4.4 墙、柱面工程

4.4.1 墙、柱面工程清单工程量计算规则

1. 墙面抹灰

墙面抹灰工程量清单项目的设置、项目特征描述的内容、计量单位、工程量计算规则应按表 4-16 的规定执行。

表 4-16 墙面抹灰（编码：011201）

<table>
<tr><th>项目编码</th><th>项目名称</th><th>项目特征</th><th>计量单位</th><th>工程量计算规则</th><th>工程内容</th></tr>
<tr><td>011201001</td><td>墙面一般抹灰</td><td rowspan="2">1. 墙体类型
2. 底层厚度、砂浆配合比
3. 面层厚度、砂浆配合比
4. 装饰面材料种类
5. 分格缝宽度、材料种类</td><td rowspan="2">m^2</td><td rowspan="4">按设计图示尺寸以面积计算。扣除墙裙、门窗洞口及单个$>0.3\mathrm{m}^2$的孔洞面积，并扣除踢脚线、挂镜线和墙与构件交接处的面积，门窗洞口和孔洞的侧壁及顶面不增加面积。附墙柱、梁、垛、烟囱侧壁并入相应的墙面面积内
1. 外墙抹灰面积按外墙垂直投影面积计算；
2. 外墙裙抹灰面积按其长度乘以高度计算；
3. 内墙抹灰面积按主墙间的净长乘以高度计算：
1）无墙裙的，高度按室内楼地面至顶棚底面计算；
2）有墙裙的，高度按墙裙顶至顶棚底面计算；
3）有吊顶天棚抹灰，高度算至顶棚底。
4. 内墙裙抹灰面按内墙净长乘以高度计算</td><td rowspan="2">1. 基层清理
2. 砂浆制作、运输
3. 底层抹灰
4. 抹面层
5. 抹装饰面
6. 勾分格缝</td></tr>
<tr><td>011201002</td><td>墙面装饰抹灰</td></tr>
<tr><td>011201003</td><td>墙面勾缝</td><td>1. 墙体类型
2. 找平的砂浆厚度、配合比</td><td rowspan="2">m^2</td><td>1. 基层清理
2. 砂浆制作、运输
3. 勾缝</td></tr>
<tr><td>011201004</td><td>立面砂浆找平层</td><td>1. 墙体类型
2. 勾缝材料种类</td><td>1. 基层清理
2. 砂浆制作、运输
3. 抹灰找平</td></tr>
</table>

注：1. 立面砂浆找平项目适用于仅做找平层的立面抹灰。
2. 墙面抹石灰砂浆、水泥砂浆、混合砂浆、聚合物水泥砂浆、麻刀石灰浆、石膏灰浆等按本表中墙面一般抹灰列项；墙面水刷石、斩假石、干粘石、假面砖等按本表中墙面装饰抹灰列项。
3. 飘窗凸出外墙面增加的抹灰并入外墙工程量内。
4. 有吊顶顶棚的内墙面抹灰，抹至吊顶以上部分在综合单价中考虑。

2. 柱（梁）面抹灰

柱（梁）面抹灰工程量清单项目的设置、项目特征描述的内容、计量单位、工程量计算规则应按表 4-17 的规定执行。

表 4-17 柱（梁）面抹灰（编码：011202）

项目编码	项目名称	项目特征	计量单位	工程量计算规则	工程内容
011202001	柱、梁面一般抹灰	1. 柱体类型 2. 底层厚度、砂浆配合比 3. 面层厚度、砂浆配合比 4. 装饰面材料种类 5. 分格缝宽度、材料种类	m^2	1. 柱面抹灰：按设计图示柱断面周长乘高度以面积计算 2. 梁面抹灰：按设计图示梁断面周长乘长度以面积计算	1. 基层清理 2. 砂浆制作、运输 3. 底层抹灰 4. 抹面层 5. 勾分格缝
011202002	柱、梁面装饰抹灰				
011202003	柱、梁面砂浆找平	1. 柱体类型 2. 找平的砂浆厚度、配合比			1. 基层清理 2. 砂浆制作、运输 3. 抹灰找平
011202004	柱、梁面勾缝	1. 勾缝类型 2. 勾缝材料种类		按设计图示柱断面周长乘高度以面积计算	1. 基层清理 2. 砂浆制作、运输 3. 勾缝

注：1. 砂浆找平项目适用于仅做找平层的柱（梁）面抹灰。

2. 柱（梁）面抹石灰砂浆、水泥砂浆、混合砂浆、聚合物水泥砂浆、麻刀石灰浆、石膏灰浆等按本表中“柱（梁）面一般抹灰”编码列项；柱（梁）面水刷石、斩假石、干粘石、假面砖等按本表中“柱（梁）面装饰抹灰”的项目编码列项。

3. 零星抹灰

零星抹灰工程量清单项目的设置、项目特征描述的内容、计量单位、工程量计算规则应按表 4-18 的规定执行。

表 4-18 零星抹灰（编码：011203）

项目编码	项目名称	项目特征	计量单位	工程量计算规则	工程内容
011203001	零星项目一般抹灰	1. 墙体类型 2. 底层厚度、砂浆配合比 3. 面层厚度、砂浆配合比 4. 装饰面材料种类 5. 分格缝宽度、材料种类	m^2	按设计图示尺寸以面积计算	1. 基层清理 2. 砂浆制作、运输 3. 底层抹灰 4. 抹面层 5. 抹装饰面 6. 勾分格缝
011203002	零星项目装饰抹灰				
011203003	零星项目砂浆找平	1. 基层类型 2. 找平的砂浆厚度、配合比			1. 基层清理 2. 砂浆制作、运输 3. 抹灰找平

注：1. 零星项目抹石灰砂浆、水泥砂浆、混合砂浆、聚合物水泥砂浆、麻刀石灰浆、石膏灰浆等按本表中“零星项目一般抹灰”的编码列项，水刷石、斩假石、干粘石、假面砖等按本表中零星项目装饰抹灰编码列项。

2. 墙、柱（梁）面≤0.5m^2的少量分散的抹灰按本表中“零星项目一般抹灰”的项目编码列项。

4. 墙面块料面层

墙面块料面层工程量清单项目的设置、项目特征描述的内容、计量单位、工程量计算规则应按表 4-19 的规定执行。

表 4-19 墙面块料面层（编码：011204）

项目编码	项目名称	项目特征	计量单位	工程量计算规则	工程内容
011204001	石材墙面	1. 墙体类型 2. 安装方式 3. 面层材料品种、规格、颜色 4. 缝宽、嵌缝材料种类 5. 防护材料种类 6. 磨光、酸洗、打蜡要求	m^2	按镶贴表面积计算	1. 基层清理 2. 砂浆制作、运输 3. 粘结层铺贴 4. 面层安装 5. 嵌缝 6. 刷防护材料 7. 磨光、酸洗、打蜡
011204002	拼碎石材墙面				
011204003	块料墙面				
011204004	干挂石材钢骨架	1. 骨架种类、规格 2. 防锈漆品种遍数	t	按设计图示以质量计算	1. 骨架制作、运输、安装 2. 刷漆

注：1. 在描述碎块项目的面层材料特征时可不用描述规格、品牌、颜色。

2. 石材、块料与粘接材料的结合面刷防渗材料的种类在防护层材料种类中描述。

5. 柱（梁）面镶贴块料

柱（梁）面镶贴块料工程量清单项目的设置、项目特征描述的内容、计量单位、工程量计算规则应按表 4-20 的规定执行。

表 4-20 柱（梁）面镶贴块料（编码：011205）

项目编码	项目名称	项目特征	计量单位	工程量计算规则	工程内容
011205001	石材柱面	1. 柱截面类型、尺寸 2. 安装方式 3. 面层材料品种、规格、颜色 4. 缝宽、嵌缝材料种类 5. 防护材料种类 6. 磨光、酸洗、打蜡要求	m^2	按镶贴表面积计算	1. 基层清理 2. 砂浆制作、运输 3. 粘结层铺贴 4. 面层安装 5. 嵌缝 6. 刷防护材料 7. 磨光、酸洗、打蜡
011205002	块料柱面				
011205003	拼碎块柱面				
011205004	石材梁面	1. 安装方式 2. 面层材料品种、规格、颜色 3. 缝宽、嵌缝材料种类 4. 防护材料种类 5. 磨光、酸洗、打蜡要求			
011205005	块料梁面				

注：1. 在描述碎块项目的面层材料特征时可不用描述规格、品牌、颜色。

2. 石材、块料与粘接材料的结合面刷防渗材料的种类在防护层材料种类中描述。

3. 柱、梁面干挂石材的钢骨架按表 4-19 相应项目编码列项。

6. 镶贴零星块料

镶贴零星块料工程量清单项目的设置、项目特征描述的内容、计量单位、工程量计算规则应按表 4-21 的规定执行。

表 4-21 镶贴零星块料（编码：011206）

项目编码	项目名称	项目特征	计量单位	工程量计算规则	工程内容
011206001	石材零星项目	1. 基层类型、部位 2. 安装方式 3. 面层材料品种、规格、颜色 4. 缝宽、嵌缝材料种类 5. 防护材料种类 6. 磨光、酸洗、打蜡要求	m^2	按镶贴表面积计算	1. 基层清理 2. 砂浆制作、运输 3. 面层安装 4. 嵌缝 5. 刷防护材料 6. 磨光、酸洗、打蜡
011206002	块料零星项目				
011206003	拼碎块零星项目				

注：1. 在描述碎块项目的面层材料特征时可不用描述规格、品牌、颜色。
2. 石材、块料与粘接材料的结合面刷防渗材料的种类在防护层材料种类中描述。
3. 零星项目干挂石材的钢骨架按表 4-19 相应项目编码列项。
4. 墙柱面≤0.5m^2的少量分散的镶贴块料面层应按零星项目执行。

7. 墙饰面

墙饰面工程量清单项目的设置、项目特征描述的内容、计量单位、工程量计算规则应按表 4-22 的规定执行。

表 4-22 墙饰面（编码：011207）

项目编码	项目名称	项目特征	计量单位	工程量计算规则	工程内容
011207001	墙面装饰板	1. 龙骨材料种类、规格、中距 2. 隔离层材料种类、规格 3. 基层材料种类、规格 4. 面层材料品种、规格、颜色 5. 压条材料种类、规格	m^2	按设计图示墙净长乘净高以面积计算。扣除门窗洞口及单个＞0.3m^2的孔洞所占面积	1. 基层清理 2. 龙骨制作、运输、安装 3. 钉隔离层 4. 基层铺钉 5. 面层铺贴
011207002	墙面装饰浮雕	1. 基层类型 2. 浮雕材料种类 3. 浮雕样式		按设计图示尺寸以面积计算	1. 基层清理 2. 材料制作、运输 3. 安装成型

8. 柱（梁）饰面

柱（梁）饰面工程量清单项目的设置、项目特征描述的内容、计量单位、工程量计算规则应按表 4-23 的规定执行。

表 4-23 柱（梁）饰面（编码：011208）

项目编码	项目名称	项目特征	计量单位	工程量计算规则	工程内容
011208001	柱（梁）面装饰	1. 龙骨材料种类、规格、中距 2. 隔离层材料种类 3. 基层材料种类、规格 4. 面层材料品种、规格、颜色 5. 压条材料种类、规格	m^2	按设计图示饰面外围尺寸以面积计算。柱帽、柱墩并入相应柱饰面工程量内	1. 清理基层 2. 龙骨制作、运输、安装 3. 钉隔离层 4. 基层铺钉 5. 面层铺贴
011208002	成品装饰柱	1. 柱截面、高度尺寸 2. 柱材质	1. 根 2. m	1. 以根计算，按设计数量计算 2. 以米计算，按设计长度计算	柱运输、固定、安装

9. 幕墙工程

幕墙工程工程量清单项目的设置、项目特征描述的内容、计量单位、工程量计算规则应按表 4-24 的规定执行。

表 4-24 幕墙工程（编码：011209）

项目编码	项目名称	项目特征	计量单位	工程量计算规则	工程内容
011209001	带骨架幕墙	1. 骨架材料种类、规格、中距 2. 面层材料品种、规格、颜色 3. 面层固定方式 4. 隔离带、框边封闭材料品种、规格 5. 嵌缝、塞口材料种类	m^2	按设计图示框外围尺寸以面积计算。与幕墙同种材质的窗所占面积不扣除	1. 骨架制作、运输、安装 2. 面层安装 3. 隔离带、框边封闭 4. 嵌缝、塞口 5. 清洗
011209002	全玻（无框玻璃）幕墙	1. 玻璃品种、规格、颜色 2. 粘结塞口材料种类 3. 固定方式		按设计图示尺寸以面积计算。带肋全玻幕墙按展开面积计算	1. 幕墙安装 2. 嵌缝、塞口 3. 清洗

注：幕墙钢骨架按表 4-19 干挂石材钢骨架编码列项。

10. 隔断

隔断工程量清单项目的设置、项目特征描述的内容、计量单位、工程量计算规则应按表 4-25 的规定执行。

表 4-25 隔断（编码：011210）

项目编码	项目名称	项目特征	计量单位	工程量计算规则	工程内容
011210001	木隔断	1. 骨架、边框材料种类、规格 2. 隔板材料品种、规格、颜色 3. 嵌缝、塞口材料品种 4. 压条材料种类	m^2	按设计图示框外围尺寸以面积计算。不扣除单个≤0.3m^2的孔洞所占面积；浴厕门的材质与隔断相同时，门的面积并入隔断面积内	1. 骨架及边框制作、运输、安装 2. 隔板制作、运输、安装 3. 嵌缝、塞口 4. 装钉压条
011210002	金属隔断	1. 骨架、边框材料种类、规格 2. 隔板材料品种、规格、颜色 3. 嵌缝、塞口材料品种			1. 骨架及边框制作、运输、安装 2. 隔板制作、运输、安装 3. 嵌缝、塞口
011210003	玻璃隔断	1. 边框材料种类、规格 2. 玻璃品种、规格、颜色 3. 嵌缝、塞口材料品种	m^2	按设计图示框外围尺寸以面积计算。不扣除单个≤0.3m^2的孔洞所占面积	1. 边框制作、运输、安装 2. 玻璃制作、运输、安装 3. 嵌缝、塞口
011210004	塑料隔断	1. 边框材料种类、规格 2. 隔板材料品种、规格、颜色 3. 嵌缝、塞口材料品种			1. 骨架及边框制作、运输、安装 2. 隔板制作、运输、安装 3. 嵌缝、塞口
011210005	成品隔断	1. 隔断材料品种、规格、颜色 2. 配件品种、规格	1. m^2 2. 间	1. 按设计图示框外围尺寸以面积计算 2. 按设计间的数量以间计	1. 隔断运输、安装 2. 嵌缝、塞口
011210006	其他隔断	1. 骨架、边框材料种类、规格 2. 隔板材料品种、规格、颜色 3. 嵌缝、塞口材料品种	m^2	按设计图示框外围尺寸以面积计算。不扣除单个≤0.3m^2的孔洞所占面积	1. 骨架及边框安装 2. 隔板安装 3. 嵌缝、塞口

4.4.2 墙、柱面工程定额工程量计算规则

1. 墙、柱面装饰与隔断、幕墙工程定额说明

1）《全统装饰装修消耗量定额》墙、柱面装饰工程定额项目共分为四类、281个项目，如图4-34所示。

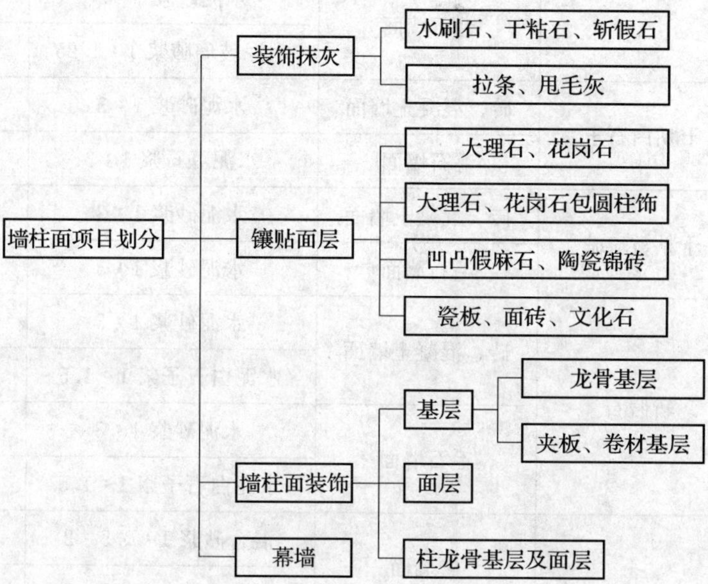

图4-34 墙、柱面装饰工程定额项目划分框图

2）该定额凡注明砂浆种类、配合比、饰面材料及型材的型号规格与设计不同时，可按设计规定调整，但人工、机械消耗量不变。

3）抹灰砂浆厚度，如设计与定额取定不同时，除定额有注明厚度的项目可以换算外，其他一律不作调整，见表4-26。

表4-26 抹灰砂浆定额厚度取定表

定额编号	项目		砂浆	厚度（mm）
2—001	水刷豆石	砖、混凝土墙面	水泥砂浆1∶3	12
			水泥豆石浆1∶1.25	12
2—002		毛石墙面	水泥砂浆1∶3	18
			水泥豆石浆1∶1.25	12
2—005	水刷白石子	砖、混凝土墙面	水泥砂浆1∶3	12
			水泥白石子浆1∶1.5	10
2—006		毛石墙面	水泥砂浆1∶3	20
			水泥白石子浆1∶1.5	10

续表 4-26

定额编号	项目		砂浆	厚度（mm）
2—009	水刷玻璃碴	砖、混凝土墙面	水泥砂浆 1∶3	12
			水泥玻璃碴浆 1∶1.25	12
2—010		毛石墙面	水泥砂浆 1∶3	18
			水泥玻璃碴浆 1∶1.25	12
2—013	干粘白石子	砖、混凝土墙面	水泥砂浆 1∶3	18
2—014		毛石墙面	水泥豆石浆 1∶3	30
2—017	干粘玻璃碴	砖、混凝土墙面	水泥砂浆 1∶3	18
2—018		毛石墙面	水泥砂浆 1∶3	30
2—021	斩假石	砖、混凝土墙面	水泥砂浆 1∶3	12
			水泥白石子浆 1∶1.5	10
2—022		毛石墙面	水泥砂浆 1∶3	18
			水泥白石子浆 1∶1.5	10
2—025	墙、柱面拉条	砖墙面	混合砂浆 1∶0.5∶2	14
			混合砂浆 1∶0.5∶1	10
2—026		混凝土墙面	水泥砂浆 1∶3	14
			混合砂浆 1∶0.5∶1	10
2—027	墙、柱面甩毛	砖墙面	混合砂浆 1∶1∶6	12
			混合砂浆 1∶1∶4	6
2—028		混凝土墙面	水泥砂浆 1∶3	10
			水泥砂浆 1∶2.5	6

注：1. 每增减一遍素水泥浆或 107 胶素水泥浆，每平方米增减人工 0.01 工日，素水泥浆或 107 胶素水泥浆 0.0012m^3。

2. 每增减 1mm 厚砂浆，每平方米增减砂浆 0.0012m^3。

4）圆弧形、锯齿形等不规则墙面抹灰，镶贴块料按相应项目人工乘以系数 1.15，材料乘以系数 1.05。

5）离缝镶贴面砖定额子目，面砖消耗量分别按缝宽 5mm、10mm 和 20mm 考虑，如灰缝不同或灰缝超过 20mm 以上者，其块料及灰缝材料（水泥砂浆 1∶1）用量允许调整，其他不变。

6）镶贴块料和装饰抹灰的“零星项目”适用于挑檐、天沟、腰线、窗台线、门窗套、压顶、扶手、雨篷周边等。

7）木龙骨基层是按双向计算的，如设计为单向时，材料、人工用量乘以系数 0.55。

8）定额木材种类除注明者外，均以一、二类木种为准，如采用三、四类木种时，人工及机械乘以系数1.3。

9）面层、隔墙（间壁）、隔断（护壁）定额内，除注明者外均未包括压条、收边、装饰线（板），如设计要求时，应按《全统装饰装修消耗量定额》第六章相应子目执行。

10）面层、木基层均未包括刷防火涂料，如设计要求时，应按《全统装饰装修消耗量定额》第五章相应子目执行。

11）玻璃幕墙设计有平开、推拉窗者，仍执行幕墙定额，窗型材、窗五金相应增加，其他不变。

12）玻璃幕墙中的玻璃按成品玻璃考虑，幕墙中的避雷装置、防火隔离层定额已综合，但幕墙的封边、封顶的费用另行计算。

13）隔墙（间壁）、隔断（护壁）、幕墙等定额中龙骨间距、规格如与设计不同时，定额用量允许调整。

2. 墙、柱面装饰与隔断、幕墙工程定额工程量计算规则

1）外墙面装饰抹灰面积，按垂直投影面积计算，扣除门窗洞口和0.3m^{2}以上的孔洞所占的面积，门窗洞口及孔洞侧壁面积亦不增加。附墙柱侧面抹灰面积并入外墙抹灰面积工程量内。

2）柱抹灰按结构断面周长乘以高度计算。

3）女儿墙（包括泛水、挑砖）、阳台栏板（不扣除花格所占孔洞面积）内侧抹灰按垂直投影面积乘以系数1.10，带压顶者乘系数1.30按墙面定额执行。

4）“零星项目”按设计图示尺寸以展开面积计算。

5）墙面贴块料面层，按实贴面积计算。

6）墙面贴块料、饰面高度在300mm以内者，按踢脚板定额执行。

7）柱饰面面积按外围饰面尺寸乘以高度计算。

8）挂贴大理石、花岗岩中其他零星项目的花岗岩、大理石是按成品考虑的，花岗岩、大理石柱墩、柱帽按最大外径周长计算。

9）除定额已列有柱帽、柱墩的项目外，其他项目的柱帽、柱墩工程量按设计图示尺寸以展开面积计算，并入廊柱面积内；每个柱帽或柱墩另增人工：抹灰0.25工日，块料0.38工日，饰面0.5工日。

10）隔断按墙的净长乘净高计算，扣除门窗洞口及0.3m^{2}以上的孔洞所占面积。

11）全玻隔断的不锈钢边框工程量按边框展开面积计算。

12）全玻隔断、全玻幕墙如有加强肋者，工程量按其展开面积计算；玻璃幕墙、铝板幕墙以框外围面积计算。

13）装饰抹灰分格、嵌缝按装饰抹灰面积计算。

4.4.3 墙、柱面工程工程量计算及清单编制实例

【例4-19】 如图4-35所示，某卫生间墙面水泥砂浆粘贴150mm×75mm面砖，灰缝为8mm，计算该墙面粘贴面砖的定额工程量（门洞口以墙中心线为界）。（门尺寸为900mm×2000mm，窗尺寸为1800mm×1800mm，蹲位处设置台阶h=150mm）

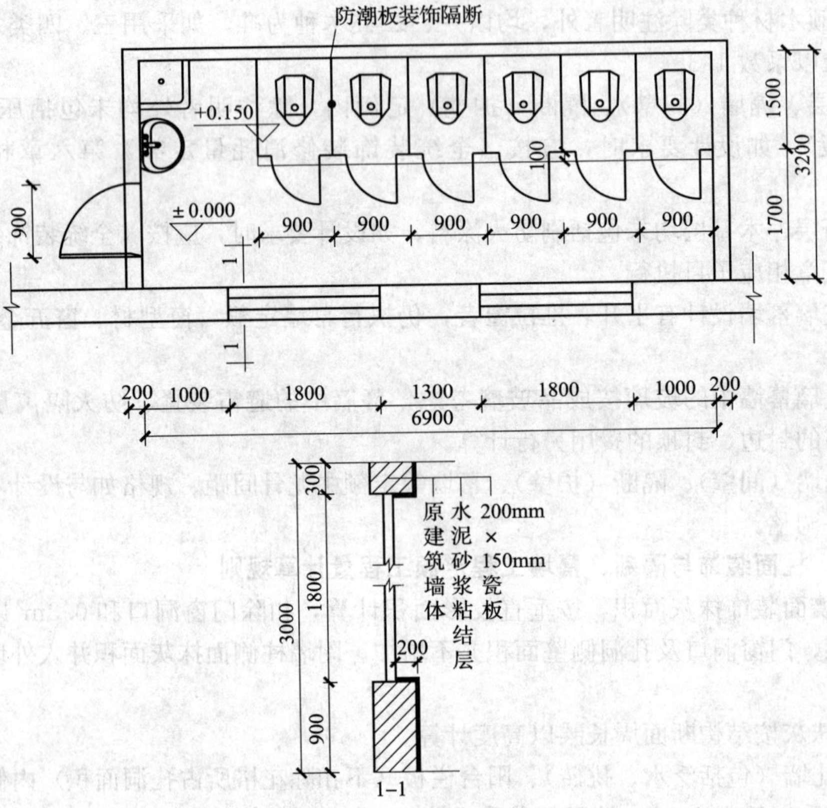

图 4-35 某卫生间示意图

【解】

墙面水泥砂浆粘贴 150mm×75mm（灰缝为 8mm）面砖：

(6.9＋3.2) ×2×3－1.8×1.8×2＋0.2× (1.8＋1.8) ×2×2－0.9×2＋0.1×(2×2＋0.9) －0.9×6×0.15－1.6×0.15

＝54.64 (m^2)

【例 4-20】 如图 4-36、图 4-37 所示为某大厅不锈钢边框全玻璃隔断，玻璃隔断为 10mm 厚，计算不锈钢边框和 10mm 钢化玻璃全玻璃隔断的定额工程量。

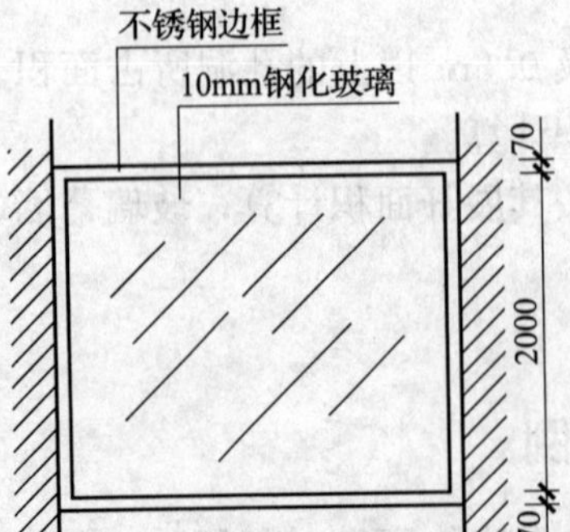

图 4-36 全玻璃隔断示意图

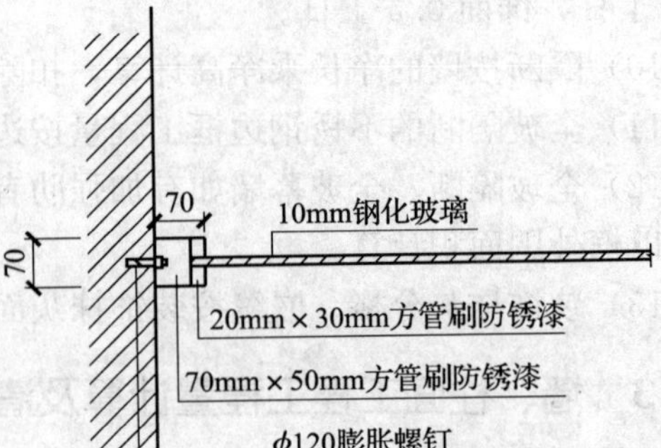

图 4-37 全玻璃隔断与墙连接示意图

【解】

（1）不锈钢边框：

0.07×（2.27+2.07）×2×2+0.03×2×（2.2+2）×2+0.07×2.34×2

=2.05（m^2）

（2）10mm 钢化玻璃：

2.2×2=4.4（m^2）

【例 4-21】 如图 4-38 所示，室内墙面为 1∶2 水泥砂浆打底，1∶3 石灰砂浆找平层，麻刀石灰浆面层共 18mm 厚。墙裙高度为 900mm，采用 1∶3 水泥砂浆打底（14mm 厚），1∶2.5 水泥砂浆面层（6mm 厚），计算定额工程量。（其中：门扇居中，门框 80mm 厚，门洞尺寸：1200mm×2200mm，窗尺寸：1600mm×1900mm。）

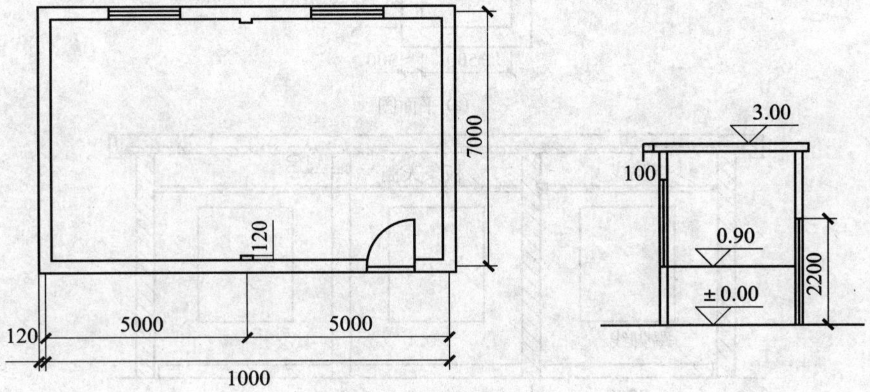

图 4-38 某建筑平面图

【解】

（1）墙面抹灰：

[（10−0.24）+(7−0.24)]×2×(3.0−0.10−0.90)−1.2×(2.2−0.90)−1.6×1.9×2+0.12×2×（3.0−0.10−0.90）×2

=58.24（m^2）

（2）墙裙抹灰：

{[（10−0.24）+（7−0.24)]×2−1.2+0.08×2+0.12×2×2}×0.90

=29.23（m^2）

【例 4-22】 某工程平面及剖面图如图 4-39 所示，墙面为混凝土墙面，内墙抹水泥砂浆。

【解】

（1）清单工程量：

内墙抹灰：

(6.6+0.25×2+4.4）×2×3−1.5×1.8×3−1×2−0.9×2+（3.3+4.4）×2×3.0−1.5×1.8×2−0.9×2

=96.1（m^2）

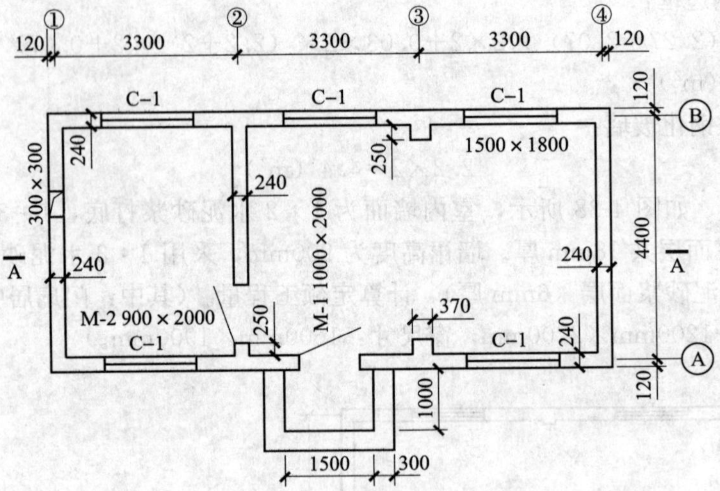

(a) 平面图

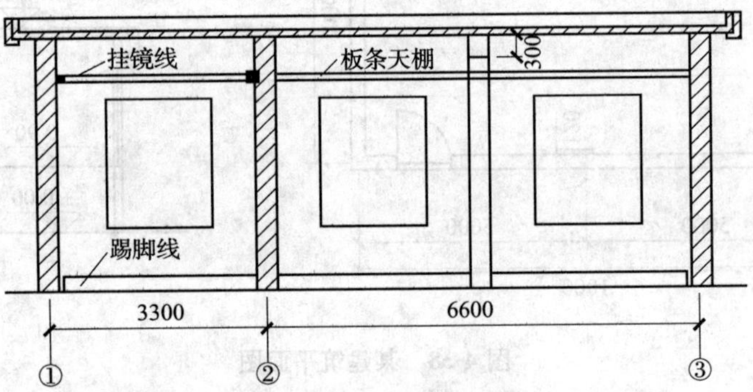

(b) A—A剖面图

图 4-39 某工程平面及剖面图（mm）

（2）定额工程量：

内墙抹灰：

（6.6＋0.25×2＋4.4）×2×3－1.5×1.8×3－1×2－0.9×2＋（3.3＋4.4）×2×3.0－1.5×1.8×2－0.9×2

＝96.1（m^2）

内墙面抹 1∶3 水泥砂浆：

人工费：4.80×96.1＝461.28（元）

材料费：4.10×96.1＝394.01（元）

机械费：0.44×96.1＝42.28（元）

综合：

直接费合计：897.57 元

管理费：897.57×34%＝305.17（元）

利润：897.57×8%＝71.81（元）

总计：897.57＋305.17＋71.81＝1274.55（元）

综合单价＝1274.55÷96.1＝13.26（元/m²）

（3）分部分项工程和单价措施项目清单与计价表见表4-27。

表4-27　分部分项工程和单价措施项目清单与计价表

工程名称：某内墙抹灰工程　　　　　　标段：　　　　　　第　页　共　页

序号	项目编号	项目名称	项目特征描述	计量单位	工程数量	金额（元）		
						综合单价	合价	其中 暂估价
1	011201001001	墙面一般抹灰	1. 混凝土墙面 2. 内墙面抹1∶3水泥砂浆，6mm厚	m²	96.1	13.26	1274.55	
合　计							1274.55	

（4）工料机单价：人工按35元/工日。综合单价分析表的填制见表4-28。

表4-28　综合单价分析表

工程名称：某内墙抹灰工程　　　　　　标段：　　　　　　第　页　共　页

项目编码	011204003001	项目名称		块料墙面		计量单位		m²	工程量	96.1	
清单综合单价组成明细											
定额编号	定额名称	定额单位	数量	单价（元）				合价（元）			
				人工费	材料费	机械费	管理费和利润	人工费	材料费	机械费	管理费和利润
3-82	内墙面抹1∶3水泥砂浆	m²	1	4.80	4.10	0.44	3.92	4.80	4.10	0.44	3.92
人工单价		小　计						4.80	4.10	0.44	3.92
35元/工日		未计价材料费						—			
清单项目综合单价								13.26			

【例4-23】　如图4-40所示不锈钢钢化玻璃隔断，编制其分部分项工程量综合单价分析表及分部分项工程量清单与计价表。

【解】

（1）清单工程量：

（4.5＋0.25×2）×（2.5＋0.25×2）＝15（m²）

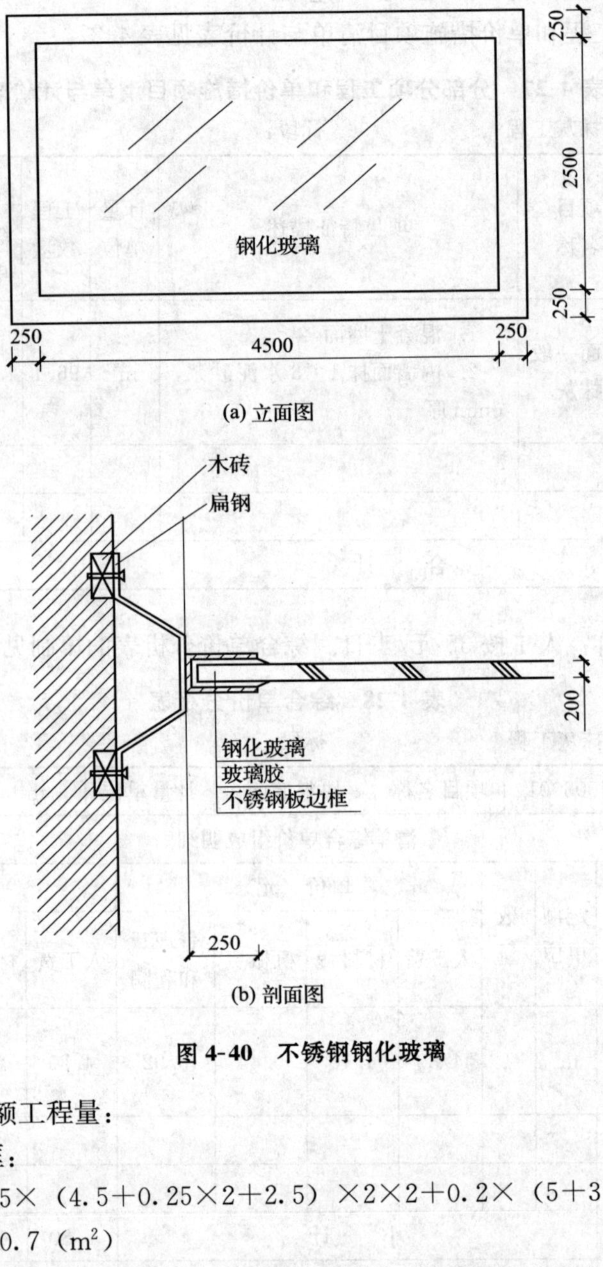

图 4-40　不锈钢钢化玻璃

（2）消耗量定额工程量：

1）不锈钢边框：

$$0.25\times(4.5+0.25\times2+2.5)\times2\times2+0.2\times(5+3)\times2=10.7\ (m^2)$$

2）钢化玻璃：

$$4.5\times2.5=11.25\ (m^2)$$

（3）清单项目每计量单位应包含工程数量：

1）不锈钢边框：

$$10.7\div15=0.71\ (m^2)$$

2）钢化玻璃：

$$11.25\div15=0.75\ (m^2)$$

（4）分部分项工程和单价措施项目清单与计价表见表 4-29。

表 4-29 分部分项工程和单价措施项目清单与计价表

工程名称：某玻璃隔断工程　　标段：　　第 页 共 页

序号	项目编号	项目名称	项目特征描述	计量单位	工程数量	金额（元）		
						综合单价	合价	其中 暂估价
1	011210003001	玻璃隔断	1. 骨架边框：杉木锯材、单独不锈钢边框 2. 玻璃：12mm 厚钢化玻璃、玻璃胶填缝	m^2	15	305.67	4585.05	
合计							4585.05	

（5）根据企业情况确定管理费率 170%，利润率 120%，计费基础为人工费。综合单价分析表见表 4-30。

表 4-30 综合单价分析表

工程名称：某玻璃隔断工程　　标段：　　第 页 共 页

项目编码	011210003001	项目名称	玻璃隔断	计量单位	m^2	工程量	15				
综合单价组成明细											
定额编号	定额名称	定额单位	数量	单价（元）				合价（元）			
				人工费	材料费	机械费	管理费和利润	人工费	材料费	机械费	管理费和利润
2-233	定位弹线、下料、安装龙骨	m^2	0.71	4.93	235.49	0.4	14.30	3.5	167.20	0.28	10.15
2-235	安钢化玻璃、嵌缝清理	m^2	0.75	5.8	141.76	1.67	16.82	4.35	106.31	1.25	12.62
人工单价		小计						7.85	273.52	1.53	22.77
22.47 元/工日		未计价材料费						—			
清单项目综合单价								305.67			

4.5 顶棚工程

4.5.1 顶棚工程清单工程量计算规则

1. 顶棚抹灰

顶棚抹灰工程量清单项目的设置、项目特征描述的内容、计量单位、工程量计算规则应按表 4-31 的规定执行。

表 4-31 顶棚抹灰（编码：011301）

项目编码	项目名称	项目特征	计量单位	工程量计算规则	工程内容
011301001	顶棚抹灰	1. 基层类型 2. 抹灰厚度、材料种类 3. 砂浆配合比	m^2	按设计图示尺寸以水平投影面积计算。不扣除间壁墙、垛、柱、附墙烟囱、检查口和管道所占的面积，带梁顶棚、梁两侧抹灰面积并入顶棚面积内，板式楼梯底面抹灰按斜面积计算，锯齿形楼梯底板抹灰按展开面积计算	1. 基层清理 2. 底层抹灰 3. 抹面层

2. 顶棚吊顶

顶棚吊顶工程量清单项目的设置、项目特征描述的内容、计量单位、工程量计算规则应按表 4-32 的规定执行。

表 4-32 顶棚吊顶（编码：011302）

项目编码	项目名称	项目特征	计量单位	工程量计算规则	工程内容
011302001	吊顶顶棚	1. 吊顶形式、吊杆规格、高度 2. 龙骨材料种类、规格、中距 3. 基层材料种类、规格 4. 面层材料品种、规格 5. 压条材料种类、规格 6. 嵌缝材料种类 7. 防护材料种类	m^2	按设计图示尺寸以水平投影面积计算。顶棚面中的灯槽及跌级、锯齿形、吊挂式、藻井式顶棚面积不展开计算。不扣除间壁墙、检查口、附墙烟囱、柱垛和管道所占面积，扣除单个>0.3m^2的孔洞、独立柱及与顶棚相连的窗帘盒所占的面积	1. 基层清理、吊杆安装 2. 龙骨安装 3. 基层板铺贴 4. 面层铺贴 5. 嵌缝 6. 刷防护材料

续表 4-32

项目编码	项目名称	项目特征	计量单位	工程量计算规则	工程内容
011302002	格栅吊顶	1. 龙骨材料种类、规格、中距 2. 基层材料种类、规格 3. 面层材料品种、规格 4. 防护材料种类	m^2	按设计图示尺寸以水平投影面积计算	1. 基层清理 3. 安装龙骨 4. 基层板铺贴 5. 面层铺贴 6. 刷防护材料
011302003	吊筒吊顶	1. 吊筒形状、规格 2. 吊筒材料种类 3. 防护材料种类			1. 基层清理 2. 吊筒制作安装 3. 刷防护材料
011302004	藤条造型悬挂吊顶	1. 骨架材料种类、规格 2. 面层材料品种、规格	m^2	按设计图示尺寸以水平投影面积计算	1. 基层清理 2. 龙骨安装 3. 铺贴面层
011302005	织物软雕吊顶				
011302006	装饰网架吊顶	网架材料品种、规格			1. 基层清理 2. 网架制作安装

3. 采光顶棚工程

采光顶棚工程工程量清单项目的设置、项目特征描述的内容、计量单位、工程量计算规则应按表 4-33 的规定执行。

表 4-33 采光顶棚工程（编码：011303）

项目编码	项目名称	项目特征	计量单位	工程量计算规则	工程内容
011303001	采光顶棚	1. 骨架类型 2. 固定类型、固定材料品种、规格 3. 面层材料品种、规格 4. 嵌缝、塞口材料种类	m^2	按框外围展开面积计算	1. 清理基层 2. 面层制作安装 3. 嵌缝、塞口 4. 清洗

注：采光顶棚骨架不包括在本节中，应单独按《房屋建筑与装饰工程工程量计算规范》（GB 50854—2013）附录 F“金属结构工程”相关项目编码列项。

4. 顶棚其他装饰

顶棚其他装饰工程量清单项目的设置、项目特征描述的内容、计量单位、工程量计算规则应按表 4-34 的规定执行。

表 4-34 顶棚其他装饰（编码：011304）

项目编码	项目名称	项目特征	计量单位	工程量计算规则	工程内容
011304001	灯带（槽）	1. 灯带型式、尺寸 2. 格栅片材料品种、规格 3. 安装固定方式	m^2	按设计图示尺寸以框外围面积计算	安装、固定
011304002	送风口、回风口	1. 风口材料品种、规格 2. 安装固定方式 3. 防护材料种类	个	按设计图示数量计算	1. 安装、固定 2. 刷防护材料

4.5.2 顶棚工程定额工程量计算规则

1. 顶棚工程定额说明

1）《全统装饰装修消耗量定额》顶棚面装饰工程定额项目共分为 4 节、278 个项目。包括：平面（跌级）顶棚、艺术造型顶棚、其他顶棚（龙骨和面层）、其他等项目。《全统装饰装修消耗量定额》中顶棚项目划分如图 4-41 所示。

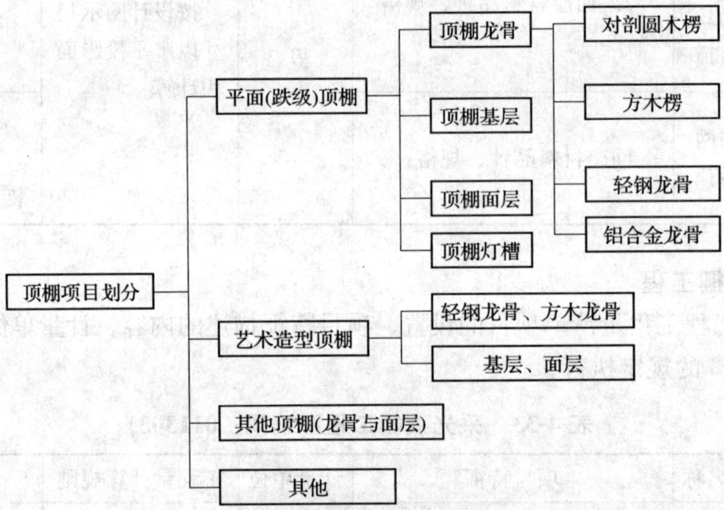

图 4-41 顶棚装饰项目类型划分框图

2）该定额除部分项目为龙骨、基层、面层合并列项外，其余均为顶棚龙骨、基层、面层分别列项编制。

3）该定额龙骨的种类、间距、规格和基层、面层材料的型号、规格是按常用材料和常用做法考虑的，如设计要求不同时，材料可以调整，但人工、机械不变。

4）顶棚面层在同一标高者为平面顶棚，顶棚面层不在同一标高者为跌级顶棚（跌级顶棚其面层人工乘系数 1.1）。

5）轻钢龙骨、铝合金龙骨定额中为双层结构（即中、小龙骨紧贴大龙骨底面吊挂），如为单层结构时（大、中龙骨底面在同一水平上），人工乘以 0.85 系数。

6）该定额中平面顶棚和跌级顶棚指一般直线型顶棚，不包括灯光槽的制作安装。灯光槽制作安装应按相应子目执行。艺术造型顶棚项目中包括灯光槽的制作安装。

7）龙骨架、基层、面层的防火处理，应按该定额第五章相应子目执行。

8）顶棚检查孔的工料已包括在定额项目内，不另计算。

2. 顶棚工程定额工程量计算规则

1）各种吊顶顶棚龙骨按主墙间净空面积计算，不扣除间壁墙、检查洞、附墙烟囱、柱、垛和管道所占面积。

2）顶棚基层按展开面积计算。

3）顶棚装饰面层，按主墙间实钉（胶）面积以“m^2”计算，不扣除间壁墙、检查洞、附墙烟囱、垛和管道所占面积，但应扣除 0.3m^2以上的孔洞、独立柱、灯槽及与顶棚相连的窗帘盒所占的面积。

4）该定额中龙骨、基层、面层合并列项的子目，工程量计算规则同 1）。

5）板式楼梯底面的装饰工程量按水平投影面积乘以 1.15 系数计算，梁式楼梯底面按展开面积计算。

6）灯光槽按延长米计算。

7）保温层按实铺面积计算。

8）网架按水平投影面积计算。

9）嵌缝按延长米计算。

4.5.3　顶棚工程工程量计算及清单编制实例

【例 4-24】　某会客室顶棚吊顶如图 4-42 所示，采用轻钢龙骨石膏板基层胡桃木饰面造型，计算该吊顶的定额工程量。

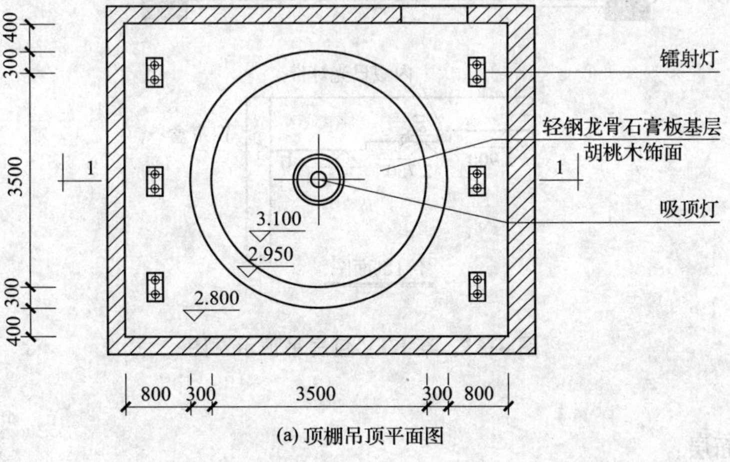

(a) 顶棚吊顶平面图

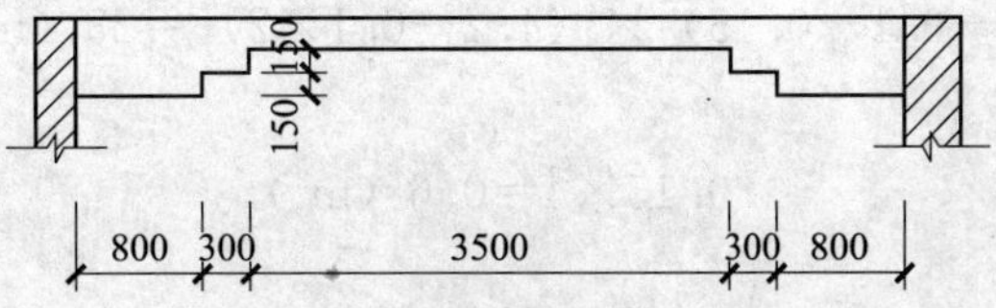

(b) 1-1剖面示意图

图 4-42　某会客室顶棚吊顶示意图

【解】

（1）轻钢龙骨：

(0.8×2＋0.3×2＋3.5）×（0.4×2＋0.3×2＋3.5）

＝27.93（m²）

（2）石膏板基层：

27.93＋0.15×3.14×4.1＋0.15×3.14×3.5

＝31.51（m²）

（3）胡桃木饰面：

27.93＋0.15×3.14×4.1＋0.15×3.14×3.5

＝31.51（m²）

【例 4-25】 如图 4-43 所示为某 KTV 包房吊顶图，计算其吊顶面层定额工程量。

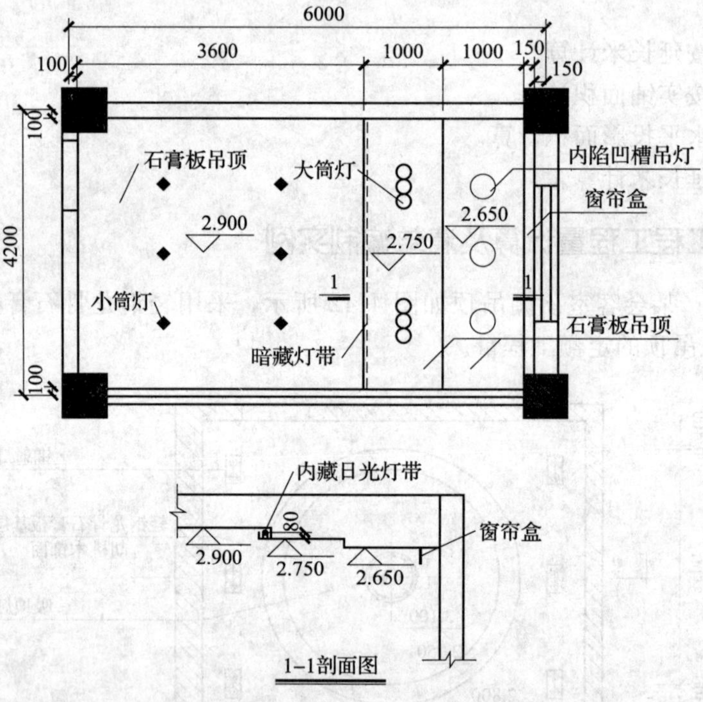

图 4-43 某 KTV 包房吊顶示意图

【解】

（1）顶棚面层：

（6－0.1－0.15）×（4.2－0.1×2）＝23（m²）

（2）窗帘盒：

0.15×4＝0.6（m²）

（3）展开面积：

［（2.75－2.65）＋（2.9－2.75）＋0.15＋0.08］×4

＝1.92（m²）

（4）顶棚面层实际工程量：

$$23-0.6+1.92=24.32\ (m^2)$$

【例 4-26】　某宾馆顶棚构造如图 4-44、图 4-45 所示，相同构造的标准客房共有 20 间，其中，标准客房的内墙厚为 240mm。试计算顶棚的定额工程量。

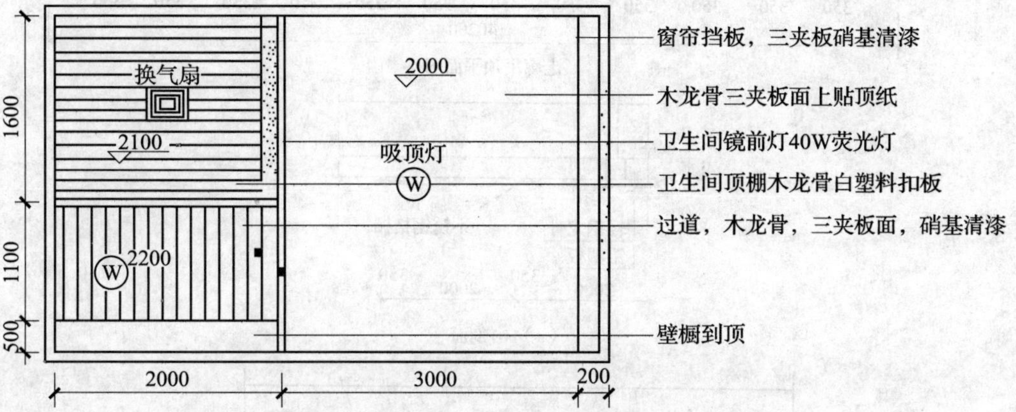

图 4-44　某宾馆标准客房吊顶

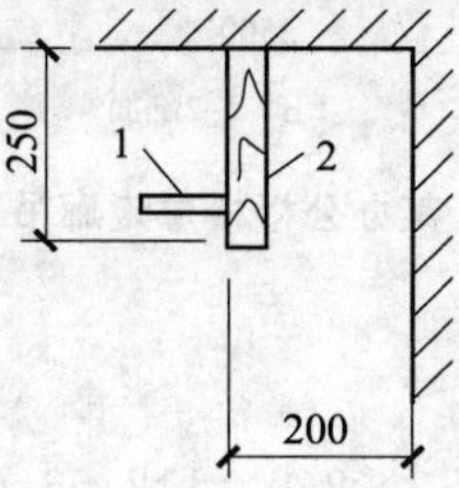

图 4-45　标准客房窗帘盒断面

1—顶棚；2—窗帘盒

【解】

（1）房间顶棚：

1）木龙骨：

$$(3-0.12)\times3.2\times20=184.32\ (m^2)$$

2）三夹板面及裱糊墙纸面：

$$(3-0.2-0.12)\times3.2\times20=171.52\ (m^2)$$

（2）过道顶棚：

$$(2-0.12)\times(1.1-0.12)\times20=36.85\ (m^2)$$

（3）卫生间顶棚：

$$(1.6-0.12)\times(2-0.12)\times20=55.65\ (m^2)$$

【例 4-27】　如图 4-46 所示，某办公楼楼层走廊吊顶平面布置图，试计算工程量。

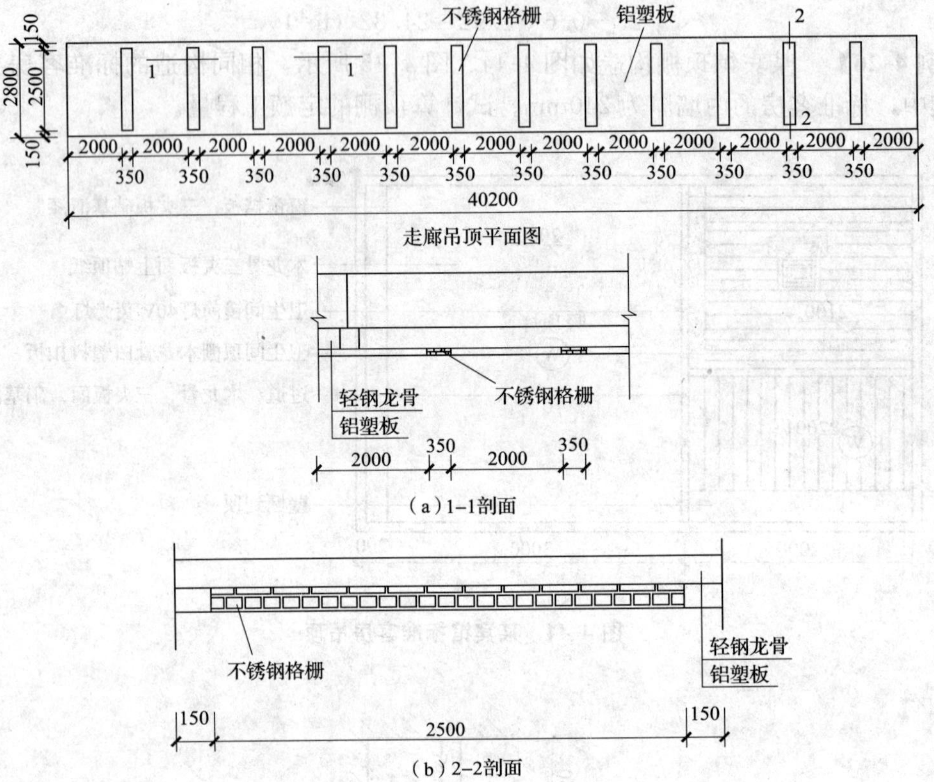

图 4-46　某办公楼楼层走廊吊顶平面布置

【解】

(1) 清单工程量：

$$40.2\times 2.8=112.56\ (m^2)$$

分部分项工程和单价措施项目清单与计价表见表 4-35。

表 4-35　分部分项工程和单价措施项目清单与计价表

工程名称：　　　　　　　　　　　　标段：　　　　　　　　　　　　第　页　共　页

项目编号	项目名称	项目特征描述	计量单位	工程数量	金额（元）	
					综合单价	合价
011302002001	格栅吊顶	1. 嵌入式不锈钢格栅吊顶 2. 轻钢龙骨	m^2	112.56		

(2) 定额工程量：

1) 轻钢龙骨：

$$40.2\times 2.8=112.56\ (m^2)$$

2）嵌入式不锈钢格栅：

$$0.35\times2.5\times12=10.5\ (m^2)$$

3）铝塑板：

$$40.2\times2.8-0.35\times2.5\times12=102.06\ (m^2)$$

【例 4-28】 某工程有一套三室一厅商品房，其客厅为不上人型轻钢龙骨石膏板吊顶，如图 4-47 所示，龙骨间距为 450mm×450mm。

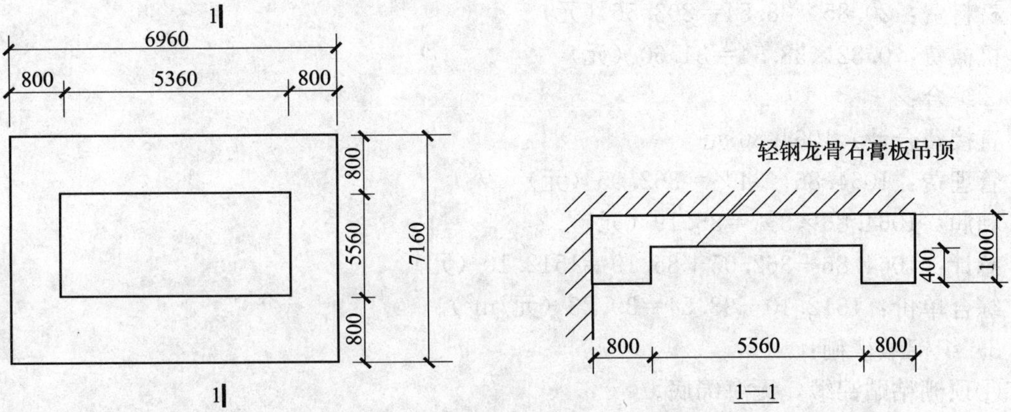

图 4-47 某工程不上人型轻钢龙骨石膏板吊顶平面及剖面图

【解】

(1) 清单工程量：

1）顶棚龙骨：

$$6.96\times7.16=49.83\ (m^2)$$

2）墙纸：

$$5.36\times5.56+(5.36+5.56)\times2\times0.4=38.54\ (m^2)$$

3）织锦缎：

$$6.96\times7.16-5.36\times5.56=20.03\ (m^2)$$

(2) 定额工程量：

1）顶棚吊顶：

①U 型轻钢龙骨不上人型，双层，面板规格为 0.5m^2。

人工费：6.42×49.83=319.91（元）

材料费：30.12×49.83=1500.88（元）

机械费：1.94×49.83=96.67（元）

②石膏板面层，安装在 U 型龙骨上面，工程量为 58.57m^2。

人工费：4.62×58.57=270.59（元）

材料费：21.52×58.57=1260.43（元）

机械费：0.80×58.57=46.86（元）

③综合：

直接费合计：3495.34 元

管理费：3395.34×34%＝1188.42（元）

利润：3395.34×8%＝279.63（元）

总计：3495.34＋1188.42＋279.63＝4963.39（元）

综合单价：4963.39÷49.83＝99.61（元/m²）。

2）墙纸裱糊：

①天棚粘贴墙纸，对花。

人工费：5.96×38.54＝229.70（元）

材料费：20.85×38.54＝803.56（元）

机械费：0.82×38.54＝31.60（元）

②综合：

直接费合计：1064.86元

管理费：1064.86×34%＝362.05（元）

利润：1064.86×8%＝85.19（元）

总计：1064.86＋362.05＋85.19＝1512.10（元）

综合单价：1512.10÷38.54＝39.23（元/m²）。

3）织锦缎裱糊：

①顶棚粘贴锦缎，无海绵底。

人工费：8.00×20.03＝162.44（元）

材料费：42.89×20.03＝859.07（元）

机械费：1.56×20.03＝31.25（元）

②综合：

直接费合计：1052.76元

管理费：1052.76×34%＝357.94（元）

利润：1052.76×8%＝84.22（元）

总计：1052.76＋357.94＋84.22＝1494.92（元）

综合单价：1494.92÷20.03＝74.63（元/m²）

（3）分部分项工程和单价措施项目清单与计价表见表4-36。

表4-36 分部分项工程和单价措施项目清单与计价表

工程名称：××工程　　　　标段：　　　　第 页 共 页

序号	项目编号	项目名称	项目特征描述	计算单位	数量	金额（元）		
						综合单价	合价	其中
								暂估价
1	011302001001	顶棚吊顶	1. 龙骨类制为不上人型材料为轻钢，U形，间距为450mm×450mm 2. 面层：石膏板	m²	49.83	99.61	4963.39	

续表 4-36

序号	项目编号	项目名称	项目特征描述	计算单位	数量	金额（元）		
						综合单价	合价	其中 暂估价
2	011408001001	墙纸裱糊	1. 基层：石膏板 2. 裱糊顶棚，对花	m^2	38.54	39.23	1512.10	
3	011408002001	织锦缎裱糊	1. 基层：石膏板 2. 裱糊顶棚，无海绵底	m^2	20.03	74.63	1494.92	
合　计							7970.41	

（4）综合单价分析表见表 4-37～表 4-39。

表 4-37　综合单价分析表

工程名称：××工程　　　　标段：　　　　第　页　共　页

项目编号	011302001001	项目名称	顶棚吊项	计量单位	m^2	工程量	49.83				
清单综合单价组成明细											
定额编号	定额名称	定额单位	数量	单价（元）				合价（元）			
				人工费	材料费	机械费	管理费和利润	人工费	材料费	机械费	管理费和利润
2-11	U型轻钢龙骨不上人型，双层，面板规格 $0.5m^2$ 以外	m^2	1	6.42	30.12	1.94	16.16	6.42	30.12	1.94	16.16
2-70	石膏板面层（安装在U型龙骨上面）	m^2	1.18	4.62	21.52	0.80	11.31	5.45	25.39	0.94	13.35
人工单价		小　计						11.87	55.51	2.88	29.51
35元/工日		未计价材料费						—			
清单项目综合单价								99.77			

表 4-38 综合单价分析表

工程名称：××工程　　　　标段：　　　　第　页　共　页

项目编号	011408001001			项目名称	墙纸裱糊		计量单位	m²		工程量	38.54
清单综合单价组成明细											
定额编号	工程内容	定额单位	数量	单价（元/m²）				合价（元/m²）			
				人工费	材料费	机械费	管理费和利润	人工费	材料费	机械费	管理费和利润
2-115	顶棚粘贴墙纸，对花	m²	1	5.96	20.85	0.82	11.60	5.96	20.85	0.82	11.60
人工单价		小　计						5.96	20.85	0.82	11.60
25元/工日		未计价材料费						—			
清单项目综合单价（元/m²）								39.23			

表 4-39 综合单价分析表

工程名称：××工程　　　　标段：　　　　第　页　共　页

项目编号	011408002001			项目名称	织锦缎裱糊		计量单位	m²		工程量	20.03
清单综合单价组成明细											
定额编号	工程内容	定额单位	数量	单价（元/m²）				合价（元/m²）			
				人工费	材料费	机械费	管理费和利润	人工费	材料费	机械费	管理费和利润
2-119	顶棚粘贴锦缎，无海绵底	m²	1	8.11	42.89	1.56	22.07	8.11	42.89	1.56	22.07
人工单价		小　计						8.11	42.89	1.56	22.07
25元/工日		未计价材料费						—			
清单项目综合单价（元/m²）								74.63			

【例 4-29】 某办公室吊顶如图 4-48 所示，试编制综合单价分析表及分部分项工程和单价措施项目清单与计价表。

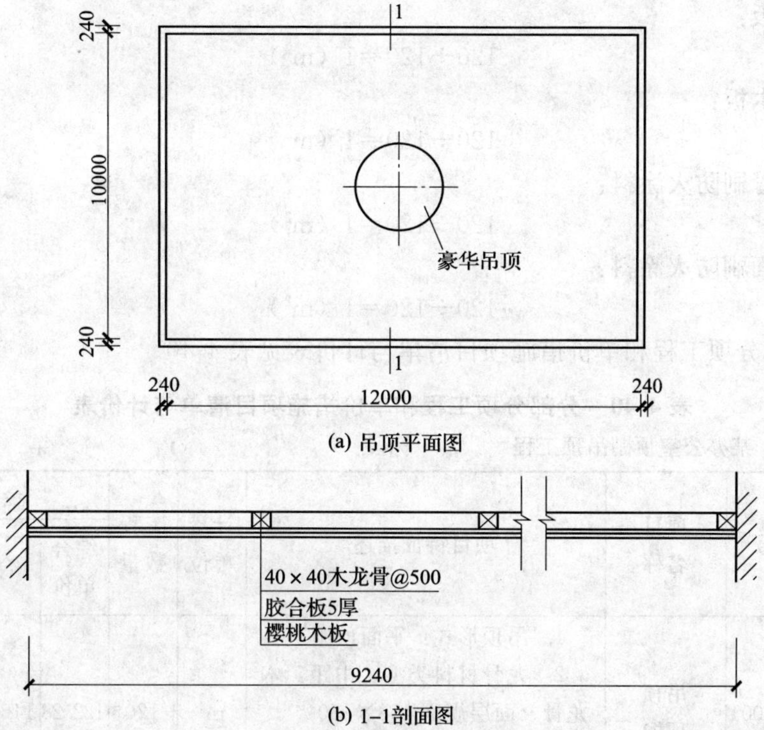

图 4-48 某办公室顶棚

【解】

(1) 清单工程量：

1) 顶棚吊顶：

$$10\times12=120\ (m^2)$$

2) 顶棚油漆：

$$10\times12=120\ (m^2)$$

(2) 定额工程量：

1) 木龙骨：

$$10\times12=120\ (m^2)$$

2) 胶合板：

$$10\times12=120\ (m^2)$$

3) 樱桃木板：

$$10\times12=120\ (m^2)$$

4) 木龙骨刷防火涂料：

$$10\times12=120\ (m^2)$$

5) 木板面刷防火涂料：

$$10\times12=120\ (m^2)$$

(3) 清单项目每计量单位应包含工程数量：

1) 木龙骨：

$$120\div120=1\ (m^2)$$

2）胶合板：

$$120 \div 120 = 1\ (m^2)$$

3）樱桃木板：

$$120 \div 120 = 1\ (m^2)$$

4）木龙骨刷防火涂料：

$$120 \div 120 = 1\ (m^2)$$

5）木板面刷防火涂料：

$$120 \div 120 = 1\ (m^2)$$

（4）分部分项工程和单价措施项目清单与计价表见表4-40。

表4-40 分部分项工程和单价措施项目清单与计价表

工程名称：某办公室顶棚吊顶工程　　　标段：　　　第　页　共　页

序号	项目编号	项目名称	项目特征描述	计量单位	工程数量	金额（元）		
						综合单价	合价	其中 暂估价
1	011302001001	吊顶顶棚	1. 吊顶形式：平面顶棚 2. 龙骨材料类型、中距：木龙骨、面层规格450×450 3. 基层、面层材料：五合板、樱桃木板	m^2	120	122.28	14673.6	
2	011404005001	顶棚面油漆	油漆、防护：刷清漆两遍、刷防火涂料两遍	m^2	120	49.79	5974.8	
合　计							20648.4	

（5）根据企业情况确定管理费率170%，利润率120%，计费基础为人工费。综合单价分析表见表4-41、表4-42。

表4-41 综合单价分析表

工程名称：某办公室顶棚吊顶工程　　　标段：　　　第　页　共　页

项目编码	011302001001		项目名称		吊顶顶棚		计量单位	m^2		工程量	120
综合单价组成明细											
定额编号	定额名称	定额单位	数量	单价（元）				合价（元）			
				人工费	材料费	机械费	管理费和利润	人工费	材料费	机械费	管理费和利润
3-018	制作、安装木楞、混凝土板下的木楞，刷防腐油	m^2	1	4.00	34.16	0.05	11.6	4.00	34.16	0.05	11.6

续表 4-41

定额编号	定额名称	定额单位	数量	单价（元）				合价（元）			
				人工费	材料费	机械费	管理费和利润	人工费	材料费	机械费	管理费和利润
3-075	安装五合板顶棚基层	m^2	1	1.78	19.50	—	5.16	1.78	19.50	—	5.16
3-107	安装樱桃板面层	m^2	1	3.00	34.33	—	8.7	3.00	34.33	—	8.7
人工单价		小计						8.78	87.99	0.05	25.46
22.47 元/工日		未计价材料费						—			
清单项目综合单价								122.28			

表 4-42 综合单价分析表

工程名称：某办公室顶棚吊顶工程　　标段：　　第　页　共　页

项目编码	011404005001	项目名称	顶棚面油漆	计量单位	m^2	工程量	120

综合单价组成明细											
定额编号	定额名称	定额单位	数量	单价（元）				合价（元）			
				人工费	材料费	机械费	管理费和利润	人工费	材料费	机械费	管理费和利润
5-060	面层清扫、磨砂纸、刮腻子、刷底油、油色、刷清漆两遍	m^2	1	3.65	2.38	—	10.59	3.65	2.38	—	10.59
5-159	木龙骨刷防火涂料两遍	m^2	1	3.88	5.59	—	11.25	3.88	5.59	—	11.25
5-164	木板面单面刷防火涂料两遍	m^2	1	2.24	3.71	—	6.50	2.24	3.71	—	6.50
人工单价		小计						9.77	11.68	—	28.34
22.47 元/工日		未计价材料费						—			
清单项目综合单价								49.79			

4.6 门窗工程

4.6.1 门窗工程清单工程量计算规则

1. 木门

工程量清单项目设置及工程量计算规则应按表4-43的规定执行。

表4-43 木门（编码：010801）

项目编码	项目名称	项目特征	计量单位	工程量计算规则	工作内容
010801001	木质门	1. 门代号及洞口尺寸 2. 镶嵌玻璃品种、厚度	1. 樘 2. m^2	1. 以樘计量，按设计图示数量计算 2. 以“m^2”计量，按设计图示洞口尺寸以面积计算	1. 门安装 2. 玻璃安装 3. 五金安装
010801002	木质门带套				
010801003	木质连窗门				
010801004	木质防火门				
010801005	木门框	1. 门代号及洞口尺寸 2. 框截面尺寸 3. 防护材料种类	1. 樘 2. m	1. 以樘计量，按设计图示数量计算 2. 以“m”计量，按设计图示框的中心线以延长米计算	1. 木门框制作、安装 2. 运输 3. 刷防护材料
010801006	门锁安装	1. 锁品种 2. 锁规格	个（套）	按设计图示数量计算	安装

注：1. 木质门应区分镶板木门、企口木板门、实木装饰门、胶合板门、夹板装饰门、木纱门、全玻门（带木质扇框）、木质半玻门（带木质扇框）等项目，分别编码列项。

2. 木门五金应包括：折页、插销、门碰珠、弓背拉手、搭机、木螺丝、弹簧折页（自动门）、管子拉手（自由门、地弹门）、地弹簧（地弹门）、角铁、门轧头（地弹门、自由门）等。

3. 木质门带套计量按洞口尺寸以面积计算，不包括门套的面积，但门套应计算在综合单价中。

4. 以樘计量，项目特征必须描述洞口尺寸；以平方米计量，项目特征可不描述洞口尺寸。

5. 单独制作安装木门框按木门框项目编码列项。

2. 金属门

工程量清单项目设置及工程量计算规则应按表4-44的规定执行。

表 4-44 金属门（编码：010802）

项目编码	项目名称	项目特征	计量单位	工程量计算规则	工作内容
010802001	金属（塑钢）门	1. 门代号及洞口尺寸 2. 门框或扇外围尺寸 3. 门框、扇材质 4. 玻璃品种、厚度	1. 樘 2. m^2	1. 以樘计量，按设计图示数量计算 2. 以“m^2”计量，按设计图示洞口尺寸以面积计算	1. 门安装 2. 五金安装 3. 玻璃安装
010802002	彩板门	1. 门代号及洞口尺寸 2. 门框或扇外围尺寸			
010802003	钢质防火门	1. 门代号及洞口尺寸 2. 门框或扇外围尺寸 3. 门框、扇材质			1. 门安装 2. 五金安装
010802004	防盗门				

注：1. 金属门应区分金属平开门、金属推拉门、金属地弹门、全玻门（带金属扇框）、金属半玻门（带扇框）等项目，分别编码列项。

2. 铝合金门五金包括：地弹簧、门锁、拉手、门插、门铰、螺丝等。

3. 金属门五金包括：L 型执手插锁（双舌）、执手锁（单舌）、门轨头、地锁、防盗门机、门眼（猫眼）、门碰珠、电子锁（磁卡锁）、闭门器、装饰拉手等。

4. 以樘计量，项目特征必须描述洞口尺寸，没有洞口尺寸必须描述门框或扇外围尺寸，以平方米计量，项目特征可不描述洞口尺寸及框、扇的外围尺寸。

5. 以平方米计量，无设计图示洞口尺寸，按门框、扇外围以面积计算。

3. 金属卷帘（闸）门

工程量清单项目设置及工程量计算规则应按表 4-45 的规定执行。

表 4-45 金属卷帘（闸）门（编码：010803）

项目编码	项目名称	项目特征	计量单位	工程量计算规则	工作内容
010803001	金属卷帘（闸）门	1. 门代号及洞口尺寸 2. 门材质 3. 启动装置品种、规格	1. 樘 2. m^2	1. 以樘计量，按设计图示数量计算 2. 以“m^2”计量，按设计图示洞口尺寸以面积计算	1. 门运输、安装 2. 启动装置、活动小门、五金安装
010803002	防火卷帘（闸）门				

注：以樘计量，项目特征必须描述洞口尺寸；以“m^2”计量，项目特征可不描述洞口尺寸。

4. 厂库房大门、特种门

工程量清单项目设置及工程量计算规则应按表 4-46 的规定执行。

表 4-46　厂库房大门、特种门（编码：010804）

项目编码	项目名称	项目特征	计量单位	工程量计算规则	工作内容
010804001	木板大门	1. 门代号及洞口尺寸 2. 门框或扇外围尺寸 3. 门框、扇材质 4. 五金种类、规格 5. 防护材料种类	1. 樘 2. m^2	1. 以樘计量，按设计图示数量计算 2. 以“m^2”计量，按设计图示洞口尺寸以面积计算	1. 门（骨架）制作、运输 2. 门、五金配件安装 3. 刷防护材料
010804002	钢木大门				
010804003	全钢板大门				
010804004	防护铁丝门				
010804005	金属格栅门	1. 门代号及洞口尺寸 2. 门框或扇外围尺寸 3. 门框、扇材质 4. 启动装置的品种、规格			1. 门安装 2. 启动装置、五金配件安装
010804006	钢质花饰大门	1. 门代号及洞口尺寸 2. 门框或扇外围尺寸 3. 门框、扇材质			1. 门安装 2. 五金配件安装
010804007	特种门				

注：1. 特种门应区分冷藏门、冷冻间门、保温门、变电室门、隔音门、防射线门、人防门、金库门等项目，分别编码列项。

2. 以樘计量，项目特征必须描述洞口尺寸，没有洞口尺寸必须描述门框或扇外围尺寸；以平方米计量，项目特征可不描述洞口尺寸及框、扇的外围尺寸。

3. 以平方米计量，无设计图示洞口尺寸，按门框、扇外围以面积计算。

5. 其他门

工程量清单项目设置及工程量计算规则应按表 4-47 的规定执行。

表 4-47　其他门（编码：010805）

项目编码	项目名称	项目特征	计量单位	工程量计算规则	工作内容
010805001	电子感应门	1. 门代号及洞口尺寸 2. 门框或扇外围尺寸 3. 门框、扇材质 4. 玻璃品种、厚度 5. 启动装置的品种、规格 6. 电子配件品种、规格	1. 樘 2. m^2	1. 以樘计量，按设计图示数量计算 2. 以“m^2”计量，按设计图示洞口尺寸以面积计算	1. 门安装 2. 启动装置、五金、电子配件安装
010805002	旋转门				

续表 4-47

<table>
<tr><th>项目编码</th><th>项目名称</th><th>项目特征</th><th>计量单位</th><th>工程量计算规则</th><th>工作内容</th></tr>
<tr><td>010805003</td><td>电子对讲门</td><td rowspan="2">1. 门代号及洞口尺寸
2. 门框或扇外围尺寸
3. 门材质
4. 玻璃品种、厚度
5. 启动装置的品种、规格
6. 电子配件品种、规格</td><td rowspan="5">1. 樘
2. m^2</td><td rowspan="5">1. 以樘计量，按设计图示数量计算
2. 以"m^2"计量，按设计图示洞口尺寸以面积计算</td><td rowspan="2">1. 门安装
2. 启动装置、五金、电子配件安装</td></tr>
<tr><td>010805004</td><td>电动伸缩门</td></tr>
<tr><td>010805005</td><td>全玻自由门</td><td>1. 门代号及洞口尺寸
2. 门框或扇外围尺寸
3. 框材质
4. 玻璃品种、厚度</td><td rowspan="3">1. 门安装
2. 五金安装</td></tr>
<tr><td>010805006</td><td>镜面不锈钢饰面门</td><td rowspan="2">1. 门代号及洞口尺寸
2. 门框或扇外围尺寸
3. 框、扇材质
4. 玻璃品种、厚度</td></tr>
<tr><td>010805007</td><td>复合材料门</td></tr>
</table>

注：1. 以樘计量，项目特征必须描述洞口尺寸，没有洞口尺寸必须描述门框或扇外围尺寸；以平方米计量，项目特征可不描述洞口尺寸及框、扇的外围尺寸。

2. 以平方米计量，无设计图示洞口尺寸，按门框、扇外围以面积计算。

6. 木窗

工程量清单项目设置及工程量计算规则应按表 4-48 的规定执行。

表 4-48 木窗（编码：010806）

<table>
<tr><th>项目编码</th><th>项目名称</th><th>项目特征</th><th>计量单位</th><th>工程量计算规则</th><th>工作内容</th></tr>
<tr><td>010806001</td><td>木质窗</td><td rowspan="2">1. 窗代号及洞口尺寸
2. 玻璃品种、厚度</td><td rowspan="3">1. 樘
2. m^2</td><td>1. 以樘计量，按设计图示数量计算
2. 以"m^2"计量，按设计图示洞口尺寸以面积计算</td><td rowspan="2">1. 窗安装
2. 五金、玻璃安装</td></tr>
<tr><td>010806002</td><td>木飘（凸）窗</td><td rowspan="2">1. 以樘计量，按设计图示数量计算
2. 以"m^2"计量，按设计图示尺寸以框外围展开面积计算</td></tr>
<tr><td>010806003</td><td>木橱窗</td><td>1. 窗代号
2. 框截面及外围展开面积
3. 玻璃品种、厚度
4. 防护材料种类</td><td>1. 窗制作、运输、安装
2. 五金、玻璃安装
3. 刷防护材料</td></tr>
</table>

续表 4-48

项目编码	项目名称	项目特征	计量单位	工程量计算规则	工作内容
010806004	木纱窗	1. 窗代号及框的外围尺寸 2. 窗纱材料品种、规格	1. 樘 2. m^2	1. 以樘计量，按设计图示数量计算 2. 以“m^2”计量，按框的外围尺寸以面积计算	1. 窗安装 2. 五金安装

注：1. 木质窗应区分木百叶窗、木组合窗、木天窗、木固定窗、木装饰空花窗等项目，分别编码列项。

2. 以樘计量，项目特征必须描述洞口尺寸，没有洞口尺寸必须描述窗框外围尺寸；以平方米计量，项目特征可不描述洞口尺寸及框的外围尺寸。

3. 以平方米计量，无设计图示洞口尺寸，按窗框外围以面积计算。

4. 木橱窗、木飘（凸）窗以樘计量，项目特征必须描述框截面及外围展开面积。

5. 木窗五金包括：折页、插销、风钩、木螺丝、滑楞滑轨（推拉窗）等。

7. 金属窗

工程量清单项目设置及工程量计算规则应按表 4-49 的规定执行。

表 4-49　金属窗（编码：010807）

项目编码	项目名称	项目特征	计量单位	工程量计算规则	工作内容
010807001	金属（塑钢、断桥）窗	1. 窗代号及洞口尺寸 2. 框、扇材质 3. 玻璃品种、厚度	1. 樘 2. m^2	1. 以樘计量，按设计图示数量计算 2. 以“m^2”计量，按设计图示洞口尺寸以面积计算	1. 窗安装 2. 五金、玻璃安装
010807002	金属防火窗				
010807003	金属百叶窗	1. 窗代号及洞口尺寸 2. 框、扇材质 3. 玻璃品种、厚度		1. 以樘计量，按设计图示数量计算 2. 以“m^2”计量，按设计图示洞口尺寸以面积计算	1. 窗安装 2. 五金安装
010807004	金属纱窗	1. 窗代号及框的外围尺寸 2. 框材质 3. 窗纱材料品种、规格		1. 以樘计量，按设计图示数量计算 2. 以“m^2”计量，按框的外围尺寸以面积计算	

续表 4-49

项目编码	项目名称	项目特征	计量单位	工程量计算规则	工作内容
010807005	金属格栅窗	1. 窗代号及洞口尺寸 2. 框外围尺寸 3. 框、扇材质	1. 樘 2. m^2	1. 以樘计量，按设计图示数量计算 2. 以"m^2"计量，按设计图示洞口尺寸以面积计算	1. 窗安装 2. 五金安装
010807006	金属（塑钢、断桥）橱窗	1. 窗代号 2. 框外围展开面积 3. 框、扇材质 4. 玻璃品种、厚度 5. 防护材料种类		1. 以樘计量，按设计图示数量计算 2. 以"m^2"计量，按设计图示尺寸以框外围展开面积计算	1. 窗制作、运输、安装 2. 五金、玻璃安装 3. 刷防护材料
010807007	金属（塑钢、断桥）飘（凸）窗	1. 窗代号 2. 框外围展开面积 3. 框、扇材质 4. 玻璃品种、厚度			1. 窗安装 2. 五金、玻璃安装
010807008	彩板窗	1. 窗代号及洞口尺寸 2. 框外围尺寸 3. 框、扇材质 4. 玻璃品种、厚度		1. 以樘计量，按设计图示数量计算 2. 以"m^2"计量，按设计图示洞口尺寸或框外围以面积计算	
010807009	复合材料窗				

注：1. 金属窗应区分金属组合窗、防盗窗等项目，分别编码列项。

2. 以樘计量，项目特征必须描述洞口尺寸，没有洞口尺寸必须描述窗框外围尺寸；以平方米计量，项目特征可不描述洞口尺寸及框的外围尺寸。

3. 以平方米计量，无设计图示洞口尺寸，按窗框外围以面积计算。

4. 金属橱窗、飘（凸）窗以樘计量，项目特征必须描述框外围展开面积。

5. 金属窗五金包括：折页、螺丝、执手、卡锁、风撑、滑轮、滑轨、拉把、拉手、角码、牛角制等。

8. 门窗套

工程量清单项目设置及工程量计算规则应按表 4-50 的规定执行。

表 4-50 门窗套（编码：010808）

项目编码	项目名称	项目特征	计量单位	工程量计算规则	工作内容
010808001	木门窗套	1. 窗代号及洞口尺寸 2. 门窗套展开宽度 3. 基层材料种类 4. 面层材料品种、规格 5. 线条品种、规格 6. 防护材料种类	1. 樘 2. m^2 3. m	1. 以樘计量，按设计图示数量计算 2. 以“m^2”计量，按设计图示尺寸以展开面积计算 3. 以“m”计量，按设计图示中心以延长米计算	1. 清理基层 2. 立筋制作、安装 3. 基层板安装 4. 面层铺贴 5. 线条安装 6. 刷防护材料
010808002	木筒子板	1. 筒子板宽度 2. 基层材料种类 3. 面层材料品种、规格 4. 线条品种、规格 5. 防护材料种类			
010808003	饰面夹板筒子板				
010808004	金属门窗套	1. 窗代号及洞口尺寸 2. 门窗套展开宽度 3. 基层材料种类 4. 面层材料品种、规格 5. 防护材料种类			1. 清理基层 2. 立筋制作、安装 3. 基层板安装 4. 面层铺贴 5. 刷防护材料
010808005	石材门窗套	1. 窗代号及洞口尺寸 2. 门窗套展开宽度 3. 粘结层厚度、砂浆配合比 4. 面层材料品种、规格 5. 线条品种、规格			1. 清理基层 2. 立筋制作、安装 3. 基层抹灰 4. 面层铺贴 5. 线条安装
010808006	门窗木贴脸	1. 门窗代号及洞口尺寸 2. 贴脸板宽度 3. 防护材料种类	1. 樘 2. m	1. 以樘计量，按设计图示数量计算 2. 以“m”计量，按设计图示尺寸以延长米计算	安装

续表 4-50

项目编码	项目名称	项目特征	计量单位	工程量计算规则	工作内容
010808007	成品木门窗套	1. 门窗代号及洞口尺寸 2. 门窗套展开宽度 3. 门窗套材料品种、规格	1. 樘 2. m^2 3. m	1. 以樘计量，按设计图示数量计算 2. 以“m^2”计量，按设计图示尺寸以展开面积计算 3. 以“m”计量，按设计图示中心以延长米计算	1. 清理基层 2. 立筋制作、安装 3. 板安装

注：1. 以樘计量，项目特征必须描述洞口尺寸、门窗套展开宽度。
2. 以平方米计量，项目特征可不描述洞口尺寸、门窗套展开宽度。
3. 以米计量，项目特征必须描述门窗套展开宽度、筒子板及贴脸宽度。
4. 木门窗套适用于单独门窗套的制作、安装。

9. 窗台板

工程量清单项目设置及工程量计算规则应按表 4-51 的规定执行。

表 4-51 窗台板（编码：010809）

项目编码	项目名称	项目特征	计量单位	工程量计算规则	工作内容
010809001	木窗台板	1. 基层材料种类 2. 窗台面板材质、规格、颜色 3. 防护材料种类	m^2	按设计图示尺寸以展开面积计算	1. 基层清理 2. 基层制作、安装 3. 窗台板制作、安装 4. 刷防护材料
010809002	铝塑窗台板				
010809003	金属窗台板				
010809004	石材窗台板	1. 粘结层厚度、砂浆配合比 2. 窗台板材质、规格、颜色			1. 基层清理 2. 抹找平层 3. 窗台板制作、安装

10. 窗帘、窗帘盒、轨

工程量清单项目设置及工程量计算规则应按表 4-52 的规定执行。

表 4-52 窗帘、窗帘盒、轨（编码：010810）

项目编码	项目名称	项目特征	计量单位	工程量计算规则	工作内容
010810001	窗帘	1. 窗帘材质 2. 窗帘高度、宽度 3. 窗帘层数 4. 带幔要求	1. m 2. m^2	1. 以“m”计量，按设计图示尺寸以成活后长度计算 2. 以“m^2”计量，按图示尺寸以成活后展开面积计算	1. 制作、运输 2. 安装
010810002	木窗帘盒	1. 窗帘盒材质、规格 2. 防护材料种类	m	按设计图示尺寸以长度计算	1. 制作、运输、安装 2. 刷防护材料
010810003	饰面夹板、塑料窗帘盒				
010810004	铝合金窗帘盒				
010810005	窗帘轨	1. 窗帘轨材质、规格 2. 轨的数量 3. 防护材料种类		按设计图示尺寸以长度计算	

注：1. 窗帘若是双层，项目特征必须描述每层材质。
2. 窗帘以米计量，项目特征必须描述窗帘高度和宽。

4.6.2 门窗工程定额工程量计算规则

1. 门窗工程定额说明

1）铝合金门窗制作、安装项目不分现场或施工企业附属加工厂制作，均执行该定额。

2）铝合金地弹门制作型材（框料）按 101.6mm×44.5mm、厚 1.5mm 方管制定，单扇平开门、双扇平开窗按 38 系列制定，推拉窗按 90 系列（厚 1.5mm）制定。如实际采用的型材断面及厚度与定额取定规格不符者，可按图示尺寸乘以线密度加 6%的施工损耗计算型材重量。

3）装饰板门扇制作安装按木骨架、基层、饰面板面层分别计算。

4）成品门窗安装项目中，门窗附件按包含在成品门窗单价内考虑；铝合金门窗制作、安装项目中未含五金配件。

2. 门窗工程定额工程量计算规则

1）铝合金门窗、彩板组角门窗、塑钢门窗安装均按洞口面积以平方米计算。纱扇制作安装按扇外围面积计算。

2）卷闸门安装按其安装高度乘以门的实际宽度以平方米计算。安装高度算至滚筒顶点为准。带卷筒罩的按展开面积增加。电动装置安装以套计算，小门安装以个计算，小门面积不扣除。

3）防盗门、防盗窗、不锈钢格栅门按框外围面积以平方米计算。

4）成品防火门以框外围面积计算，防火卷帘门从地（楼）面算至端板顶点乘以设计宽度。

5）实木门框制作安装以延长米计算。实木门扇制作安装及装饰门扇制作按扇外围面积计算。装饰门扇及成品门扇安装按扇计算。

6）木门扇皮制隔声面层和装饰板隔声面层，按单面面积计算。

7）不锈钢板包门框、门窗套、花岗岩门套、门窗筒子板按展开面积计算。门窗贴脸、窗帘盒、窗帘轨按延长米计算。

8）窗台板按实铺面积计算。

9）电子感应门及转门按定额尺寸以樘计算。

4.6.3 门窗工程工程量计算及清单编制实例

【例 4-30】 某酒店包房门为实木门扇及门框，如图 4-49 所示。请根据计算规则，试计算防火门门框与门扇的定额工程量。

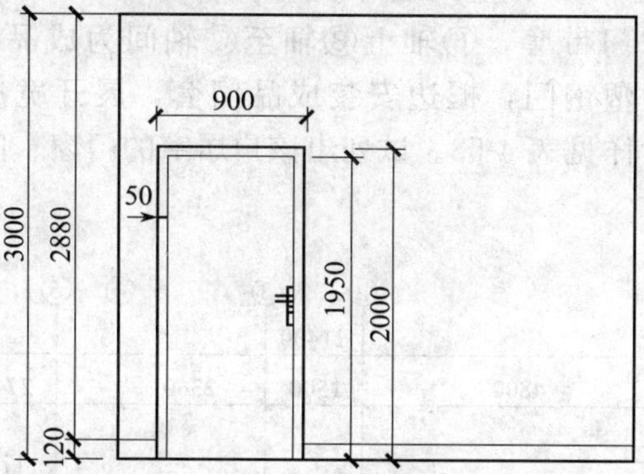

图 4-49 某酒店包房门立面图（mm）

【解】

（1）实木门框制作安装：

$$2\times2+(0.9-0.05\times2)=4.8\text{（m）}$$

（2）门扇制作安装：

$$1.95\times(0.9-0.05\times2)=1.56\text{（m）}$$

【例 4-31】 某办公楼房间门贴脸及门套图如图 4-50 所示，试计算其定额工程量。

【解】

门窗套工程量：

$$[(2+0.08)\times2+0.9]\times2\times0.08+0.32\times(2\times2+0.9)$$
$$=1.26\text{（m}^2\text{）}$$

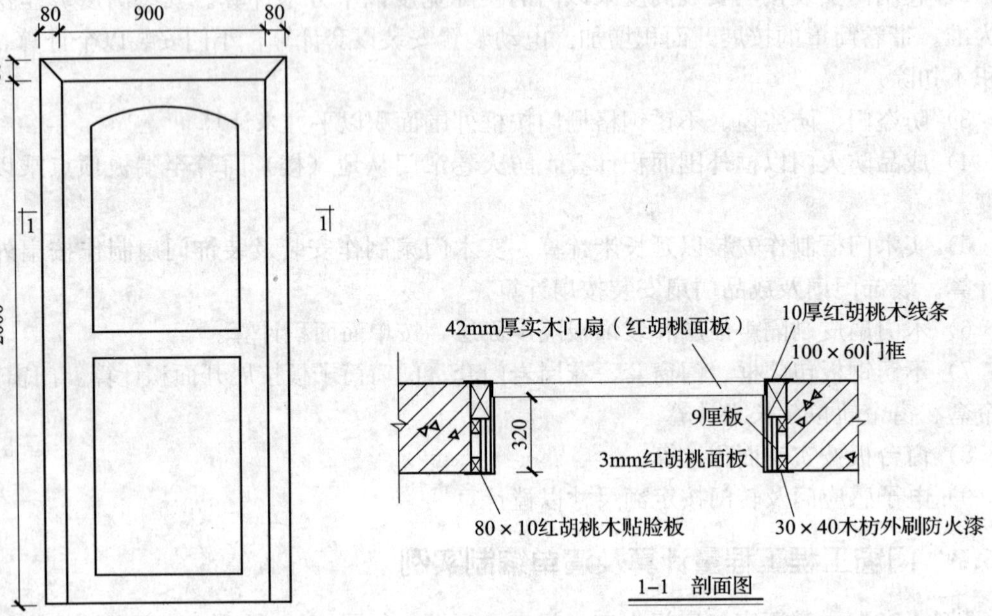

图 4-50 实木门大样图

【例 4-32】 某工程某户居室门窗布置如图 4-51 所示，分户门为成品钢质防盗门，室内门为成品实木门带套，⑥轴上Ⓑ轴至Ⓒ轴间为成品塑钢门带窗（无门套）；①轴上Ⓒ轴至Ⓔ轴间为塑钢门，框边安装成品门套，展开宽度为 350mm；所有窗为成品塑钢窗，具体尺寸详见表 4-53。试列出该户居室的门窗、门窗套的分部分项工程量清单。

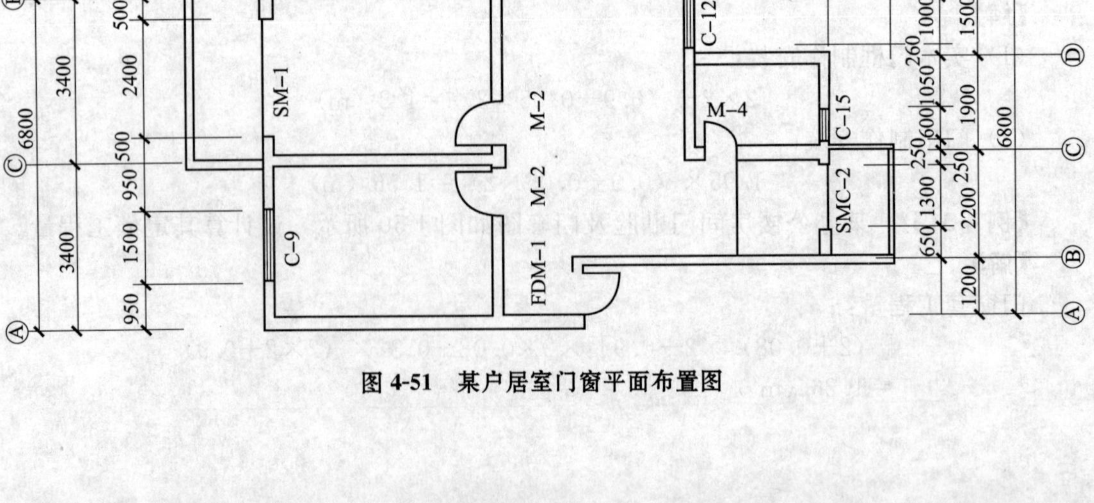

图 4-51 某户居室门窗平面布置图

表 4-53 某户居室门窗表

名称	代号	洞口尺寸（mm）	备　注
成品钢质防盗门	FDM-1	800×2100	含锁、五金
成品实木门带套	M-2	800×2100	含锁、普通五金
	M-4	700×2100	
成品平开塑钢窗	C-9	1500×1500	夹胶玻璃（6＋2.5＋6），型材为钢塑 90 系列，普通五金
	C-12	1000×1500	
	C-15	600×1500	
成品塑钢门带窗	SMC-2	门（700×2100） 窗（600×1500）	
成品塑钢门	SM-1	2400×2100	

【解】

（1）防盗门：

$$S=0.8\times2.1$$
$$=1.68\ (\text{m}^2)$$

（2）成品实木门带套：

$$S=0.8\times2.1\times2+0.7\times2.1\times1$$
$$=4.83\ (\text{m}^2)$$

（3）成品平开塑钢窗：

$$S=1.5\times1.5+1\times1.5+0.6\times1.5\times2$$
$$=5.55\ (\text{m}^2)$$

（4）成品塑钢门：

$$S=0.7\times2.1+2.4\times2.1$$
$$=6.51\ (\text{m}^2)$$

（5）成品门套：

$$n=1\ \text{樘}$$

分部分项工程和单价措施项目清单与计价表见表 4-54。

表 4-54 分部分项工程和单价措施项目清单与计价表

工程名称：某工程

序号	项目编码	项目名称	项目特征描述	计量单位	工程量	金额（元）	
						综合单价	合价
1	010702004001	防盗门	1. 门代号及洞口尺寸：FDM-1（800mm×2100mm） 2. 门框、扇材质：钢质	m^2	1.68		

续表 4-54

序号	项目编码	项目名称	项目特征描述	计量单位	工程量	金额（元）	
						综合单价	合价
2	010801002001	成品实木门带套	门代号及洞口尺寸：M-2（800mm×2100mm）、M-4（700mm×2100mm）	m^2	4.83		
3	010807001001	成品平开塑钢窗	1. 窗代号及洞口尺寸：C-9（1500mm×1500mm）C-12（1000mm×1500mm）C-15（600mm×1500mm） 2. 框扇材质：塑钢 90 系列 3. 玻璃品种、厚度：夹胶玻璃（6＋2.5＋6）	m^2	5.55		
4	010802001001	成品塑钢门	1. 门代号及洞口尺寸：SM-1、SMC-2：洞口尺寸详见表 4-53 2. 门框、扇材质：塑钢 90 系列 3. 玻璃品种、厚度：夹胶玻璃（6＋2.5＋6）	m^2	6.51		
5	010808007001	成品门套	1. 门代号及洞口尺寸：SM-1（2400mm×2100mm） 2. 门套展开宽度：350mm 3. 门套材料品种：成品实木门套	樘	1		

注：洞口尺寸太多，可描述“详见表 4-53”。

【例 4-33】 某工程包门框采用木龙骨基层细木工板面层不锈钢包面（双面），共 3 个门框，基层刷防火涂料，门框侧面宽 0.10m，尺寸如图 4-52 所示，试计算工程量。

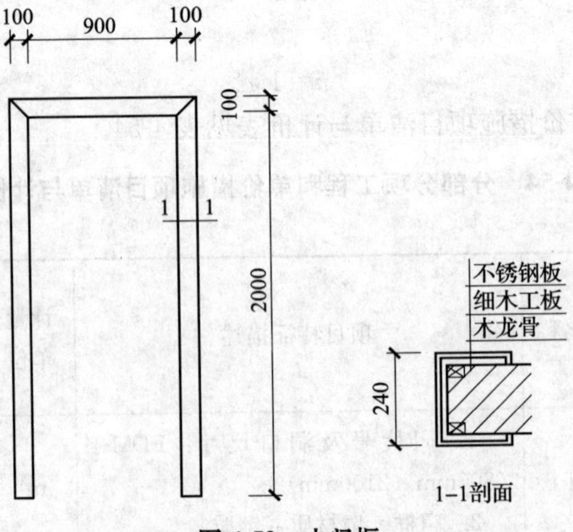

图 4-52 木门框

【解】

（1）清单工程量：

门窗套工程量：

[0.1×2×2+0.9×0.1] ×2+0.24× (2×2+0.9)

=2.16 (m^2)

（2）定额工程量：

[0.1×2×2+0.9×0.1] ×2+0.24× (2×2+0.9)

=2.16 (m^2)

【例 4-34】 冷藏库门尺寸如图 4-53 所示，保温层厚为 120mm，试编制工程量清单计价表及综合单价计算表（管理费按直接费的 35%，利润按直接费的 5%计）。

【解】

（1）清单工程量：

冷藏库门：1 樘

（2）定额工程量：

1）门扇制作安装：

2.1×1.0=2.1 (m^2)

2）门配件：1 樘

分部分项工程和单价措施项目清单与计价表见表 4-55，综合单价分析表见表 4-56。

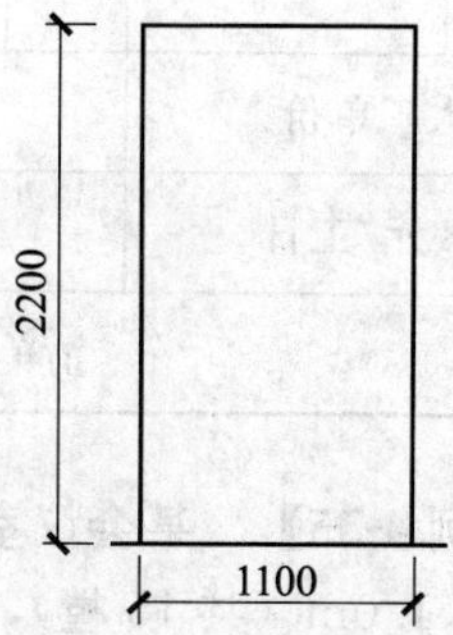

图 4-53　冷藏库门

表 4-55　分部分项工程和单价措施项目清单与计价表

工程名称：某工程　　　　标段：　　　　第　页　共　页

序号	项目编号	项目名称	项目特征描述	计算单位	工程数量	金额（元）		
						综合单价	合价	其中 暂估价
1	010804007001	特种门	1. 冷藏库门，推拉式 2. 有框、一扇门 3. 尺寸：2200mm×1100mm	樘	1	1001.43	1001.43	
合　计							1001.43	

表 4-56 综合单价分析表

工程名称：某工程　　　　　　　　　标段：　　　　　　　　　　　第　页　共　页

项目编号	010501002001	项目名称		钢木大门		计量单位		m^2	工程量	1	
综合单价组成明细											
定额编号	定额名称	定额单位	数量	单价（元）				合价（元）			
				人工费	材料费	机械费	管理费和利润	人工费	材料费	机械费	管理费和利润
—	冷藏库门	樘	1	98.87	616.44	—	286.12	98.87	616.44	—	286.12
人工单价		小　计						98.87	616.44	—	286.12
28 元/工日		未计价材料费						—			
清单项目综合单价								1001.43			

【例 4-35】 某会议室安装铝合金门窗，门为单扇地弹簧门（带上亮洞口），尺寸为：2.4m×1.0m（共 15 樘），窗为带上亮双扇推拉窗，洞口尺寸为：2.5m×1.8m（8 樘），如图 4-54 所示，编制其分部分项工程量清单、综合单价及合价表。

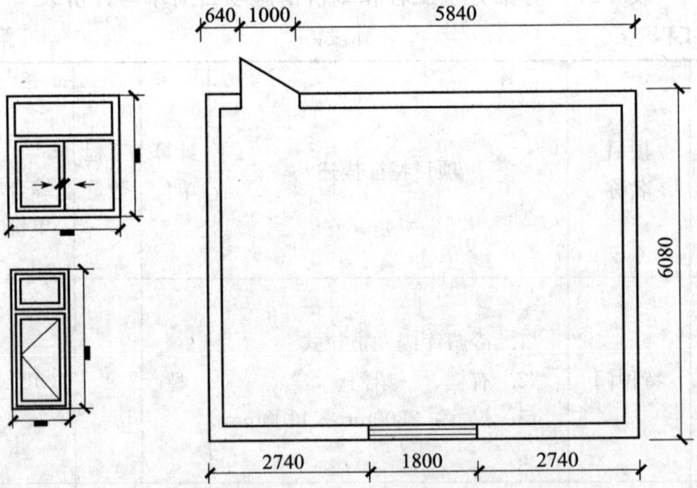

图 4-54 某会议室铝合金门窗

【解】

（1）清单工程量：

1）地弹门：15 樘

2）铝合金窗：8 樘

(2) 定额工程量：

1) 地弹门（每扇）：

$$2.4\times1.0=2.40\ (m^2)$$

套用《全统装饰装修消耗量定额》：4－002。

铝合金单扇地弹簧门安装：

人工费：61.26 元

材料费：465.34 元

机械费：2.79 元

2) 铝合金窗（每樘）：

$$2.5\times1.8=4.5\ (m^2)$$

铝合金双扇推拉窗安装：

人工费：110.41 元

材料费：1137.46 元

机械费：5.37 元

小计：1253.24 元

(3) 分部分项工程和单价措施项目清单与计价表见表 4-57。

表 4-57 分部分项工程和单价措施项目清单与计价表

工程名称：某会议室铝合金门窗工程　　　　标段：　　　　第　页　共　页

序号	项目编号	项目名称	项目特征描述	计量单位	工程数量	金额（元）		
						综合单价	合价	其中 暂估价
1	010802001001	金属（塑钢）门	1. 门类型：单扇地弹簧门，带上亮 2. 材料种类及扇外围尺寸：铝合金、扇外围尺寸：2.4m×1.0m	樘	15	700.92	10513.8	
2	020406006001	金属（塑钢、断桥）窗	1. 窗类型：双扇推拉窗，带上亮 2. 材料种类及扇外围尺寸：铝合金、扇外围尺寸：2.5m×1.8m	樘	8	1562.39	12499.12	
合　计							23012.92	

(4) 根据企业情况确定管理费率 170%，利润率 110%，计费基础为人工费。综合单价分析表见表 4-58、表 4-59。

表 4-58 综合单价分析表

工程名称：某会议室铝合金门窗工程　　标段：　　第　页　共　页

项目编码	010802001001	项目名称	金属（塑钢）门	计量单位	樘	工程量	15			
清单综合单价组成明细										
定额编号	定额名称	定额单位	数量	单价				合价		
				人工费	材料费	机械费	管理费和利润	人工费	材料费	机械费	管理费和利润
4-002	金属地弹门	m²	1	61.26	465.34	2.79	171.53	61.26	465.34	2.79	171.53
人工单价		小计						61.26	465.34	2.79	171.53
25 元/工日		未计价材料费									
清单项目综合单价								700.92			

表 4-59 综合单价分析表

工程名称：某会议室铝合金门窗工程　　标段：　　第　页　共　页

项目编码	020406006001	项目名称	金属（塑钢、断桥）窗	计量单位	樘	工程量	8				
清单综合单价组成明细											
定额编号	定额名称	定额单位	数量	单价				合价			
				人工费	材料费	机械费	管理费和利润	人工费	材料费	机械费	管理费和利润
4-020	制作：型材矫正、放样、切割组装 安装：现场搬运、安装、校正框扇、安玻璃等	樘	1	110.41	1137.46	5.37	309.15	110.41	1137.46	5.37	309.15
人工单价		小计						110.41	1137.46	5.37	309.15
25 元/工日		未计价材料费									
清单项目综合单价								1562.39			

【例 4-36】 某工程有 20 个窗户，其窗帘盒为木制，如图 4-55 所示。试计算其工程量。

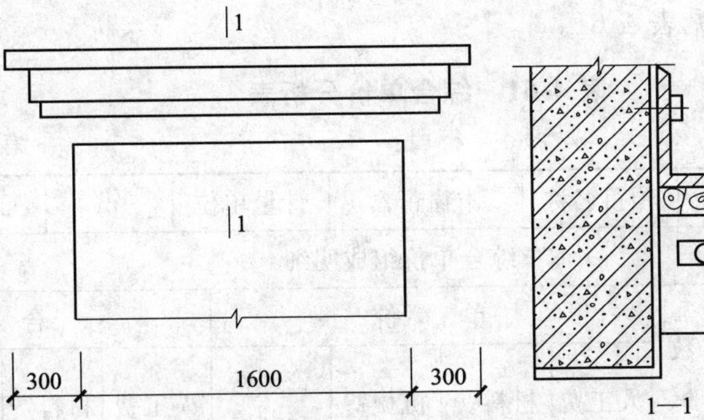

如图 4-55 某工程木质窗帘盒立面图及剖面图

【解】

(1) 清单工程量：

$$(1.6+0.3\times2)\times20=44\ (m)$$

(2) 定额工程量：

1) 明装硬木单轨窗帘盒：

人工费：11.89×44＝523.16（元）

材料费：31.52×44＝1386.88（元）

机械费：3.61×44＝158.84（元）

2) 综合：

直接费合计：2068.88 元

管理费：2068.88×34％＝703.42（元）

利润：2068.88×8％＝165.51（元）

总计：2068.88＋703.42＋165.51＝2937.81（元）

综合单价：2937.81÷44＝66.77（元/m）

(3) 分部分项工程和单价措施项目清单与计价表见表 4-60。

表 4-60 分部分项工程和单价措施项目清单与计价表

工程名称：某窗帘盒工程　　标段：　　第 页 共 页

序号	项目编号	项目名称	项目特征描述	计量单位	工程数量	金额（元） 综合单价	合价	其中 暂估价
1	010810002001	木窗帘盒	1. 木制窗帘盒 2. 硬木单轨 3. 防火涂料三遍 4. PT02 白色乳胶漆三遍	m	44	66.77	2937.88	
合计							2937.88	

（4）综合单价分析表见表 4-61。

表 4-61 综合单价分析表

工程名称：某窗帘盒工程　　　　标段：　　　　第　页　共　页

项目编码	010810002001		项目名称		木窗帘盒		计量单位	m		工程量	44
清单综合单价组成明细											
定额编号	定额名称	定额单位	数量	单价				合价			
				人工费	材料费	机械费	管理费和利润	人工费	材料费	机械费	管理费和利润
6-133	明装硬木单轨窗帘盒	m	1	11.89	31.52	3.61	19.75	11.89	31.52	3.61	19.75
人工单价		小　计						11.89	31.52	3.61	19.75
40 元/工日		未计价材料费									
清单项目综合单价								66.77			

4.7 油漆、涂料、裱糊工程

4.7.1 油漆、涂料、裱糊工程清单工程量计算规则

1. 门油漆

工程量清单项目设置及工程量计算规则应按表 4-62 的规定执行。

表 4-62 门油漆（编码：011401）

项目编码	项目名称	项目特征	计量单位	工程量计算规则	工作内容
011401001	木门油漆	1. 门类型 2. 门代号及洞口尺寸 3. 腻子种类 4. 刮腻子遍数 5. 防护材料种类 6. 油漆品种、刷漆遍数	1. 樘 2. m^2	1. 以樘计量，按设计图示数量计量 2. 以“m^2”计量，按设计图示洞口尺寸以面积计算	1. 基层清理 2. 刮腻子 3. 刷防护材料、油漆
011401002	金属门油漆				1. 除锈、基层清理 2. 刮腻子 3. 刷防护材料、油漆

注：1. 木门油漆应区分木大门、单层木门、双层（一玻一纱）木门、双层（单裁口）木门、全玻自由门、半玻自由门、装饰门及有框门或无框门等项目，分别编码列项。
2. 金属门油漆应区分平开门、推拉门、钢制防火门等项目，分别编码列项。
3. 以平方米计量，项目特征可不必描述洞口尺寸。

2. 窗油漆

工程量清单项目设置及工程量计算规则应按表4-63的规定执行。

表4-63 窗油漆（编码：011402）

项目编码	项目名称	项目特征	计量单位	工程量计算规则	工作内容
011402001	木窗油漆	1. 窗类型 2. 窗代号及洞口尺寸 3. 腻子种类 4. 刮腻子遍数 5. 防护材料种类 6. 油漆品种、刷漆遍数	1. 樘 2. m^2	1. 以樘计量，按设计图示数量计量 2. 以“m^2”计量，按设计图示洞口尺寸以面积计算	1. 基层清理 2. 刮腻子 3. 刷防护材料、油漆
011402002	金属窗油漆				1. 除锈、基层清理 2. 刮腻子 3. 刷防护材料、油漆

注：1. 木窗油漆应区分单层木门、双层（一玻一纱）木窗、双层框扇（单裁口）木窗、双层框三层（二玻一纱）木窗、单层组合窗、双层组合窗、木百叶窗、木推拉窗等项目，分别编码列项。
2. 金属窗油漆应区分平开窗、推拉窗、固定窗、组合窗、金属隔栅窗等项目，分别编码列项。
3. 以平方米计量，项目特征可不必描述洞口尺寸。

3. 扶手及其他板条、线条油漆

工程量清单项目设置及工程量计算规则应按表4-64的规定执行。

表4-64 木扶手及其他板条、线条油漆（编码：011403）

项目编码	项目名称	项目特征	计量单位	工程量计算规则	工作内容
011403001	木扶手油漆	1. 断面尺寸 2. 腻子种类 3. 刮腻子遍数 4. 防护材料种类 5. 油漆品种、刷漆遍数	m	按设计图示尺寸以长度计算	1. 基层清理 2. 刮腻子 3. 刷防护材料、油漆
011403002	窗帘盒油漆				
011403003	封檐板、顺水板油漆				
011403004	挂衣板、黑板框油漆				
011403005	挂镜线、窗帘棍、单独木线油漆				

注：木扶手应区分带托板与不带托板，分别编码列项，若是木栏杆带扶手，木扶手不应单独列项，应包含在木栏杆油漆中。

4. 木材面油漆

工程量清单项目设置及工程量计算规则应按表 4-65 的规定执行。

表 4-65 木材面油漆（编码：011404）

项目编码	项目名称	项目特征	计量单位	工程量计算规则	工作内容
011404001	木护墙、木墙裙油漆	1. 腻子种类 2. 刮腻子遍数 3. 防护材料种类 4. 油漆品种、刷漆遍数	m²	按设计图示尺寸以面积计算	1. 基层清理 2. 刮腻子 3. 刷防护材料、油漆
011404002	窗台板、筒子板、盖板、门窗套、踢脚线油漆				
011404003	清水板条顶棚、檐口油漆			按设计图示尺寸以面积计算	
011404004	木方格吊顶顶棚油漆				
011404005	吸音板墙面、顶棚面油漆				
011404006	暖气罩油漆				
011404007	其他木材面				
011404008	木间壁、木隔断油漆	1. 腻子种类 2. 刮腻子遍数 3. 防护材料种类 4. 油漆品种、刷漆遍数	m²	按设计图示尺寸以单面外围面积计算	1. 基层清理 2. 刮腻子 3. 刷防护材料、油漆
011404009	玻璃间壁露明墙筋油漆				
011404010	木栅栏、木栏杆（带扶手）油漆				

续表 4-65

项目编码	项目名称	项目特征	计量单位	工程量计算规则	工作内容
011404011	衣柜、壁柜油漆	1. 腻子种类 2. 刮腻子遍数 3. 防护材料种类 4. 油漆品种、刷漆遍数	m²	按设计图示尺寸以油漆部分展开面积计算	1. 基层清理 2. 刮腻子 3. 刷防护材料、油漆
011404012	梁柱饰面油漆				
011404013	零星木装修油漆				
011404014	木地板油漆			按设计图示尺寸以面积计算。空洞、空圈、暖气包槽、壁龛的开口部分并入相应的工程量内	
011404015	木地板烫硬蜡面	1. 硬蜡品种 2. 面层处理要求			1. 基层清理 2. 烫蜡

5. 金属面油漆

工程量清单项目设置及工程量计算规则应按表 4-66 的规定执行。

表 4-66 金属面油漆（编码：011405）

项目编码	项目名称	项目特征	计量单位	工程量计算规则	工作内容
011405001	金属面油漆	1. 构件名称 2. 腻子种类 3. 刮腻子要求 4. 防护材料种类 5. 油漆品种、刷漆遍数	1. t 2. m²	1. 以吨计量，按设计图示尺寸以质量计算 2. 以“m²”计量，按设计展开面积计算	1. 基层清理 2. 刮腻子 3. 刷防护材料、油漆

6. 抹灰面油漆

工程量清单项目设置及工程量计算规则应按表 4-67 的规定执行。

表 4-67 抹灰面油漆（编码：011406）

项目编码	项目名称	项目特征	计量单位	工程量计算规则	工作内容
011406001	抹灰面油漆	1. 基层类型 2. 腻子种类 3. 刮腻子遍数 4. 防护材料种类 5. 油漆品种、刷漆遍数 6. 部位	m²	按设计图示尺寸以面积计算	1. 基层清理 2. 刮腻子 3. 刷防护材料、油漆

续表 4-67

项目编码	项目名称	项目特征	计量单位	工程量计算规则	工作内容
011406002	抹灰线条油漆	1. 线条宽度、道数 2. 腻子种类 3. 刮腻子遍数 4. 防护材料种类 5. 油漆品种、刷漆遍数	m	按设计图示尺寸以长度计算	1. 基层清理 2. 刮腻子 3. 刷防护材料、油漆
011406003	满刮腻子	1. 基层类型 2. 腻子种类 3. 刮腻子遍数	m^2	按设计图示尺寸以面积计算	1. 基层清理 2. 刮腻子

7. 喷刷涂料

工程量清单项目设置及工程量计算规则应按表 4-68 的规定执行。

表 4-68 喷刷涂料（编码：011407）

项目编码	项目名称	项目特征	计量单位	工程量计算规则	工作内容
011407001	墙面喷刷涂料	1. 基层类型 2. 喷刷涂料部位 3. 腻子种类 4. 刮腻子要求 5. 涂料品种、喷刷遍数	m^2	按设计图示尺寸以面积计算	1. 基层清理 2. 刮腻子 3. 刷、喷涂料
011407002	顶棚喷刷涂料				
011407003	空花格、栏杆刷涂料	1. 腻子种类 2. 刮腻子遍数 3. 涂料品种、刷喷遍数		按设计图示尺寸以单面外围面积计算	
011407004	线条刷涂料	1. 基层清理 2. 线条宽度 3. 刮腻子遍数 4. 刷防护材料、油漆	m	按设计图示尺寸以长度计算	1. 基层清理 2. 刮腻子 3. 刷、喷涂料
011407005	金属构件刷防火涂料	1. 喷刷防火涂料构件名称 2. 防火等级要求 3. 涂料品种、喷刷遍数	1. t 2. m^2	1. 以吨计量，按设计图示尺寸以质量计算 2. 以“m^2”计量，按设计展开面积计算	1. 基层清理 2. 刷防护材料、油漆
011407006	木材构件喷刷防火涂料		m^2	以“m^2”计量，按设计图示尺寸以面积计算	1. 基层清理 2. 刷防火材料

注：喷刷墙面涂料部位要注明内墙或外墙。

8. 裱糊

工程量清单项目设置及工程量计算规则应按表 4-69 的规定执行。

表 4-69 裱糊（编码：011408）

项目编码	项目名称	项目特征	计量单位	工程量计算规则	工作内容
011408001	墙纸裱糊	1. 基层类型 2. 裱糊部位 3. 腻子种类 4. 刮腻子遍数 5. 黏结材料种类 6. 防护材料种类 7. 面层材料品种、规格、颜色	m^2	按设计图示尺寸以面积计算	1. 基层清理 2. 刮腻子 3. 面层铺粘 4. 刷防护材料
011408002	织锦缎裱糊				

4.7.2 油漆、涂料、裱糊工程定额工程量计算规则

1. 油漆、涂料、裱糊工程定额说明

1）《全统装饰装修消耗量定额》油漆、涂料、裱糊工程定额项目共分为 4 节、295 个项目。包括木材面油漆、金属面油漆、抹灰面油漆和涂料、裱糊四大节，涂料按涂刷部位不同分为顶棚面、墙面、柱面、梁面等涂料分项，裱糊按所用材料不同分为墙纸、金属壁纸、织锦缎等项目。

2）该定额刷涂、刷油采用手工操作；喷塑、喷涂采用机械操作。操作方法不同时，不予调整。

3）油漆浅、中、深各种颜色，已综合在定额内，颜色不同，不另调整。

4）该定额在同一平面上的分色及门窗内外分色已综合考虑。如需做美术图案者，另行计算。

5）定额内规定的喷、涂、刷遍数与要求不同时，可按每增加一遍定额项目进行调整。

6）喷塑（一塑三油）、底油、装饰漆、面油，其规格划分如下：

①大压花：喷点压平、点面积在 1.2cm^2 以上。

②中压花：喷点压平、点面积在 1～1.2cm^2 以内。

③喷中点、幼点：喷点面积在 1cm^2 以下。

7）定额中的双层木门窗（单裁口）是指双层框扇。三层二玻一纱窗是指双层框三层扇。

8）定额中的单层木门刷油是按双面刷油考虑的，如采用单面刷油，其定额含量乘以 0.49 系数计算。

9）定额中的木扶手油漆为不带托板考虑。

2. 油漆、涂料、裱糊工程定额工程量计算规则

1）楼地面、顶棚、墙、柱、梁面的喷（刷）涂料、抹灰面油漆及裱糊工程，均按表 4-70～表 4-74 相应的计算规则计算。

表 4-70 执行木门定额工程量乘系数

项目名称	系　数	工程量计算方法
单层木门	1.00	按单面洞口面积计算
双层（一玻一纱）木门	1.36	
双层（单裁口）木门	2.00	
单层全玻门	0.83	
木百叶门	1.25	

注：本表为木材面油漆。

表 4-71 执行木窗定额工程量系数表

项目名称	系　数	工程量计算方法
单层玻璃窗	1.00	按单面洞口面积计算
双层（一玻一纱）木窗	1.36	
双层框扇（单裁口）木窗	2.00	
双层框三层（二玻一纱）木窗	2.60	
单层组合窗	0.83	
双层组合窗	1.13	
木百叶窗	1.50	

注：本表为木材面油漆。

表 4-72 执行木扶手定额工程量系数表

项目名称	系　数	工程量计算方法
木扶手（不带托板）	1.00	按延长米计算
木扶手（带托板）	2.60	
窗帘盒	2.04	
封檐板、顺水板	1.74	
挂衣板、黑板框、单独木线条 100mm 以外	0.52	
挂镜线、窗帘棍、单独木线条 100mm 以内	0.35	

注：本表为木材面油漆。

表 4-73 执行其他木材面定额工程量系数表

项目名称	系　数	工程量计算方法
木板、纤维板、胶合板顶棚	1.00	长×宽
木护墙、木墙裙	1.00	
窗帘板、筒子板、盖板、门窗套、踢脚线	1.00	
清水板条顶棚、檐口	1.07	
木方格吊顶顶棚	1.20	
吸声板墙面、顶棚面	0.87	
暖气罩	1.28	
木间壁、木隔断	1.90	单面外圈面积
玻璃间壁露明墙筋	1.65	
木栅栏、木栏杆（带扶手）	1.82	
衣柜、壁柜	1.00	按实刷展开面积
零星木装修	1.10	展开面积
梁柱饰面	1.00	展开面积

注：本表为木材面油漆。

表 4-74 抹灰面油漆、涂料、裱糊工程量系数表

项目名称	系　数	工程量计算方法
混凝土楼梯底（板式）	1.15	水平投影面积
混凝土楼梯底（梁式）	1.00	展开面积
混凝土花格窗、栏杆花饰	1.82	单面外围面积
楼地面、顶棚、墙、柱、梁面	1.00	展开面积

注：本表为抹灰面油漆、涂料、裱糊。

2）木材面的工程量分别按表 4-70～表 4-74 相应的计算规则计算。

3）金属构件油漆的工程量按构件重量计算。

4）定额中的隔断、护壁、柱、顶棚木龙骨及木地板中木龙骨带毛地板，刷防火涂料工程量计算规则如下：

①隔墙、护壁木龙骨按面层正立面投影面积计算。

②柱木龙骨按其面层外围面积计算。

③顶棚木龙骨按其水平投影面积计算。

④木地板中木龙骨及木龙骨带毛地板按地板面积计算。

⑤隔墙、护壁、柱、顶棚面层及木地板刷防火涂料，执行其他木材刷防火涂料子目。

⑥木楼梯（不包括底面）油漆，按水平投影面积乘以 2.3 系数，执行木地板相应

子目。

4.7.3　油漆、涂料、裱糊工程工程量计算及清单编制实例

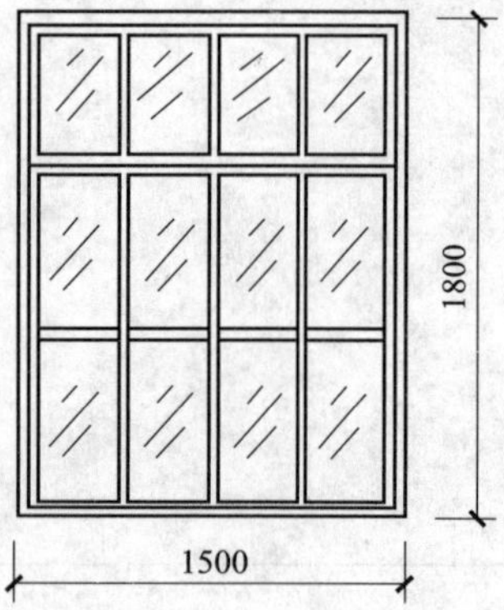

图 4-56　一玻一纱双层木窗

【例 4-37】　如图 4-56 所示为双层（一玻一纱）木窗，洞口尺寸为 1500mm×1800mm，共 15 樘，设计为刷润油粉一遍，刮腻子，刷调和漆一遍，磁漆两遍，试计算木窗油漆工程量并套用定额。

【解】

窗油漆定额工程量：

$$1.5\times1.8\times15\times1.36=55.08\ (m^2)$$

套用《全统装饰装修消耗量定额》：5－010

【例 4-38】　如图 4-57 所示，某会议室柱抹灰面做假木纹，榉木装饰板材面层刷底油、刮腻子、色聚氯酯漆五遍，木龙骨（双面）、基层板（单面）刷防火涂料两遍，计算其油漆的定额工程量。

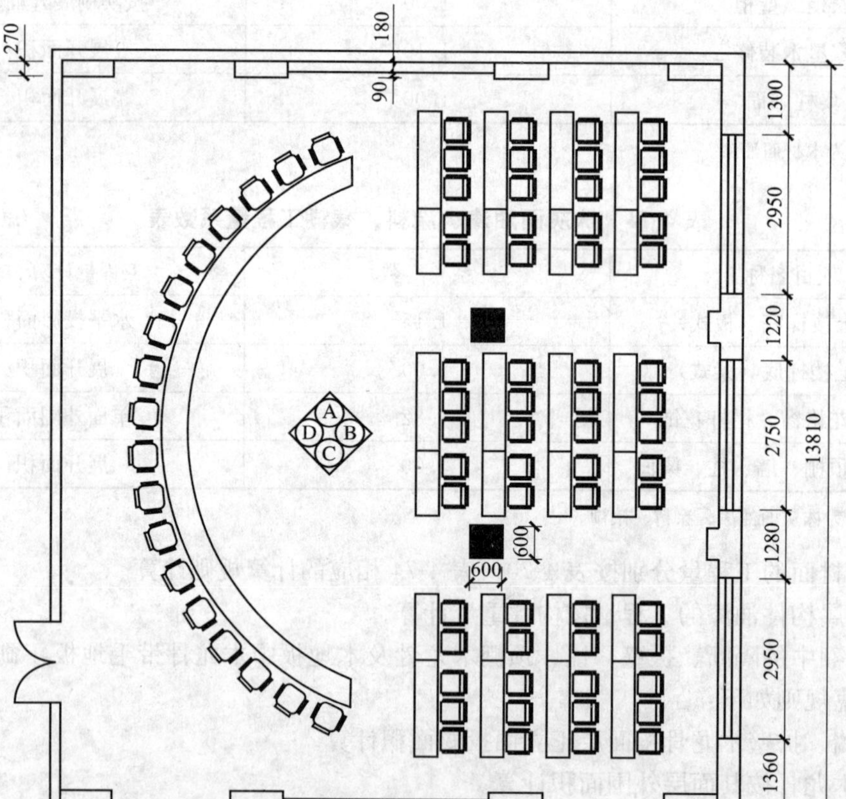

平面布置图

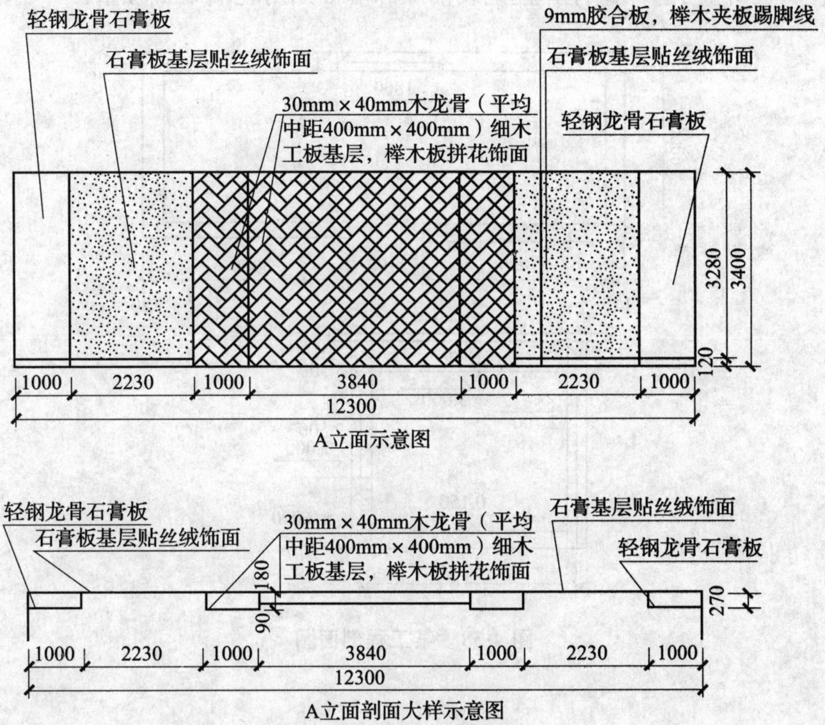

图 4-57　某会议室示意图

【解】

（1）柱抹灰面做假木纹：

$$0.6\times4\times3.4\times2\times1=16.32\ (m^2)$$

（2）墙面榉木装饰板面层刷底油、刮腻子、色聚氨酯漆五遍：

$$[(0.27+1+0.09)\times2+3.84]\times3.4\times1$$
$$=22.30\ (m^2)$$

（3）踢脚线榉木夹板刷底油、刮腻子、色聚氨酯漆五遍：

$$[(1+0.27)\times2+2.23\times2]\times0.12\times1$$
$$=0.84\ (m^2)$$

（4）木龙骨（双面）刷防火涂料两遍：

$$[(0.27+1+0.09)\times2+3.84]+3.4\times1$$
$$=22.30\ (m^2)$$

（5）细木工板基层（单面）刷防火涂料两遍：

$$[(0.27+1+0.09)\times2+3.84]+3.4\times1$$
$$=22.30\ (m^2)$$

（6）踢脚线 9mm 胶合板基层（单面）刷防火涂料两遍：

$$[(1+0.27)\times2+2.23\times2]\times0.12\times1$$
$$=0.84\ (m^2)$$

【例 4-39】 某工程如图 4-58 所示，内墙抹灰面满刮腻子两遍，贴对花墙纸，挂镜线刷底油一遍，调和漆两遍，试计算挂镜线油漆和墙面贴对花墙纸工程量。

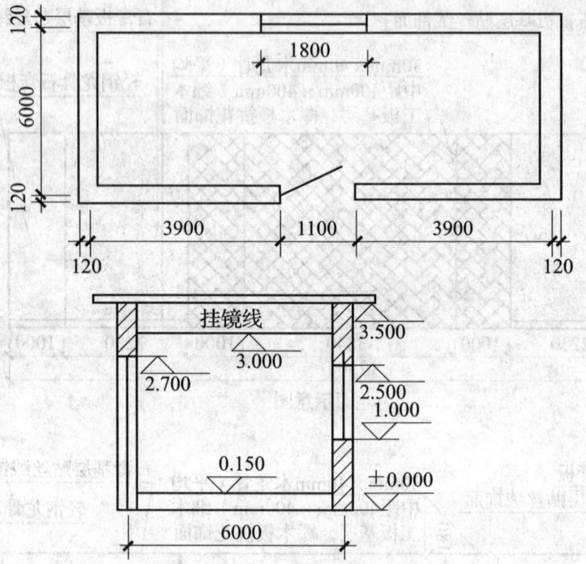

图 4-58 某工程剖面图

【解】

(1) 挂镜线油漆：

(8.9－0.24＋6.00－0.24) ×2

＝28.84 (m)

(2) 墙纸裱糊：

墙壁面贴对花墙纸工程量＝净长度×净高－门窗洞＋垛及门窗侧面

(8.9－0.24＋6.00－0.24) ×2× (3.00－0.15) －1.1× (2.50－0.15) －1.8×1.50＋ [1.1＋ (2.50－0.15) ×2＋ (1.8＋1.50) ×2] ×0.12

＝78.40 (m^2)

【例 4-40】 某房间做榉木板面层窗台面，做法为：木龙骨、细木工板面榉木板，木龙骨、细木工板基层刷防火涂料，榉木板面层刷清漆，防火涂料两遍，清漆 4 遍磨退出亮，如图 4-59 所示。请计算其工程量并编制工程量清单。

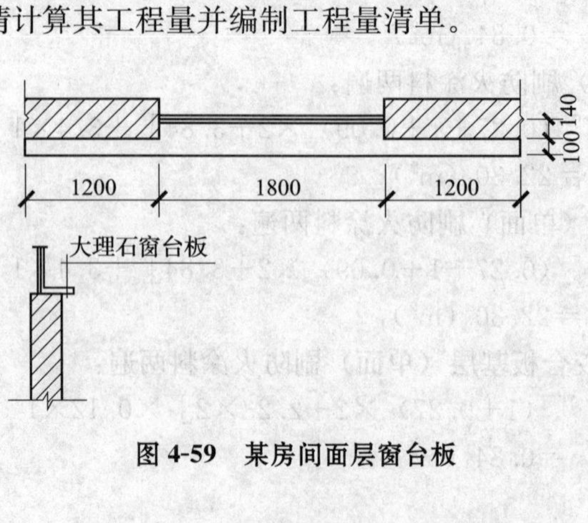

图 4-59 某房间面层窗台板

【解】

(1) 榉木木窗台板：

$$1.2+1.2+1.8=4.2\ (m)$$

(2) 窗台板油漆：

$$0.14\times1.8+0.1\times4.2=0.67\ (m^2)$$

分部分项工程和单价措施项目清单与计价表见表 4-75。

表 4-75 分部分项工程和单价措施项目清单与计价表

工程名称：××工程

序号	项目编码	项目名称	项目特征描述	计量单位	工程量	金额（元）	
						综合单价	合价
1	010809001001	木窗台板	1. 基层：木龙骨、细木工板 2. 面层：榉木板 3. 防护层：木龙骨、细木工板刷防火涂料两遍 4. 油漆：面层木瓜刷清漆 4 遍	m	4.2		
2	011404002001	窗台板油漆	1. 面层：清漆 4 遍 2. 基层：刷防火涂料	m^2	0.67		

【例 4-41】 如图 4-60 所示为某职工宿舍的实木门扇，共 18 樘，门扇面层刷亚光面漆（刷底油、刮腻子、漆片两遍、聚氨酯清漆两遍、亚光面漆两遍）；编制其综合单价分析表及分部分项工程和单价措施项目清单与计价表。

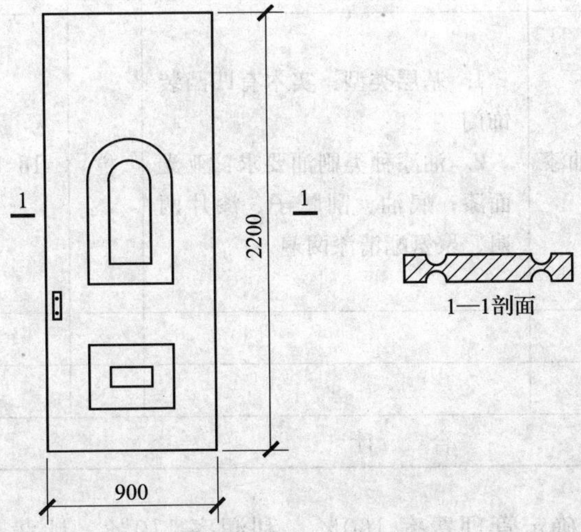

图 4-60 实木门扇示意图

【解】

(1) 清单工程量:

1) 实木门扇安装:18 樘

2) 门油漆:18 樘

(2) 定额工程量:

1) 单扇门安装:

$$0.9\times2.2=1.98\ (m^2)$$

2) 单扇门刷油漆:

$$0.9\times2.2=1.98\ (m^2)$$

(3) 清单项目每计量单位应包含工程数量:

1) 木门制作安装:

$$1.98\div18=0.11\ (m^2)$$

2) 木门制作安装:

$$1.98\div18=0.11\ (m^2)$$

(4) 分部分项工程和单价措施项目清单与计价表见表 4-76。

表 4-76 分部分项工程和单价措施项目清单与计价表

工程名称:木门安装、油漆工程　　标段:　　第 页 共 页

序号	项目编号	项目名称	项目特征描述	计量单位	工程数量	金额(元)		
						综合单价	合价	其中 暂估价
1	010801001001	木质门	1. 门类型:实木装饰门 2. 材料种类及扇外围尺寸:红松硬木锯材 900mm × 2200mm	樘	18	23.58	424.44	
2	011401001001	木门油漆	1. 基层类型:实木有凹凸装饰门 2. 油漆种类刷油要求:亚光面漆;底油、刮腻子、漆片两遍、聚氨酯清漆两遍	樘	18	15.02	270.36	
合计							694.8	

(5) 根据企业情况确定管理费率 160%,利润率 110%,计费基础为人工费。综合单价分析表见表 4-77、表 4-78。

表 4-77 综合单价分析表

工程名称：木门安装、油漆工程　　　　标段：　　　　第　页　共　页

项目编码	010801001001	项目名称		木质门		计量单位		樘	工程量		18
综合单价组成明细											
定额编号	项目名称	定额单位	数量	单价（元）				合价（元）			
				人工费	材料费	机械费	管理费和利润	人工费	材料费	机械费	管理费和利润
4-055	实木装饰门制作、安装等	m^2	0.11	37.75	74.7	—	101.93	4.15	8.22	—	11.21
人工单价		小　计						4.15	8.22	—	11.21
22.47 元/工日		未计价材料费						—			
清单项目综合单价								23.58			

表 4-78 综合单价分析表

工程名称：木门安装、油漆工程　　　　标段：　　　　第　页　共　页

项目编码	011401001001	项目名称		木门油漆		计量单位		樘	工程量		18
综合单价组成明细											
定额编号	项目名称	定额单位	数量	单价（元）				合价（元）			
				人工费	材料费	机械费	管理费和利润	人工费	材料费	机械费	管理费和利润
5-137	清扫、刷底油、打磨、刷腻子、修色、刷油等	m^2	0.11	22.09	54.83	—	59.64	2.43	6.03	—	6.56
人工单价		小　计						2.43	6.03	—	6.56
22.47 元/工日		未计价材料费						—			
清单项目综合单价								15.02			

【例 4-42】 如图 4-61 所示为直栅漏空木隔断，涂刷硝基清漆，试编制其分部分项工程量清单、综合单价及合计表。

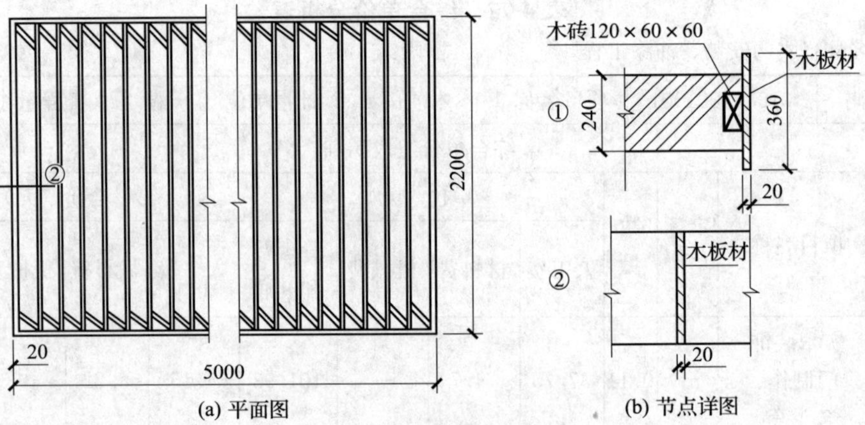

图 4-61　直栅漏空木隔断

【解】

（1）清单工程量：

$$5\times2.2=11\ (\mathrm{m}^2)$$

（2）定额工程量：

1）木隔断工程量：

$$5\times2.2=11\ (\mathrm{m}^2)$$

2）油漆工程量：

$$11\times1.82=20.02\ (\mathrm{m}^2)$$

（3）清单项目每计量单位应包含工程数量：

1）木隔断工程量：

$$11\div11=1\ (\mathrm{m}^2)$$

2）油漆工程量：

$$22.02\div11=2\ (\mathrm{m}^2)$$

（4）分部分项工程和单价措施项目清单与计价表见表 4-79。

表 4-79　分部分项工程和单价措施项目清单与计价表

工程名称：直栅漏空隔断油漆工程　　　　标段：　　　　第　页　共　页

序号	项目编号	项目名称	项目特征描述	计量单位	工程数量	金额（元）		
						综合单价	合价	其中 暂估价
1	011210001001	木隔断	花式木隔断：直栅漏空	m^2	11	103.79	1141.69	
2	011404008001	木间壁、木隔断油漆	油漆：硝基清漆	m^2	11	143.16	1574.76	
合　计							2716.45	

（5）根据企业情况确定管理费率20%、利润5%，计费基础为直接费。综合单价分析表见表4-80、表4-81。

表4-80　综合单价分析表

工程名称：直栅漏空隔断油漆工程　　　　标段：　　　　第　页　共　页

项目编码	011210001001		项目名称	木隔断		计量单位	m²		工程量	11	
综合单价组成明细											
定额编号	定额名称	定额单位	数量	单价（元）				合价（元）			
				人工费	材料费	机械费	管理费和利润	人工费	材料费	机械费	管理费和利润
2-239	木隔断	m²	1	11.19	44.11	27.73	20.76	11.19	44.11	27.73	20.76
人工单价		小　计						11.19	44.11	27.73	20.76
40元/工日		未计价材料费						—			
清单项目综合单价								103.79			

表4-81　综合单价分析表

工程名称：直栅漏空隔断油漆工程　　　　标段：　　　　第　页　共　页

项目编码	011404008001		项目名称	木间壁、木隔断油漆		计量单位	m²		工程量	11	
综合单价组成明细											
定额编号	定额名称	定额单位	数量	单价（元）				合价（元）			
				人工费	材料费	机械费	管理费和利润	人工费	材料费	机械费	管理费和利润
5-080	木间壁、木隔断油漆	m²	2	31.09	26.17	—	14.32	62.18	52.34	—	28.64
人工单价		小　计						62.18	52.34	—	28.64
40元/工日		未计价材料费						—			
清单项目综合单价								143.16			

4.8　其他工程

4.8.1　其他工程清单工程量计算规则

1. 柜类、货架

柜类、货架工程量清单项目设置、项目特征描述的内容、计量单位、工程量计算规则应按表4-82的规定执行。

表 4-82　柜类、货架（编码：011501）

项目编码	项目名称	项目特征	计量单位	工程量计算规则	工程内容
011501001	柜台	1. 台柜规格 2. 材料种类、规格 3. 五金种类、规格 4. 防护材料种类 5. 油漆品种、刷漆遍数	1. 个 2. m 3. m^3	1. 以个计量，按设计图示数量计量 2. 以“m”计量，按设计图示尺寸以延长米计算 3. 以“m^3”计量，按设计图示尺寸以体积计算	1. 台柜制作、运输、安装（安放） 2. 刷防护材料、油漆 3. 五金件安装
011501002	酒柜				
011501003	衣柜				
011501004	存包柜				
011501005	鞋柜				
011501006	书柜				
011501007	厨房壁柜	1. 台柜规格 2. 材料种类、规格 3. 五金种类、规格 4. 防护材料种类 5. 油漆品种、刷漆遍数	1. 个 2. m 3. m^3	1. 以个计量，按设计图示数量计量 2. 以“m”计量，按设计图示尺寸以延长米计算 3. 以“m^3”计量，按设计图示尺寸以体积计算	1. 台柜制作、运输、安装（安放） 2. 刷防护材料、油漆 3. 五金件安装
011501008	木壁柜				
011501009	厨房低柜				
011501010	厨房吊柜				
011501011	矮柜				
011501012	吧台背柜				
011501013	酒吧吊柜				
011501014	酒吧台				
011501015	展台				
011501016	收银台				
011501017	试衣间				
011501018	货架				
011501019	书架				
011501020	服务台				

2. 压条、装饰线

压条、装饰线工程量清单项目设置、项目特征描述的内容、计量单位、工程量计算规则应按表 4-83 的规定执行。

表 4-83 压条、装饰线（编码：011502）

项目编码	项目名称	项目特征	计量单位	工程量计算规则	工程内容
011502001	金属装饰线	1. 基层类型 2. 线条材料品种、规格、颜色 3. 防护材料种类	m	按设计图示尺寸以长度计算	1. 线条制作、安装 2. 刷防护材料
011502002	木质装饰线				
011502003	石材装饰线				
011502004	石膏装饰线				
011502005	镜面玻璃线	1. 基层类型 2. 线条材料品种、规格、颜色 3. 防护材料种类			
011502006	铝塑装饰线				
011502007	塑料装饰线				
011502008	GRC 装饰线条	1. 基层类型 2. 线条规格 3. 线条安装部位 4. 填充材料种类	m	按设计图示尺寸以长度计算	线条制作安装

3. 扶手、栏杆、栏板装饰

扶手、栏杆、栏板装饰工程量清单项目的设置、项目特征描述的内容、计量单位、工程量计算规则应按表 4-84 的规定执行。

表 4-84 扶手、栏杆、栏板装饰（编码：011503）

项目编码	项目名称	项目特征	计量单位	工程量计算规则	工程内容
011503001	金属扶手、栏杆、栏板	1. 扶手材料种类、规格 2. 栏杆材料种类、规格 3. 栏板材料种类、规格、颜色 4. 固定配件种类 5. 防护材料种类	m	按设计图示以扶手中心线长度（包括弯头长度）计算	1. 制作 2. 运输 3. 安装 4. 刷防护材料
011503002	硬木扶手、栏杆、栏板				
011503003	塑料扶手、栏杆、栏板				

续表 4-84

项目编码	项目名称	项目特征	计量单位	工程量计算规则	工程内容
011503004	GRC栏杆、扶手	1. 栏杆的规格 2. 安装间距 3. 扶手类型、规格 4. 填充材料种类	m	按设计图示以扶手中心线长度（包括弯头长度）计算	1. 制作 2. 运输 3. 安装 4. 刷防护材料
011503005	金属靠墙扶手	1. 扶手材料种类、规格 2. 固定配件种类 3. 防护材料种类			
011503006	硬木靠墙扶手				
011503007	塑料靠墙扶手				
011503008	塑料靠墙扶手	1. 栏杆玻璃的种类、规格、颜色 2. 固定方式 3. 固定配件种类			

4. 暖气罩

暖气罩工程量清单项目设置、项目特征描述的内容、计量单位、工程量计算规则应按表 4-85 的规定执行。

表 4-85 暖气罩（编码：011504）

项目编码	项目名称	项目特征	计量单位	工程量计算规则	工程内容
011504001	饰面板暖气罩	1. 暖气罩材质 2. 防护材料种类	m^2	按设计图示尺寸以垂直投影面积（不展开）计算	1. 暖气罩制作、运输、安装 2. 刷防护材料、油漆
011504002	塑料板暖气罩				
011504003	金属暖气罩				

5. 浴厕配件

浴厕配件工程量清单项目设置、项目特征描述的内容、计量单位、工程量计算规则应按表 4-86 的规定执行。

表 4-86　浴厕配件（编码：011505）

项目编码	项目名称	项目特征	计量单位	工程量计算规则	工程内容
011505001	洗漱台	1. 材料品种、规格、品牌、颜色 2. 支架、配件品种、规格、品牌	1. m^2 2. 个	1. 按设计图示尺寸以台面外接矩形面积计算。不扣除孔洞、挖弯、削角所占面积，挡板、吊沿板面积并入台面面积内 2. 按设计图示数量计算	1. 台面及支架、运输、安装 2. 杆、环、盒、配件安装 3. 刷油漆
011505002	晒衣架	1. 材料品种、规格、品牌、颜色 2. 支架、配件品种、规格、品牌	个	按设计图示数量计算	1. 台面及支架、运输、安装 2. 杆、环、盒、配件安装 3. 刷油漆
011505003	帘子杆				
011505004	浴缸拉手				
011505005	卫生间扶手				
011505006	毛巾杆（架）		套		1. 台面及支架制作、运输、安装 2. 杆、环、盒、配件安装 3. 刷油漆
011505007	毛巾环		副		
011505008	卫生纸盒		个		
011505009	肥皂盒				
011505010	镜面玻璃	1. 镜面玻璃品种、规格 2. 框材质、断面尺寸 3. 基层材料种类 4. 防护材料种类	m^2	按设计图示尺寸以边框外围面积计算	1. 基层安装 2. 玻璃及框制作、运输、安装
011505011	镜箱	1. 箱材质、规格 2. 玻璃品种、规格 3. 基层材料种类 4. 防护材料种类 5. 油漆品种、刷漆遍数	个	按设计图示数量计算	1. 基层安装 2. 箱体制作、运输、安装 3. 玻璃安装 4. 刷防护材料、油漆

6. 雨篷、旗杆

雨篷、旗杆工程量清单项目设置、项目特征描述的内容、计量单位、工程量计算规则应按表 4-87 的规定执行。

表 4-87 雨篷、旗杆（编码：011506）

项目编码	项目名称	项目特征	计量单位	工程量计算规则	工程内容
011506001	雨篷吊挂饰面	1. 基层类型 2. 龙骨材料种类、规格、中距 3. 面层材料品种、规格、品牌 4. 吊顶（顶棚）材料品种、规格、品牌 5. 嵌缝材料种类 6. 防护材料种类	m^2	按设计图示尺寸以水平投影面积计算	1. 底层抹灰 2. 龙骨基层安装 3. 面层安装 4. 刷防护材料、油漆
011506002	金属旗杆	1. 旗杆材料、种类、规格 2. 旗杆高度 3. 基础材料种类 4. 基座材料种类 5. 基座面层材料、种类、规格	根	按设计图示数量计算	1. 土石挖、填、运 2. 基础混凝土浇注 3. 旗杆制作、安装 4. 旗杆台座制作、饰面
011506003	玻璃雨篷	1. 玻璃雨篷固定方式 2. 龙骨材料种类、规格、中距 3. 玻璃材料品种、规格、品牌 4. 嵌缝材料种类 5. 防护材料种类	m^2	按设计图示尺寸以水平投影面积计算	1. 龙骨基层安装 2. 面层安装 3. 刷防护材料、油漆

7. 招牌、灯箱

招牌、灯箱工程量清单项目设置、项目特征描述的内容、计量单位、应按表 4-88 的规定执行。

表 4-88 招牌、灯箱（编码：011507）

项目编码	项目名称	项目特征	计量单位	工程量计算规则	工程内容
011507001	平面、箱式招牌	1. 箱体规格 2. 基层材料种类 3. 面层材料种类 4. 防护材料种类	m^2	按设计图示尺寸以正立面边框外围面积计算。复杂形的凸凹造型部分不增加面积	1. 基层安装 2. 箱体及支架制作、运输、安装 3. 面层制作、安装 4. 刷防护材料、油漆
011507002	竖式标箱		个	按设计图示数量计算	
011507003	灯箱				
011507004	信报箱	1. 箱体规格 2. 基层材料种类 3. 面层材料种类 4. 保护材料种类 5. 户数			

8. 美术字

美术字工程量清单项目设置、项目特征描述的内容、计量单位，应按表 4-89 的规定执行。

表 4-89 美术字（编码：011508）

项目编码	项目名称	项目特征	计量单位	工程量计算规则	工程内容
011508001	泡沫塑料字	1. 基层类型 2. 镌字材料品种、颜色 3. 字体规格 4. 固定方式 5. 油漆品种、刷漆遍数	个	按设计图示数量计算	1. 字制作、运输、安装 2. 刷油漆
011508002	有机玻璃字				
011508003	木质字				
011508004	金属字				
011508005	吸塑字				

4.8.2 其他工程定额工程量计算规则

1. 其他装饰工程定额说明

1）《全统装饰装修消耗量定额》其他工程定额项目包括招牌、灯箱、美术字、压条、装饰线、暖气罩、镜面玻璃、货架、各种柜类的装饰及各种拆除等 9 节、211 个子目。

2）该定额项目在实际施工中使用的材料品种、规格与定额取定不同时，可以换算，但人工、材料不变。

3）该定额中铁件已包括刷防锈漆一遍，如设计需涂刷油漆、防火涂料按本章油漆、涂料、裱糊工程相应子目执行。

4）招牌基层。

①平面招牌是指安装在门前的墙面上；箱式招牌、竖式招牌是指六面体固定在墙面上；沿雨篷、檐口、阳台走向立式招牌，按平面招牌复杂项目执行。

②一般招牌和矩形招牌是指正立面平整无凸面；复杂招牌和异形招牌是指正立面有凹凸造型。

③招牌的灯饰均不包括在定额内。

5）美术字安装。

①美术字均以成品安装固定为准。

②美术字不分字体均执行本定额。

6）装饰线条。

①木装饰线、石膏装饰线均以成品安装为准。

②石材装饰线条均以成品安装为准。石材装饰线条磨边、磨圆角均包括在成品的单价中，不再另计。

7）石材磨边、磨斜边、磨半圆边及台面开孔子目均为现场磨制。

8）装饰线条以墙面上直线安装为准，如顶棚安装直线型、圆弧形或其他图案者，按以下规定计算：

①顶棚面安装直线装饰线条，人工乘以 1.34 系数。

②顶棚面安装圆弧装饰线条，人工乘以 1.6 系数，材料乘以 1.1 系数。

③墙面安装圆弧装饰线条，人工乘以 1.2 系数，材料乘以 1.1 系数。

④装饰线条做艺术图案者，人工乘以 1.8 系数，材料乘以 1.1 系数。

9）暖气罩挂板式是指钩挂在暖气片上；平墙式是指凹入墙内，明式是指凸出墙面；半凹半凸式按明式定额子目执行。

10）货架、柜类定额中未考虑面板拼花及饰面板上贴其他材料的花饰、造型艺术品。

2. 其他装饰工程定额工程量计算规则

1）招牌、灯箱。

①平面招牌基层按正立面面积计算，复杂性的凹凸造型部分亦不增减。

②沿雨篷、檐口或阳台走向的立式招牌基层，按平面招牌复杂性执行时，应按展开面积计算。

③箱体招牌和竖式标箱的基层，按外围体积计算。突出箱外的灯饰、店徽及其他艺术装潢等均另行计算。

④灯箱的面层按展开面积以平方米计算。

⑤广告牌钢骨架以吨计算。

2）美术字安装按字的最大外围矩形面积以个计算。

3）压条、装饰线条均按延长米计算。

4）散热器罩按边框外围尺寸垂直投影面积计算。

5）镜面玻璃、盥洗室木镜箱安装以正立面面积计算。

6）塑料镜箱、毛巾环、肥皂盒、金属帘子杆、浴缸拉手、毛巾杆安装以只或副计算。不锈钢旗杆以延长米计算。大理石洗漱台以台面投影面积计算（不扣除孔洞面积）。

7）货架、橱柜类均以正立面的高（包括脚的高度在内）乘以宽以平方米计算。

8）收银台、试衣间等以个计算，其他以延长米为单位计算。

9）拆除工程量按拆除面积或长度计算，执行相应子项目。

4.8.3　其他工程工程量计算及清单编制实例

【例 4-43】　某幼儿园采用钢结构箱式招牌，面层为米色铝塑板，店名采用不锈钢字，规格为 500mm×500mm，如图 4-62 所示，试计算招牌的工程量并套用定额。

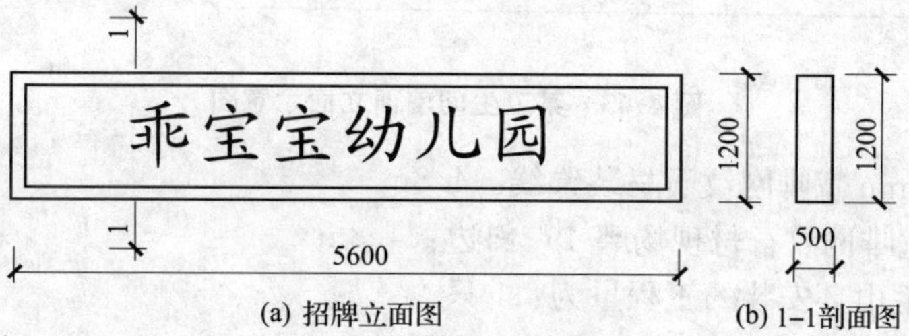

图 4-62　某箱式招牌示意图

【解】

（1）箱式招牌基层定额工程量：

$$5.6\times0.5\times1.2=3.36\ (m^3)$$

套用《全统装饰装修消耗量定额》：6—005。

（2）箱式招牌铝塑板面层定额工程量：

$$5.6\times1.2+5.6\times0.5\times2+1.2\times0.5\times2=13.52\ (m^2)$$

套用《全统装饰装修消耗量定额》：6—019。

（3）不锈钢字安装定额工程量：

$$0.5\times0.5=0.25m^2$$

$$0.2m^2<0.25m^2<0.5m^2$$

字数 6 个

套用《全统装饰装修消耗量定额》：6—051。

【例 4-44】　某卫生间墙面立面图，如图 4-63 所示，计算该立面墙镜面不锈钢边、镜面玻璃、不锈钢毛巾环、挂贴宽啡网纹石材装饰线（及现场磨 45°斜边）、不锈钢卫生纸盒等安装的定额工程量。

【解】

（1）30mm 宽镜面不锈钢装饰线制作安装：

$$(0.03\times2+1.8)\times2+1.3\times2=6.32\ (m)$$

（2）镜面玻璃制作、安装：

$$1.3\times1.8=2.34\ (m^2)$$

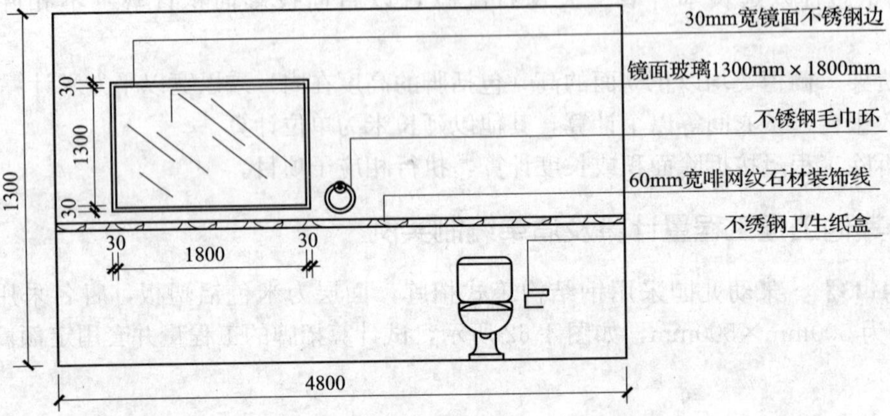

图 4-63 某卫生间墙面立面示意图

（3）挂贴 60mm 宽啡网纹石材装饰线：4.8m

（4）60mm 宽啡网纹石材现场磨 45° 斜边：4.8m

（5）不锈钢毛巾环安装的工程量为：1 只

（6）不锈钢卫生纸盒安装的工程量为：1 只

【例 4-45】 某房间一侧立面如图 4-64 所示，其窗做贴脸板、筒子板及窗台板，墙角做木压条，其中窗台板宽 150mm，筒子板宽 120mm。试计算其工程量。

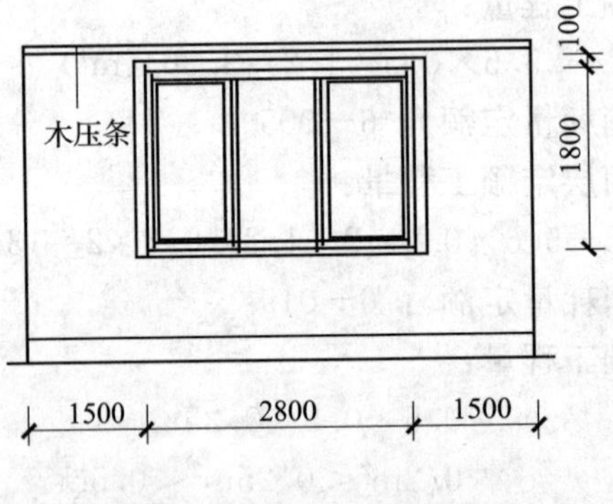

图 4-64 某房间一侧立面图

【解】

（1）贴脸板：

$$[(1.8+0.1\times2)\times2+2.8+0.1\times2]\times0.1=0.7\ (m^2)$$

（2）筒子板：

$$(2.8+1.8\times2)\times0.12=0.77\ (m^2)$$

（3）窗台板：

$$2.8\times0.15=0.42\ (m^2)$$

（4）木压条：

$$1.5+1.5+2.8=5.8\ (m)$$

【例 4-46】 如图 4-65 所示为某商场展台样式，长为 2500mm，宽为 1480mm，高为 3200mm，编制其分部分项工程和单价措施项目清单与计价表、综合单价计价表。

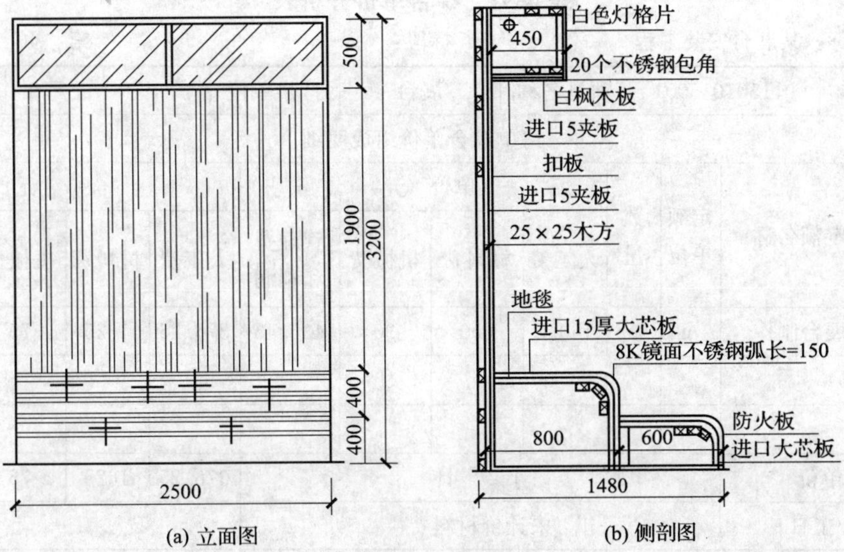

图 4-65 展台示意图

【解】

(1) 清单工程量：

柜类、货架清单工程数量：1 个

(2) 定额工程量：

展台工程量：2.5m

(3) 清单项目每计量单位应包含工程数量：

展台制作：2.5÷1=2.5（m）

(4) 分部分项工程和单价措施项目清单与计价表见表 4-90。

表 4-90 分部分项工程和单价措施项目清单与计价表

工程名称：某展台安装工程　　　　标段：　　　　第 页 共 页

序号	项目编号	项目名称	项目特征描述	计量单位	工程数量	金额（元）		
						综合单价	合价	其中 暂估价
1	011501015001	展台	1. 台柜规格：2500mm×3200mm×1480mm 2. 材料种类、规格：白枫木贴面板、防火板	个	1	3167.38	3167.38	
合计							3167.38	

(5) 根据企业情况确定管理费率 170%，利润率 120%，计费基础为人工费。综合单价分析表见表 4-91。

表 4-91 综合单价分析表

工程名称：某展台安装工程　　　　标段：　　　　第　页　共　页

项目编码	011501015001	项目名称	展台	计量单位	个	工程量	1				
清单综合单价组成明细											
定额编号	定额名称	定额单位	数量	单价（元）				合价（元）			
				人工费	材料费	机械费	管理费和利润	人工费	材料费	机械费	管理费和利润
6-129	展台制作	m	2.5	150.5	650	30	436.45	376.25	1625	75	1091.13
人工单价		小计						376.25	1625	75	1091.13
25 元/工日		未计价材料费						—			
清单项目综合单价								3167.38			

【例 4-47】 如图 4-66 所示井隔式木隔断，编制其分部分项工程量清单、综合单价及合价表。

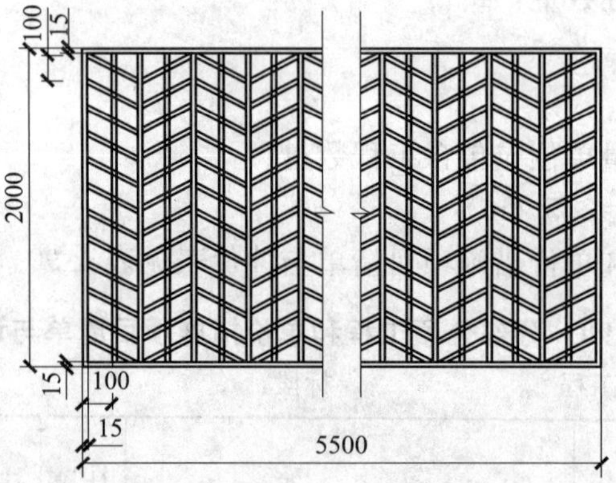

图 4-66 井格式木隔断

【解】

(1) 清单工程量：

$$2\times5.5=11\ (\mathrm{m}^2)$$

(2) 定额工程量：

1) 木隔断工程量：

$$2\times5.5=11\ (\mathrm{m}^2)$$

2) 油漆工程量：

$$11\times1.82=20.02\ (\mathrm{m}^2)$$

(3) 清单项目每计量单位应包含工程数量：

1) 木隔断工程量：

$$11\div11=1\ (m^2)$$

2) 油漆工程量：

$$20.02\div11=1.82\ (m^2)$$

(4) 分部分项工程和单价措施项目清单与计价表见表 4-92。

表 4-92　分部分项工程和单价措施项目清单与计价表

工程名称：某井格式隔断工程　　标段：　　第 页 共 页

序号	项目编号	项目名称	项目特征描述	计量单位	工程数量	金额（元）		
						综合单价	合价	其中 暂估价
1	011201001001	隔断	花式木隔断：井格	m^2	11	160.11	1761.21	
2	011404008001	木间壁、木隔断油漆	油漆：硝基清漆	m^2	11	130.24	1432.64	
合　计							3193.85	

(5) 根据企业情况确定管理费率 20%，利润 5%，计费基础为直接费。综合单价分析表见表 4-93、表 4-94。

表 4-93　综合单价分析表

工程名称：某井格式隔断工程　　标段：　　第 页 共 页

项目编码	011201001001	项目名称	隔断	计量单位	m^2	工程量	11			
清单综合单价组成明细										
定额编号	定额名称	定额单位	数量	单价				合价		
				人工费	材料费	机械费	管理费和利润	人工费	材料费	机械费	管理费和利润
2-240	隔断	m^2	1	11.19	91.86	25.04	32.02	11.19	91.86	25.04	32.02
人工单价		小　计						11.19	91.86	25.04	32.02
25 元/工日		未计价材料费									
清单项目综合单价								160.11			

表 4-94 综合单价分析表

工程名称：某井格式隔断工程　　标段：　　第 页 共 页

项目编码	011404008001	项目名称	木间壁、木隔断油漆	计量单位	m^2	工程量	11				
清单综合单价组成明细											
定额编号	定额名称	定额单位	数量	单价				合价			
				人工费	材料费	机械费	管理费和利润	人工费	材料费	机械费	管理费和利润
5-080	木间壁、木隔断油漆	m^2	1.82	31.09	26.17	—	14.3	56.58	47.63	—	26.03
人工单价		小计						56.58	47.63	—	26.03
25元/工日		未计价材料费									
清单项目综合单价								130.24			

【例 4-48】 某卫生间如图 4-67 所示，分别编制卫生间镜面玻璃、镜面不锈钢饰线、石材饰线、毛巾环清单工程量表。

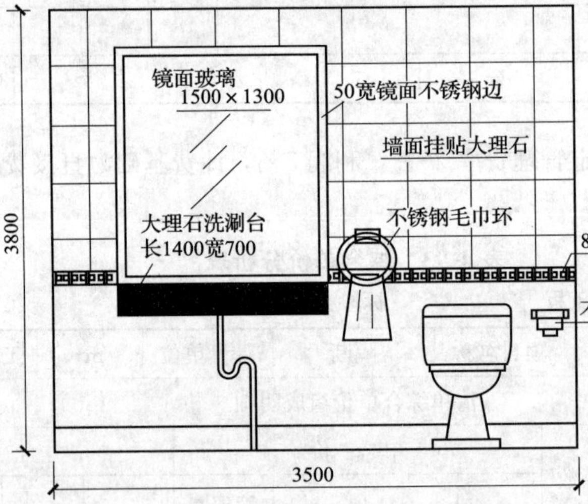

图 4-67 卫生间

【解】

(1) 清单工程量：

1) 镜面玻璃：

$$1.5\times1.3=1.95\ (m^2)$$

2) 毛巾环：1 副

3) 不锈钢饰线：

$$2\times(1.3+2\times0.05+1.5)=5.8\ (m)$$

4）石材饰线：

$$3.5-(1.3+0.05\times2)=2.1\ (m)$$

（2）定额工程量：

1）镜面玻璃：

$$1.5\times1.3=1.95\ (m^2)$$

2）毛巾环：1副

3）不锈钢饰线：

$$2\times(1.3+2\times0.05+1.5)=5.8\ (m)$$

4）石材饰线：

$$3.5-(1.3+0.05\times2)=2.1\ (m)$$

（3）清单项目每计量单位应包含工程数量：

1）镜面玻璃安装：1.95÷1.95＝1（m^2）

2）毛巾环：1÷1＝1（副）

3）镜面玻璃线安装：5.8÷5.8＝1（m）

4）石料装饰线：2.1÷2.1＝1（m）

（4）分部分项工程和单价措施项目清单与计价表见表4-95。

表4-95　分部分项工程和单价措施项目清单与计价表

工程名称：某卫生间安装工程　　　　标段：　　　　第　页　共　页

序号	项目编号	项目名称	项目特征描述	计算单位	数量	金额（元）		
						综合单价	合价	其中 暂估价
1	011505010001	镜面玻璃	镜面玻璃品种、规格：6mm厚，1500mm×1300m	m^2	1.95	266.49	519.66	
2	011505007001	毛巾环	材料品种、规格：毛巾环	副	1	38.43	38.43	
3	011502005001	镜面玻璃线	1. 基层类型：3mm厚胶合板 2. 线条材料品种、规格：50mm宽镜面不锈钢板 3. 结合层材料种类：水泥砂浆1∶3	m	5.8	25.27	146.57	
4	011502003001	石材装饰线	线条材料品种、规格：80mm宽石材装饰线	m	2.1	312.67	656.61	
合计							1361.27	

（5）根据企业情况确定管理费率170%，利润率110%，计费基础为人工费。综合单价分析表见表4-96～表4-99。

表4-96 综合单价分析表

工程名称：某卫生间安装工程 标段： 第 页 共 页

项目编码	011505010001	项目名称	镜面玻璃	计量单位	m^2	工程量	1.95				
清单综合单价组成明细											
定额编号	定额内容	定额单位	数量	单价（元/m^2）				合价（元/m^2）			
				人工费	材料费	机械费	管理费和利润	人工费	材料费	机械费	管理费和利润
6-112	镜面玻璃	m^2	1	10.70	225.17	0.66	29.96	10.70	225.17	0.66	29.96
人工单价		小计						10.70	225.17	0.66	29.96
25元/工日		未计价材料费						—			
清单项目综合单价								266.49			

表4-97 综合单价分析表

工程名称：某卫生间安装工程 标段： 第 页 共 页

项目编码	011505007001	项目名称	毛巾环	计量单位	副	工程量	1				
清单综合单价组成明细											
定额编号	定额内容	定额单位	数量	单价（元/副）				合价（元/副）			
				人工费	材料费	机械费	管理费和利润	人工费	材料费	机械费	管理费和利润
6-201	毛巾环	副	1	0.45	36.72	0.00	1.26	0.45	36.72	0.00	1.26
人工单价		小计						0.45	36.72	0.00	1.26
25元/工日		未计价材料费						—			
清单项目综合单价								38.43			

表 4-98 综合单价分析表

工程名称：某卫生间安装工程　　　　标段：　　　　　　第 页 共 页

项目编码	011502005001		项目名称		镜面玻璃线		计量单位		m		工程量	5.8
清单综合单价组成明细												
定额编号	定额内容	定额单位	数量	单价（元/m）				合价（元/m）				
				人工费	材料费	机械费	管理费和利润	人工费	材料费	机械费	管理费和利润	
6-064	镜面不锈钢装饰线	m	1	1.39	19.99	0.00	3.89	1.39	19.99	0.00	3.89	
人工单价		小　计						1.39	19.99	0.00	3.89	
25 元/工日		未计价材料费						—				
清单项目综合单价								25.27				

表 4-99 综合单价分析表

工程名称：某卫生间安装工程　　　　标段：　　　　　　第 页 共 页

项目编码	011502003001		项目名称		石材装饰线		计量单位		m		工程量	2.1
清单综合单价组成明细												
定额编号	定额内容	定额单位	数量	单价（元/m）				合价（元/m）				
				人工费	材料费	机械费	管理费和利润	人工费	材料费	机械费	管理费和利润	
6-087	镜面不锈钢装饰线	m	1	1.39	307.23	0.16	3.89	1.39	307.23	0.16	3.89	
人工单价		小　计						1.39	307.23	0.16	3.89	
25 元/工日		未计价材料费						—				
清单项目综合单价								312.67				

4.9 拆除工程及措施项目

4.9.1 拆除工程清单工程量计算

1. 抹灰层拆除

抹灰层拆除工程量清单项目的设置、项目特征描述的内容、计量单位、工程量计算规则应按表 4-100 的规定执行。

表 4-100 抹灰层拆除（编码：011604）

项目编码	项目名称	项目特征	计量单位	工程量计算规则	工程内容
011604001	平面抹灰层拆除	1. 拆除部位 2. 抹灰层种类	m^2	按拆除部位的面积计算	1. 拆除 2. 控制扬尘 3. 清理 4. 建渣场内、外运输
011604002	立面抹灰层拆除				
011604003	顶棚抹灰面拆除				

注：1. 单独拆除抹灰层应按“抹灰层拆除”的项目编码列项。
2. 抹灰层种类可描述为一般抹灰或装饰抹灰。

2. 块料面层拆除

块料面层拆除工程量清单项目的设置、项目特征描述的内容、计量单位、工程量计算规则应按表 4-101 的规定执行。

表 4-101 块料面层拆除（编码：011605）

项目编码	项目名称	项目特征	计量单位	工程量计算规则	工程内容
011605001	平面块料拆除	1. 拆除的基层类型 2. 饰面材料种类	m^2	按拆除面积计算	1. 拆除 2. 控制扬尘 3. 清理 4. 建渣场内、外运输
011605002	立面块料拆除				

注：1. 如仅拆除块料层，拆除的基层类型不用描述。
2. 拆除的基层类型的描述指砂浆层、防水层、干挂或挂贴所采用的钢骨架层等。

3. 龙骨及饰面拆除

龙骨及饰面拆除工程量清单项目的设置、项目特征描述的内容、计量单位、工程量计算规则应按表 4-102 的规定执行。

表 4-102 龙骨及饰面拆除（编码：011606）

项目编码	项目名称	项目特征	计量单位	工程量计算规则	工程内容
011606001	楼地面龙骨及饰面拆除	1. 拆除的基层类型 2. 龙骨及饰面种类	m^2	按拆除面积计算	1. 拆除 2. 控制扬尘 3. 清理 4. 建渣场内、外运输
011606002	墙柱面龙骨及饰面拆除				
011606003	顶棚面龙骨及饰面拆除				

注：1. 基层类型的描述指砂浆层、防水层等。
2. 如仅拆除龙骨及饰面，拆除的基层类型不用描述。
3. 如只拆除饰面，不用描述龙骨材料种类。

4. 铲除油漆涂料裱糊面

铲除油漆涂料裱糊面工程量清单项目的设置、项目特征描述的内容、计量单位、工程量计算规则应按表 4-103 的规定执行。

表 4-103 铲除油漆涂料裱糊面（编码：011608）

项目编码	项目名称	项目特征	计量单位	工程量计算规则	工程内容
011608001	铲除油漆面	1. 铲除部位名称 2. 铲除部位的截面尺寸	1. m^2 2. m	1. 以“m^2”计算，按铲除部位的面积计算 2. 以“m”计算，按按铲除部位的延长米计算	1. 铲除 2. 控制扬尘 3. 清理 4. 建渣场内、外运输
011608002	铲除涂料面				
011608003	铲除裱糊面				

注：1. 单独铲除油漆涂料裱糊面的工程按本表编码列项。
2. 铲除部位名称的描述指墙面、柱面、顶棚、门窗等。
3. 按米计量，必须描述铲除部位的截面尺寸；以平方米计量时，则不用描述铲除部位的截面尺寸。

5. 栏杆栏板、轻质隔断隔墙拆除

栏杆栏板、轻质隔断隔墙拆除工程量清单项目的设置、项目特征描述的内容、计量单位、工程量计算规则应按表 4-104 的规定执行。

表 4-104 栏杆栏板、轻质隔断隔墙拆除（编码：011609）

项目编码	项目名称	项目特征	计量单位	工程量计算规则	工程内容
011609001	栏杆、栏板拆除	1. 栏杆（板）的高度 2. 栏杆、栏板种类	1. m^2 2. m	1. 以“m^2”计量，按拆除部位的面积计算 2. 以“m”计量，按拆除的延长米计算	1. 拆除 2. 控制扬尘 3. 清理 4. 建渣场内、外运输
011609002	隔断隔墙拆除	1. 拆除隔墙的骨架种类 2. 拆除隔墙的饰面种类	m^2	按拆除部位的面积计算	

注：以平方米计量，不用描述栏杆（板）的高度。

6. 灯具、玻璃拆除

灯具、玻璃拆除工程量清单项目的设置、项目特征描述的内容、计量单位、工程量计算规则应按表 4-105 的规定执行。

表 4-105 灯具、玻璃拆除（编码：011613）

项目编码	项目名称	项目特征	计量单位	工程量计算规则	工程内容
011613001	灯具拆除	1. 拆除灯具高度 2. 灯具种类	套	按拆除的数量计算	1. 拆除 2. 控制扬尘 3. 清理 4. 建渣场内、外运输
011613002	玻璃拆除	1. 玻璃厚度 2. 拆除部位	m^2	按拆除的面积计算	

注：拆除部位的描述指门窗玻璃、隔断玻璃、墙玻璃、家具玻璃等。

7. 其他构件拆除

其他构件拆除工程量清单项目的设置、项目特征描述的内容、计量单位、工程量计算规则应按表 4-106 的规定执行。

表 4-106 其他构件拆除（编码：011614）

项目编码	项目名称	项目特征	计量单位	工程量计算规则	工程内容
011614001	暖气罩拆除	暖气罩材质	1. 个 2. m^2	1. 以个为单位计量，按拆除个数计算 2. 以“m”为单位计量，按拆除的延长米计算	1. 拆除 2. 控制扬尘 3. 清理 4. 建渣场内、外运输
011614002	柜体拆除	1. 柜体材质 2. 柜体尺寸：长、宽、高	1. 个 2. m^2	1. 以个为单位计量，按拆除个数计算 2. 以“m”为单位计量，按拆除的延长米计算	1. 拆除 2. 控制扬尘 3. 清理 4. 建渣场内、外运输
011614003	窗台板拆除	窗台板平面尺寸	1. 块 2. m^2	1. 以块计量，按拆除数量计算 2. 以“m”计量，按拆除的延长米计算	1. 拆除 2. 控制扬尘 3. 清理 4. 建渣场内、外运输
011614004	筒子板拆除	筒子板的平面尺寸	1. 块 2. m^2	1. 以块计量，按拆除数量计算 2. 以“m”计量，按拆除的延长米计算	1. 拆除 2. 控制扬尘 3. 清理 4. 建渣场内、外运输
011614005	窗帘盒拆除	窗帘盒的平面尺寸	m	按拆除的延长米计算	1. 拆除 2. 控制扬尘 3. 清理 4. 建渣场内、外运输
011614006	窗帘轨拆除	窗帘轨的材质	m	按拆除的延长米计算	1. 拆除 2. 控制扬尘 3. 清理 4. 建渣场内、外运输

注：双轨窗帘轨拆除按双轨长度分别计算工程量。

8. 开孔（打洞）

开孔（打洞）工程量清单项目的设置、项目特征描述的内容、计量单位、工程量计算规则应按表 4-107 的规定执行。

表 4-107 开孔（打洞）（编码：011615）

项目编码	项目名称	项目特征	计量单位	工程量计算规则	工程内容
011615001	开孔（打洞）	1. 部位 2. 打洞部位材质 3. 洞尺寸	个	按数量计算	1. 拆除 2. 控制扬尘 3. 清理 4. 建渣场内、外运输

注：1. 部位可描述为墙面或楼板。

2. 打洞部位材质可描述为页岩砖或空心砖或钢筋混凝土等。

4.9.2 措施项目

1. 措施项目清单工程量计算规则

1）脚手架工程。脚手架工程工程量清单项目设置、项目特征描述的内容、计量单位及工程量计算规则，应按表4-108的规定执行。

表4-108 脚手架工程（编码：011701）

项目编码	项目名称	项目特征	计量单位	工程量计算规则	工作内容
011701001	综合脚手架	1. 建筑结构形式 2. 檐口高度	m^2	按建筑面积计算	1. 场内、场外材料搬运 2. 搭、拆脚手架、斜道、上料平台 3. 安全网的铺设 4. 选择附墙点与主体连接 5. 测试电动装置、安全锁等 6. 拆除脚手架后材料的堆放
011701002	外脚手架	1. 搭设方式 2. 搭设高度 3. 脚手架材质	m^2	按所服务对象的垂直投影面积计算	1. 场内、场外材料搬运 2. 搭、拆脚手架、斜道、上料平台 3. 安全网的铺设 4. 拆除脚手架后材料的堆放
011701003	里脚手架				
011701004	悬空脚手架	1. 搭设方式 2. 悬挑宽度 3. 脚手架材质		按搭设的水平投影面积计算	
011701005	挑脚手架		m	按搭设长度乘以搭设层数以延长米计算	
011701006	满堂脚手架	1. 搭设方式 2. 搭设高度 3. 脚手架材质	m^2	按搭设的水平投影面积计算	
011701007	整体提升架	1. 搭设方式及启动装置 2. 搭设高度	m^2	按所服务对象的垂直投影面积计算	1. 场内、场外材料搬运 2. 选择附墙点与主体连接 3. 搭、拆脚手架、斜道、上料平台 4. 安全网的铺设 5. 测试电动装置、安全锁等 6. 拆除脚手架后材料的堆放

续表 4-108

项目编码	项目名称	项目特征	计量单位	工程量计算规则	工作内容
011701008	外装饰吊篮	1. 升降方式及启动装置 2. 搭设高度及吊篮型号	m^2	按所服务对象的垂直投影面积计算	1. 场内、场外材料搬运 2. 吊篮的安装 3. 测试电动装置、安全锁、平衡控制器等 4. 吊篮的拆卸

2）混凝土模板及支架（撑）。混凝土模板及支架（撑）工程量清单项目设置、项目特征描述的内容、计量单位、工程量计算规则及工作内容，应按表 4-109 的规定执行。

表 4-109 混凝土模板及支架（撑）（编码：011702）

项目编码	项目名称	项目特征	计量单位	工程量计算规则	工作内容
011702001	基础	基础类型	m^2	按模板与现浇混凝土构件的接触面积计算 1. 现浇钢筋混凝土墙、板单孔面积≤0.3m^2的孔洞不予扣除，洞侧壁模板亦不增加；单孔面积＞0.3m^2时应予扣除，洞侧壁模板面积并入墙、板工程量内计算 2. 现浇框架分别按梁、板、柱有关规定计算；附墙柱、暗梁、暗柱并入墙内工程量内计算 3. 柱、梁、墙、板相互连接的重叠部分，均不计算模板面积 4. 构造柱按图示外露部分计算模板面积	1. 模板制作 2. 模板安装、拆除、整理堆放及场内外运输 3. 清理模板粘结物及模内杂物、刷隔离剂等
011702002	矩形柱	—			
011702003	构造柱				
011702004	异形柱	柱截面形状			
011702005	基础梁	梁截面形状			
011702006	矩形梁	支撑高度			
011702007	异形梁	1. 梁截面形状 2. 支撑高度			
011702008	梁圈	—			
011702009	过梁				
011702010	弧形、拱形梁	1. 梁截面形状 2. 支撑高度			
011702011	直形墙	—			
011702012	弧形墙				
011702013	短肢剪力墙、电梯井壁				
11702014	有梁板	支撑高度			
11702015	无梁板				
11702016	平板				
11702017	拱板				
11702018	薄壳板				
11702019	空心板				
11702020	其他板				
11702021	栏板	—			

续表 4-109

项目编码	项目名称	项目特征	计量单位	工程量计算规则	工作内容
11702022	天沟、檐沟	构建类型	m²	按模板与现浇混凝土构件的接触面积计算	1. 模板制作 2. 模板安装、拆除、整理堆放及场内外运输 3. 清理模板黏结物及模内杂物、刷隔离剂等
11702023	雨篷、悬挑板、阳台板	1. 构件类型 2. 板厚度		按图示外挑部分尺寸的水平投影面积计算，挑出墙外的悬臂梁及板边不另计算	
11702024	楼梯	类型		按楼梯（包括休息平台、平台梁、斜梁和楼层板的连接梁）的水平投影面积计算，不扣除宽度≤500mm的楼梯井所占面积，楼梯踏步、踏步板、平台梁等侧面模板不另计算，伸入墙内部分亦不增加	
11702025	其他现浇构件	构件类型		按模板与现浇混凝土构件的接触面积计算	
11702026	电缆沟、地沟	1. 沟类型 2. 沟截面		按模板与电缆沟、地沟接触的面积计算	
11702027	台阶	台阶踏步宽		按图示台阶水平投影面积计算，台阶端头两侧不另计算模板面积。架空式混凝土台阶，按现浇楼梯计算	
11702028	扶手	扶手断面尺寸		按模板与扶手的接触面积计算	

续表 4-109

项目编码	项目名称	项目特征	计量单位	工程量计算规则	工作内容
11702029	散水	—	m²	按模板与散水的接触面积计算	1. 模板制作 2. 模板安装、拆除、整理堆放及场内外运输 3. 清理模板黏结物及模内杂物、刷隔离剂等
11702030	后浇带	后浇带部位		按模板与后浇带的接触面积计算	
11702031	化粪池	1. 化粪池部位 2. 化粪池规格		按模板与混凝土接触面积计算	
11702032	检查井	1. 检查井部位 2. 检查井规格			

3）垂直运输。垂直运输工程量清单项目设置、项目特征描述的内容、计量单位、工程量计算规则应按表 4-110 的规定执行。

表 4-110 垂直运输（编码：011703）

项目编码	项目名称	项目特征	计量单位	工程量计算规则	工作内容
011703001	垂直运输	1. 建筑物建筑类型及结构形式 2. 地下室建筑面积 3. 建筑物檐口高度、层数	1. m² 2. 天	1. 按建筑面积计算 2. 按施工工期日历天数计算	1. 垂直运输机械的固定装置、基础制作、安装 2. 行走式垂直运输机械轨道的铺设、拆除、摊销

4）超高施工增加。超高施工增加工程量清单项目设置、项目特征描述的内容、计量单位、工程量计算规则应按表 4-111 的规定执行。

表 4-111 超高施工增加（编码：011704）

项目编码	项目名称	项目特征	计量单位	工程量计算规则	工作内容
011704001	超高施工增加	1. 建筑物建筑类型及结构形式 2. 建筑物檐口高度、层数 3. 单层建筑物檐口高度超过 20m，多层建筑物超过 6 层部分的建筑面积	m²	按建筑物超高部分的建筑面积计算	1. 建筑物超高引起的人工工效降低以及由于人工工效降低引起的机械降效 2. 高层施工用水加压水泵的安装、拆除及工作台班 3. 通信联络设备的使用及摊销

5）大型机械设备进出场及安拆。大型机械设备进出场及安拆工程量清单项目设置、项目特征描述的内容及计量单位及工程量计算规则应按表4-112的规定执行。

表4-112 大型机械设备进出场及安拆（编码：011705001）

项目编码	项目名称	项目特征	计量单位	工程量计算规则	工作内容
011705001	大型机械设备进出场及安拆	1. 机械设备名称 2. 机械设备规格型号	台次	按使用机械设备的数量计算	1. 安拆费包括施工机械、设备在现场进行安装拆卸所需人工、材料、机械和试运转费用以及机械辅助设施的折旧、搭设、拆除等费用 2. 进出场费包括施工机械、设备整体或分体自停放地点运至施工现场或由一施工地点运至另一施工地点所发生的运输、装卸、辅助材料等费用

6）施工排水、降水。施工排水、降水工程量清单项目设置、项目特征描述的内容、计量单位及工程量计算规则应按表4-113的规定执行。

表4-113 施工排水、降水（编码：011706）

项目编码	项目名称	项目特征	计量单位	工程量计算规则	工作内容
011706001	成井	1. 成井方式 2. 地层情况 3. 成井直径 4. 井（滤）管类型、直径	m	按设计图示尺寸以钻孔深度计算	1. 准备钻孔机械、埋设护筒、钻机就位；泥浆制作、固壁；成孔、出渣、清孔等 2. 对接上、下井管（滤管），焊接，安放，下滤料，洗井，连接试抽等
011706002	排水、降水	1. 机械规格型号 2. 降排水管规格	昼夜	按排、降水日历天数计算	1. 管道安装、拆除，场内搬运等 2. 抽水、值班、降水设备维修等

7）安全文明施工及其他措施项目。安全文明施工及其他措施项目工程量清单项目设置、计量单位、工作内容及包含范围应按表4-114的规定执行。

表4-114 安全文明施工及其他措施项目（编码：011707）

项目编码	项目名称	工作内容及包含范围
011707001	安全文明施工	1. 环境保护：现场施工机械设备降低噪声、防扰民措施；水泥和其他易飞扬细颗粒建筑材料密闭存放或采取覆盖措施等；工程防扬尘洒水；土石方、建渣外运车辆防护措施等；现场污染源的控制、生活垃圾清理外运、场地排水排污措施；其他环境保护措施 2. 文明施工："五牌一图"；现场围挡的墙面美化（包括内外粉刷、刷白、标语等）、压顶装饰；现场厕所便槽刷白、贴面砖，水泥砂浆地面或地砖，建筑物内临时便溺设施；其他施工现场临时设施的装饰装修、美化措施；现场生活卫生设施；符合卫生要求的饮水设备、淋浴、消毒等设施；生活用洁净燃料；防煤气中毒、防蚊虫叮咬等措施；施工现场操作场地的硬化；现场绿化、治安综合治理；现场配备医药保健器材、物品和急救人员培训；现场工人的防暑降温、电风扇、空调等设备及用电；其他文明施工措施 3. 安全施工：安全资料、特殊作业专项方案的编制，安全施工标志的购置及安全宣传；"三宝"（安全帽、安全带、安全网）、"四口"（楼梯口、电梯井口、通道口、预留洞口）、"五临边"（阳台围边、楼板围边、屋面围边、槽坑围边、卸料平台两侧），水平防护架、垂直防护架、外架封闭等防护；施工安全用电，包括配电箱三级配电、两级保护装置要求、外电防护措施；起重机、塔吊等起重设备（含井架、门架）及外用电梯的安全防护措施（含警示标志）及卸料平台的临边防护、层间安全门、防护棚等设施；建筑工地起重机械的检验检测；施工机具防护棚及其围栏的安全保护设施；施工安全防护通道；工人的安全防护用品、用具购置；消防设施与消防器材的配置；电气保护、安全照明设施；其他安全防护措施 4. 临时设施：施工现场采用彩色、定型钢板，砖、混凝土砌块等围挡的安砌、维修、拆除；施工现场临时建筑物、构筑物的搭设、维修、拆除，如临时宿舍、办公室，食堂、厨房、厕所、诊疗所、临时文化福利用房、临时仓库、加工场、搅拌台、临时简易水塔、水池等；施工现场临时设施的搭设、维修、拆除，如临时供水管道、临时供电管线、小型临时设施等；施工现场规定范围内临时简易道路铺设，临时排水沟、排水设施安砌、维修、拆除；其他临时设施搭设、维修、拆除
011707002	夜间施工	1. 夜间固定照明灯具和临时可移动照明灯具的设置、拆除 2. 夜间施工时，施工现场交通标志、安全标牌、警示灯等的设置、移动、拆除 3. 包括夜间照明设备及照明用电、施工人员夜班补助、夜间施工劳动效率降低等
011707003	非夜间施工照明	为保证工程施工正常进行，在地下室等特殊施工部位施工时所采用的照明设备的安拆、维护及照明用电等

续表 4-114

项目编码	项目名称	工作内容及包含范围
011707004	二次搬运	由于施工场地条件限制而发生的材料、成品、半成品等一次运输不能到达堆放地点，必须进行的二次或多次搬运
011707005	冬雨季施工	1. 冬雨（风）季施工时增加的临时设施（防寒保温、防雨、防风设施）的搭设、拆除 2. 冬雨（风）季施工时，对砌体、混凝土等采用的特殊加温、保温和养护措施 3. 冬雨（风）季施工时，施工现场的防滑处理、对影响施工的雨雪的清除 4. 包括冬雨（风）季施工时增加的临时设施、施工人员的劳动保护用品、冬雨（风）季施工劳动效率降低等
011707006	地上、地下设施、建筑物的临时保护设施	在工程施工过程中，对已建成的地上、地下设施和建筑物进行的遮盖、封闭、隔离等必要保护措施
011707007	已完工程及设备保护	对已完工程及设备采取的覆盖、包裹、封闭、隔离等必要保护措施

2. 措施项目定额工程量计算规则

(1) 装饰装修脚手架及项目成品保护费计算

1) 定额项目划分。

①装饰装修脚手架包括满堂脚手架、外脚手架、内墙面粉饰脚手架、安全过道、封闭式安全笆、斜挑式安全笆、满挂安全网等 12 个子项目。

②项目成品保护费包括楼地面、楼梯、台阶、独立柱、内墙面饰面面层等 4 个子目的成品保护。

2) 装饰装修脚手架工程量计算规则。

①满堂脚手架，按实际搭设的水平投影面积计算，不扣除附墙柱、柱所占面积，其基本层高以 3.6～5.2m 为准。凡超过 3.6m、在 5.2m 以内的顶棚抹灰及装饰装修，应计算满堂脚手架基本层，层高超过 5.2m，每增加 1.2m 计算一个增加层，增加层的层数＝(层高－5.2m) ÷1.2m，按四舍五入取整数。室内凡计算了满堂脚手架者，其内墙面粉饰不再计算粉饰架，只按每 $100m^2$ 墙面垂直投影面积增加改架工 1.28 工日。

②装饰装修外脚手架按外墙的外边线长乘墙高以平方米计算，不扣除门窗洞口的面积。同一建筑物各面墙的高度不同，且不在同一定额步距内时，应分别计算工程量。定额中所指的檐口高度 5～45m 以内，系指建筑物自设计室外地坪面至外墙顶点或构筑物顶面

的高度。

③利用主体外脚手架改变其步高作外墙面装饰架时，按每 $100m^2$ 外墙面垂直投影面积，增加改架工 1.28 工日；独立柱按柱周长增加 3.6m 乘柱高套用装饰装修外脚手架相应高度的定额。

④内墙面粉饰脚手架，均按内墙面垂直投影面积计算，不扣除门窗洞口的面积。

⑤安全过道按实际搭设的水平投影面积（架宽×架长）计算。

⑥封闭式安全笆按实际封闭的垂直投影面积计算。实际用封闭材料与定额不符时，不作调整。

⑦斜挑式安全笆按实际搭设的（长×宽）斜面面积计算。

⑧满挂安全网按实际满挂的垂直投影面积计算。

3）项目成品保护。项目成品保护工程量计算规则按各章节相应子目规则执行。

4）工程量计算相关项目解释。

①脚手架按用途分为砌筑脚手架、装修脚手架、支撑脚手架；按搭设位置分为外脚手架和内脚手架；按材料可分为木脚手架、竹脚手架和金属脚手架；按结构形式可分为多立杆式、框组式、碗扣式、桥式、挂式、挑式及其他工具式脚手架；按高度可分为高层和低层脚手架两种。

②脚手架材料为周转使用性材料，消耗量是使用一次的材料摊销量。定额是按搭设种类来划分的，工作内容包括场内、外材料的搬运，搭设、拆除脚手架、上料平台、安全网，脚手板、脚手架拆除后材料的堆放。

③满堂脚手架套用范围如下：

a. 凡顶棚超过 3.6m 的需要抹灰或刷油。

b. 混凝土带形基础底宽超过 1.2m，满堂基础、独立基础（杯形基础、桩基础、设备基础）底面积超过 $4m^2$（加宽工作面后计算）且深度超过 1.5m。

c. 凡室内高度超过 3.6m 的抹灰顶棚或钉板顶棚均应计算满堂脚手架。室内高度超过 3.6m 的内墙抹灰需钉顶棚及顶棚抹灰的只能计算一次满堂脚手架。室内高度超过 3.6m 的内墙抹灰、墙面抹灰或墙面勾缝而顶棚不抹灰的可将 3.6m 以内的简易脚手架乘以系数 1.30 计算。高度超过 3.6m 的屋面板底勾缝、喷浆及屋架刷油等均按活动脚手架计算。满堂脚手架、活动脚手架均以水平投影面积计算，不扣除垛、柱所占的面积。满堂脚手架的高度以室内地坪到顶棚为准。坡屋面的以室内山墙平均高度计算。

④外脚手架的工作内容主要有平土、挖坑、安底座、打缆风桩、拉缆风绳、内外材料运输、搭拆脚手架、上料平台、挡脚板、护身栏杆、上下翻板子和拆除后的材料堆放整理等。外脚手架既可用于外墙砌筑，又可用于外墙装修施工，其主要结构有多立杆式、桥式和框式，其中以多立杆式和框式使用最为普遍。

⑤水平防护架是沿水平方向用钢管搭设的一个架子通道，上面铺满脚手板。它是间接为工程施工顺利进行而单独搭设用于车马通道和人行通道的防护。

⑥垂直防护架：在建筑物的垂直面上，利用钢管搭设而成，外面固定上竹笆或黄席的垂直隔离构件。

⑦外架全封闭是指建筑物临街，为防止建筑材料及其他物品坠落伤人而采取的将建筑物外围整个用封席材料封闭起来。外架全封闭具有防风作用。

⑧斜道一般用来供人员上下脚手架用。有些斜道兼作材料运输。

⑨安全网是指建筑工人在高空进行建筑施工、设备安装时，在其下或其侧的棕绳或尼龙网。它是与工作层同步安装的。其主要作用是防止操作人员和材料坠落，伤及路人。

⑩项目成品保护费是指项目所需材料运输、保管制成成品后所需保护材料及人工费用。

(2) 垂直运输及超高增加费计算

1) 定额说明。

①垂直运输费：

a. 本定额不包括特大型机械进出场及安拆费。

b. 垂直运输高度：设计室外地坪以上部分指室外地坪至相应楼面的高度。设计室外地坪以下部分指室外地坪至相应地（楼）面的高度。

c. 檐高高度在 3.6m 以内的单层建筑物，不计算垂直运输机械费。

d. 带一层地下室的建筑物，若地下室垂直运输高度小于 3.6m，则地下层不计算垂直运输机械费。

e. 再次装饰装修利用电梯进行垂直运输或通过楼梯人力进行垂直运输的按实际计算。

②超高增加费：

a. 本定额用于建筑物檐高在 20m 以上的工程。

b. 檐高是指设计室外地坪至檐口的高度。突出主体建筑屋顶的电梯间、水箱间等不计入檐高之内。

2) 工程量计算规则。

①垂直运输工程量：装饰装修楼层（包括楼层所有装饰装修工程量）区别不同垂直运输高度（单层建筑物系檐口高度）按定额工日分别计算。

地下层超过两层或层高超过 3.6m 时，计取垂直运输费，其工程量按地下层全面积计算。

②超高增加费工程量：装饰装修楼面（包括楼层所有装饰装修工程量）区别不同垂直运输高度（单层建筑物系檐口高度）以人工费与机械费之和按元分别计算。

3) 工程量计算相关项目的解释。

①建筑物檐高是指室外设计地坪标高到建筑物挑檐上皮的高度，无挑檐的建筑物由室外设计地坪标高算至屋顶板面的高度。

a. 在单层建筑物中，如有女儿墙，其高度应算至女儿墙顶面。

b. 对特殊建筑物的檐高需按规定计算。如突出屋顶的水箱间、电梯间、楼梯间不超过建筑物自然层两层或 7m 的不计算檐高；超过两层或 7m 的部分可计算檐高。

c. 地坪是指建筑物最底层房间与土壤相交接处的水平面。

②构筑物的高度以设计室外地坪至构筑物的顶面高度为准，该定额构筑物按用途可划分为烟囱、水塔和筒仓项目。

③具备运输条件的再次装饰装修工程，利用电梯运输，按电梯实际发生运输台班费计算。通过人力上下楼梯进行运输时，可按人力日工资标准进行计算。

④超高建筑物是指建筑物的设计檐口高度超过定额规定的极限高度（檐高 20m，层数

6 层以上），并规定檐口高度在 20m 以上的单层或多层、工业或民用建筑物均可计算超高增加费。

⑤人工降效和机械降效是指当建筑物超过 6 层或檐高超过 20m 时，由于操作工人的工效降低、垂直运输距离加长影响的时间，以及因操作人工降效而引起机械台班的降效等。

⑥加压用水泵考虑到自来水的水压不足，而需增压所用的加压水泵台班。

3. 措施项目工程量计算及清单编制实例

【例 4-49】 如图 4-68 所示，某单层建筑物进行装饰装修，计算搭设满堂脚手架的定额工程量。

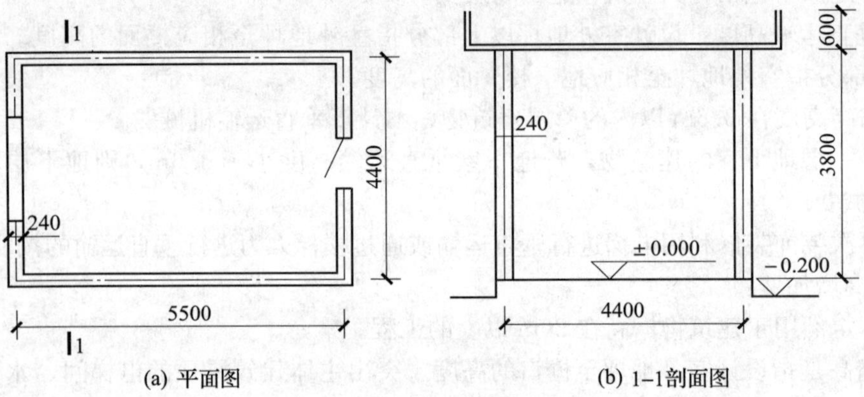

图 4-68 搭设脚手架

【解】

如图 4-68 所示，可知搭设高度为 3.8m，因 3.6m＜3.8m＜5.2m，所以应计算满堂脚手架基本层；因（3.8－3.6）＝0.2m＜1.2m，所以不能计算增加层。

脚手架搭设面积：

$$S = (5.5+0.24)\times(4.4+0.24) = 26.63(\text{m}^2)$$

套用《全统装饰装修消耗量定额》：7－005。

【例 4-50】 某临街建筑物施工，为保证安全，沿街面上搭设了安全过道，脚手板长度为 20m，宽度为 4.2m，试计算该安全过道的定额工程量。

【解】

$$4.2\times20=84\ (\text{m}^2)$$

套用《全统装饰装修消耗量定额》：7－010。

【例 4-51】 如图 4-69 所示为某建筑物示意图，试计算顶层抹灰满堂脚手架费用。（$P_{5.2}$＝173.17 元/100m^2，$P_{1.2}$＝40.27 元/100m^2）

【解】

房间Ⅰ顶棚高度 H_{I}＝6.8m＞3.6m，房间Ⅱ顶棚高度 H_{II}＝3.2m＜3.6m，房间Ⅲ顶棚高度 H_{III}＝6.8－3.4＝3.4m＜3.6m，故只有房间Ⅰ应按满堂脚手架另计算脚手架费用，且 H_{I}＞5.2m，应有增加层。

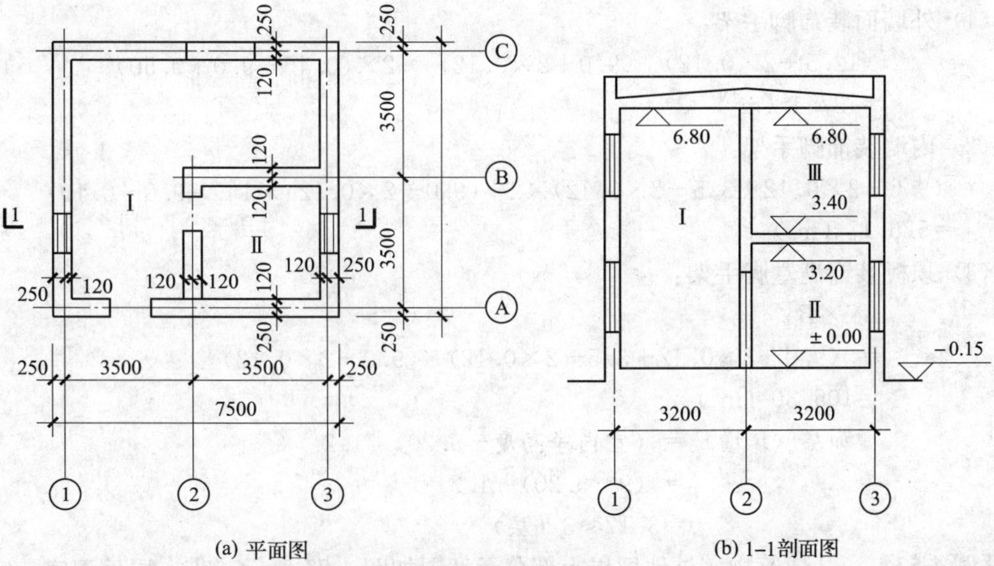

图 4-69　建筑物图

（1）确定增加层数：

$$N=(H_{\mathrm{I}}-5.2)/1.2=(6.8-5.2)/1.2$$
$$=1.33\approx 1(\text{层})$$

（2）室内净空面积：

$$(7-0.12\times 2)^2-3.5^2=33.45\ (\mathrm{m}^2)$$

（3）满堂脚手架费用：

$$P_{满}=33.45\times(173.17+40.27\times 1)$$
$$=7139.57(\text{元})$$

【例 4-52】　某单位活动中心如图 4-70 所示，顶棚为埃特板面层，试计算外墙面装饰脚手架、内墙装饰脚手架、顶棚装饰满堂脚手架的搭设工程量。

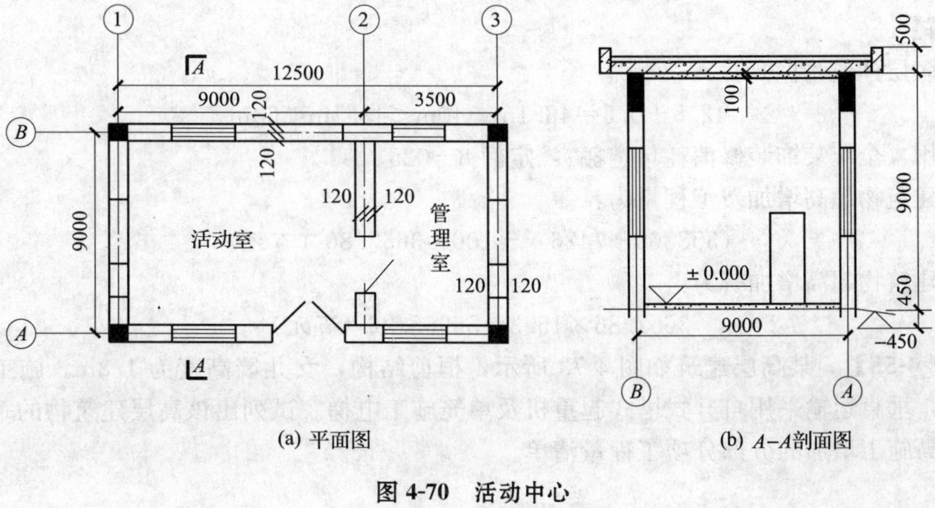

图 4-70　活动中心

【解】

（1）外墙面装饰脚手架：

$[(12.5+2\times0.12)+(9.0+2\times0.12)]\times2\times(0.45+9.0+0.50)$

$=437.4\ (\text{m}^2)$

（2）内墙装饰脚手架：

$[(9.0-2\times0.12+3.5-2\times0.12)\times2+(9.0-2\times0.12)\times4]\times(9.0-0.10)$

$=526.17\ (\text{m}^2)$

（3）顶棚装饰满堂脚手架：

$L_{净}\times B_{净}$

$=(9.0-2\times0.12+3.5-2\times0.12)\times(9.0-2\times0.12)$

$=105.30\ (\text{m}^2)$

增加层（F增）＝（室内净高度－5.20）/1.2

＝（9－5.20）/1.2

＝3.17≈3（层）

【例 4-53】 某建筑物室外地坪以上部分示意图如图 4-71 所示，带二层地下室，室外地坪以下部分地下层的装饰装修全面积工日总数为 780 工日，试计算该建筑物地下室的垂直运输费。

【解】

该建筑物设计室外地坪以下部分的垂直运输高度为：

6－0.6＝5.4（m）

运输费工程量：780 工日

运输直接费：

7.8×2.92＝22.78（百元）

套用《全统装饰装修消耗量定额》：8－001

【例 4-54】 某建筑物层数为 12 层，±0.00 以上高度为 42.5m，设计室外地坪为－0.60m，如图 4-72 所示。假设该建筑物所有装饰装修人工费之和为 358360 元，机械费之和为 7426 元，计算该建筑物超高增加费。

【解】

该多层建筑物檐高：

42.5＋0.6＝43.1m　40m＜43.1m＜60m

套用《全统装饰装修消耗量定额》：定额 8－025。

该建筑物超高增加费工程量为：

（358360＋7426）÷100＝3657.86（百元）

该建筑物超高增加费为：

3657.86×15.3＝55965.26（百元）

【例 4-55】 某高层建筑如图 4-73 所示，框剪结构，女儿墙高度为 1.8m，施工组织设计中，垂直运输采用自升式塔式起重机及单笼施工电梯。试列出该高层建筑物的垂直运输、超高施工增加的分部分项工程量清单。

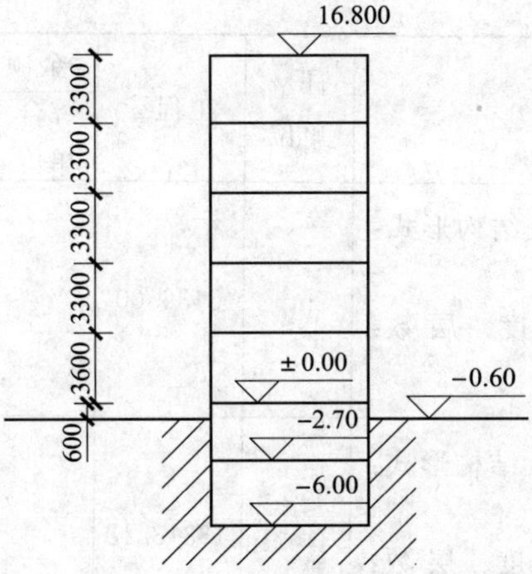

图 4-71　室外地坪以上部分示意图

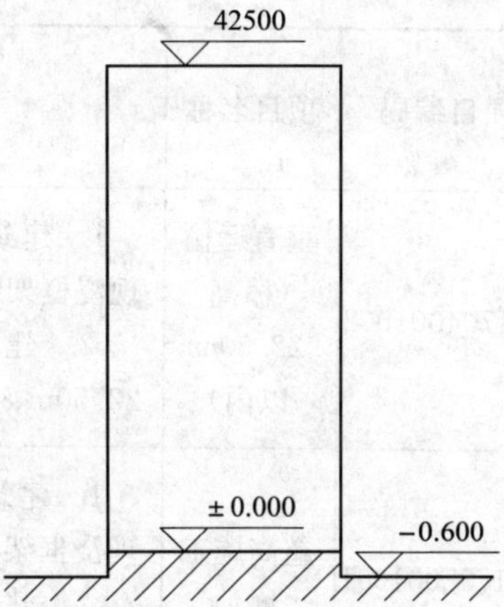

图 4-72　某建筑物示意图

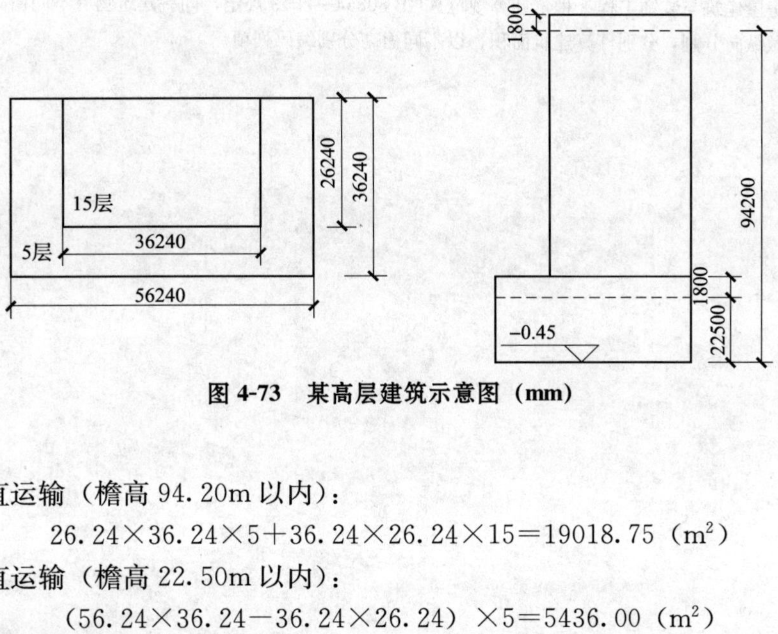

图 4-73　某高层建筑示意图（mm）

【解】

（1）垂直运输（檐高 94.20m 以内）：

$$26.24\times36.24\times5+36.24\times26.24\times15=19018.75\ (m^2)$$

（2）垂直运输（檐高 22.50m 以内）：

$$(56.24\times36.24-36.24\times26.24)\times5=5436.00\ (m^2)$$

（3）超高施工增加：

$$36.24\times26.24\times14=13313.13\ (m^2)$$

分部分项工程和单价措施项目清单与计价表见表 4-115。

表 4-115　分部分项工程和单价措施项目清单与计价表

序号	项目编码	项目名称	项目特征描述	计量单位	工程量	金额（元）	
						综合单价	合价
1	011704001001	垂直运输（檐高 94.20m 以内）	1. 建筑物建筑类型及结构形式：现浇框架结构 2. 建筑物檐口高度、层数：94.20m、20 层	m^2	19018.75		

续表 4-115

序号	项目编码	项目名称	项目特征描述	计量单位	工程量	金额（元）	
						综合单价	合价
2	011704001002	垂直运输（檐高22.50m以内）	1. 建筑物建筑类型及结构形式：现浇框架结构 2. 建筑物檐口高度、层数：22.50m、5层	m^2	5436.00		
3	011705001001	超高施工增加	1. 建筑物建筑类型及结构形式：现浇框架结构 2. 建筑物檐口高度、层数：94.20m、20层	m^2	13313.13		

注：根据《房屋建筑与装饰工程工程量计算规范》GB 80854—2013 规定，同一建筑物有不同檐高时，按建筑物不同檐高做纵向分割，分别计算建筑面积，以不同檐高分别编码列项。

5 装饰装修工程工程量清单计价编制实例

5.1 装饰装修工程招标工程量清单编制

现以某楼装饰装修工程为例，介绍招标工程量清单编制（由委托工程造价咨询人编制）。

1. 封面

【填制说明】 招标工程量清单封面应填写招标工程项目的具体名称，招标人应盖单位公章，如委托工程造价咨询人编制，还应由其加盖相同单位公章。

招标人委托工程造价咨询人编制招标工程量清单的封面，除招标人盖单位公章外，还应加盖受委托编制招标工程量清单的工程造价咨询人的单位公章。

封-1 招标工程量清单封面

××楼装饰装修 工程

招标工程量清单

招　标　人： ××市房地产开发公司
（单位盖章）

造价咨询人： ××工程造价咨询企业
（单位盖章）

××年×月×日

2. 扉页

【填制说明】

1）招标人自行编制工程量清单时，招标工程量清单扉页由招标人单位注册的造价人员编制，招标人盖单位公章，法定代表人或其授权人签字或盖章。编制人是造价工程师的，由其签字盖执业专用章；编制人是造价员的，在编制人栏签字盖专用章，应由造价工程师复核，并在复核人栏签字盖执业专用章。

2）招标人委托工程造价咨询人编制工程量清单时，招标工程量清单扉页由工程造价咨询人单位注册的造价人员编制，工程造价咨询人盖单位资质专用章，法定代表人或其授权人签字或盖章。编制人是造价工程师的，由其签字盖执业专用章；编制人是造价员的，在编制人栏签字盖专用章，应由造价工程师复核，并在复核人栏签字盖执业专用章。

扉-1 招标工程量清单扉页

××楼装饰装修 **工程**

招标工程量清单

招标人： ××市房地产开发公司 （单位盖章）

造价咨询人： ××工程造价咨询企业 （单位资质专用章）

法定代表人或其授权人： ××单位法定代表人 （签字或盖章）

法定代表人或其授权人： 造价咨询企业法定代表人 （签字或盖章）

编制人： ××造价工程师或造价员 （造价人员签字盖专用章）

复核人： ××造价工程师 （造价工程师签字盖专用章）

编制时间：××年×月×日

复核时间：××年×月×日

3. 总说明

【填制说明】　编制工程量清单的总说明内容应包括：

1）工程概况：如建设地址、建设规模、工程特征、交通状况、环保要求等。

2）工程发包、分包范围。

3）工程量清单编制依据：如采用的标准、施工图纸、标准图集等。

4）使用材料设备、施工的特殊要求等。

5）其他需要说明的问题。

表-01　总　说　明

工程名称：××楼装饰装修工程　　第1页　共1页

1　工程概况：该工程建筑面积500m²，其主要使用功能为商住楼；层数三层，混合结构，建筑高度10.8m。

2　招标范围：装饰装修安装工程。

3　工程质量要求：优良工程。

4　工程量清单编制依据：

4.1　由××市建筑工程设计事务所设计的施工图1套；

4.2　由××房地产开发公司编制的《××楼装饰装修工程施工招标书》、《××楼装饰装修工程招标答疑》；

4.3　工程量清单计量按照国标《建设工程工程量清单计价规范》GB 50500—2013、《房屋建筑与装饰工程工程量计算规范》GB 50854—2013编制；

5　所有材料必须持有市以上有关部门颁发的《产品合格证书》及价格在中档以上的建筑材料。

4. 分部分项工程和单价措施项目清单与计价表

【填制说明】 编制工程量清单时，分部分项工程和单价措施项目清单与计价表中，“工程名称”栏应填写具体的工程称谓；“项目编码”栏应按相关工程国家计量规范项目编码栏内规定的9位数字另加3位顺序码填写；“项目名称”栏应按相关工程国家计量规范根据拟建工程实际确定填写；“项目描述”栏应按相关工程国家计量规范根据拟建工程实际予以描述。

“项目描述”栏的具体要求如下：

1）必须描述的内容：

①涉及正确计量的内容必须描述。

②涉及结构要求的内容必须描述。如混凝土构件的混凝土强度等级，是使用C20、C30或C40等，因混凝土强度等级不同，其价值也不同，必须描述。

③涉及材质要求的内容必须描述。如管材的材质，是碳钢管还是塑料管、不锈钢管等；还需要对管材的规格、型号进行描述。

④涉及安装方式的内容必须描述。如管道工程中的钢管的连接方式是螺纹连接还是焊接；塑料管是粘结连接还是热熔连接等必须描述。

2）可不详细描述的内容：

①无法准备描述的可不详细描述。如土壤类别，由于我国幅员辽阔，南北东西差异较大，特别是对于南方来说，在同一地点，由于表层与表层土以下的土壤，其类别是不同的，要求清单编制人准确判定某类土壤在石方中所占比例是困难的。在这种情况下，可考虑将土壤类别描述为综合，但应注明由投标人根据地勘资料自行确定土壤类别，决定报价。

②施工图纸、标准图集明确的，可不再详细描述。对这些项目可描述为见××图集××页号及节点大样等。由于施工图纸、标准图集是发承包双方都应遵守的技术文件，这样描述，可以有效减少在施工过程中对项目理解的不一致。

③有一些项目虽然可不详细描述，但清单编制人在项目特征描述中应注明由投标人自定，如土方工程中的“取土运距”、“弃土运距”等。

④一些地方以项目特征见××定额的表述也是值得考虑的。由于现行定额经过了几十年的贯彻实施，每个定额项目实质上都是一定项目特征下的消耗量标准及其价值表示，因此，如清单项目的项目特征与现行定额某些项目的规定是一致的，也可采用见××定额项目的方式予以表述。

3）特征描述的方式。特征描述的方式大致可划分为“问答式”与“简化式”两种。

①问答式主要是工程量清单编写者直接采用工程计价软件上提供的规范，在要求描述的项目特征上采用答题的方式进行描述。这种方式的优点是全面、详细，缺点是显得啰唆，打印用纸较多。

②简化式则与问答式相反，对需要描述的项目特征内容根据当地的用语习惯，采用口语化的方式直接表述，省略了规范上的描述要求，简洁明了，打印用纸较少。

“计量单位”应按相关工程国家计量规范的规定填写。有的项目规范中有两个或两个以上计量单位的，应按照最适宜计量的方式选择其中一个填写。

“工程量”应按相关工程国家计量规范规定的工程量计算规则计算填写。

按照本表的注示：为了记取规费等的使用，可在表中增设“其中：定额人工费”，由于各省、自治区、直辖市以及行业建设主管部门对规费记取基础的不同设置，可灵活处理。

表-08 分部分项工程和单价措施项目清单与计价表（一）

工程名称：××楼装饰装修工程　　　　标段：　　　　第1页　共2页

<table>
<tr><th rowspan="3">序号</th><th rowspan="3">项目编码</th><th rowspan="3">项目名称</th><th rowspan="3">项目特征描述</th><th rowspan="3">计量单位</th><th rowspan="3">工程量</th><th colspan="3">金额（元）</th></tr>
<tr><th rowspan="2">综合单价</th><th rowspan="2">合价</th><th>其中</th></tr>
<tr><th>暂估价</th></tr>
<tr><td></td><td></td><td colspan="4">0111　楼地面工程</td><td></td><td></td><td></td></tr>
<tr><td>1</td><td>011101001001</td><td>水泥砂浆楼地面</td><td>1. 二层楼面粉水泥砂浆
2. 1∶2水泥砂浆，厚20mm</td><td>m^2</td><td>10.68</td><td></td><td></td><td></td></tr>
<tr><td>2</td><td>011102001001</td><td>石材楼地面</td><td>1. C10混凝土垫层，粒径40mm，厚8mm
2. 一层大理石地面，0.80m×0.80m大理石面层</td><td>m^2</td><td>83.25</td><td></td><td></td><td></td></tr>
<tr><td></td><td></td><td colspan="4">（其他略）</td><td></td><td></td><td></td></tr>
<tr><td></td><td></td><td colspan="4">分部小计</td><td></td><td></td><td></td></tr>
<tr><td></td><td></td><td colspan="4">0112　墙、柱面工程</td><td></td><td></td><td></td></tr>
<tr><td>3</td><td>011201001001</td><td>墙面一般抹灰</td><td>1. 混合砂浆15mm厚
2. 888涂料三遍</td><td>m^2</td><td>926.15</td><td></td><td></td><td></td></tr>
<tr><td>4</td><td>011204003001</td><td>块料墙面</td><td>1. 瓷板墙裙，砖墙面层
2. 1∶3水泥砂浆，17mm厚</td><td>m^2</td><td>66.32</td><td></td><td></td><td></td></tr>
<tr><td></td><td></td><td colspan="4">（其他略）</td><td></td><td></td><td></td></tr>
<tr><td></td><td></td><td colspan="4">分部小计</td><td></td><td></td><td></td></tr>
<tr><td></td><td></td><td colspan="4">0113　顶棚工程</td><td></td><td></td><td></td></tr>
<tr><td>5</td><td>011301001001</td><td>顶棚抹灰</td><td>1. 现浇板底
2. 1∶1∶4水泥、石灰砂浆，7mm厚
3. 1∶0.5∶3水泥砂浆，5mm厚
4. 888涂料三遍</td><td>m^2</td><td>123.61</td><td></td><td></td><td></td></tr>
<tr><td></td><td></td><td colspan="4">分部小计</td><td></td><td></td><td></td></tr>
<tr><td colspan="6">本页小计</td><td></td><td></td><td></td></tr>
<tr><td colspan="6">合　计</td><td></td><td></td><td></td></tr>
</table>

注：为计取规费等的使用，可在表中增设“其中：定额人工费”。

表-08 分部分项工程和单价措施项目清单与计价表（二）

工程名称：××楼装饰装修工程　　标段：　　第2页 共2页

序号	项目编码	项目名称	项目特征描述	计量单位	工程量	金额（元）		
						综合单价	合价	其中
								暂估价
		0113 顶棚工程						
6	011302002001	格栅吊顶	1. 不上人型U型轻钢龙骨，600×600 2. 600×600石膏板面层	m^2	162.40			
		（其他略）						
		分部小计						
		0108 门窗工程						
7	010801001001	胶合板门	1. 胶合板门M－2 2. 杉木框钉5mm胶合板 3. 面层3mm厚榉木板 4. 聚氨酯5遍 5. 门碰、执手锁11个	樘	13			
8	010807001001	金属平开窗	1. 铝合金平开窗，铝合金1.2mm厚 2. 50系列5mm厚白玻璃	樘	8			
		（其他略）						
		分部小计						
		0114 油漆、涂料、裱糊工程						
9	011406001001	抹灰面油漆	1. 外墙门窗套外墙漆 2. 水泥砂浆面上刷外墙漆	m^2	42.82			
		（其他略）						
		分部小计						
本页小计								
合　计								

注：为计取规费等的使用，可在表中增设“其中：定额人工费”。

5. 总价措施项目清单与计价表

【填制说明】 编制工程量清单时，总价措施项目清单与计价表中的项目可根据工程实际情况进行增减。

表-11 总价措施项目清单与计价表

工程名称：××楼装饰装修工程 标段： 第1页 共1页

序号	项目编码	项目名称	计算基础	费率（%）	金额（元）	调整费率（%）	调整后金额（元）	备注
1	011707001001	安全文明施工费						
2	011707002001	夜间施工增加费						
3	011707004001	二次搬运费						
4	011707005001	冬雨季施工增加费						
5	011707007001	已完工程及设备保护费						
6	011703001001	垂直运输机械费						
	（其他略）							
		合 计						

编制人（造价人员）： 复核人（造价工程师）：

注：1. “计算基础”中安全文明施工费可为“定额基价”、“定额人工费”或“定额人工费＋定额机械费”，其他项目可为“定额人工费”或“定额人工费＋定额机械费”。

2. 按施工方案计算的措施费，若无“计算基础”和“费率”的数值，也可只填“金额”数值，但应在备注栏说明施工方案出处或计算方法。

6. 其他项目清单与计价表

【填制说明】 编制招标工程量清单时，其他项目清单与计价汇总表应汇总“暂列金额”和“专业工程暂估价”，以提供给投标报价。

表-12 其他项目清单与计价汇总表

工程名称：××楼装饰装修工程 标段： 第1页 共1页

序号	项目名称	金额（元）	结算金额/元	备注
1	暂列金额	10000.00		明细详见表-12-1
2	暂估价	3000.00		
2.1	材料（工程设备）暂估价	—		明细详见表-12-2
2.2	专业工程暂估价	3000.00		明细详见表-12-3
3	计日工	577.50		明细详见表-12-4
4	总承包服务费	—		明细详见表-12-5
5				
	合 计			—

注：材料（工程设备）暂估单价进入清单项目综合单价，此处不汇总。

(1) 暂列金额明细表

【填制说明】 投标人只需要直接将招标工程量清单中所列的暂列金额纳入投标总价，并且不需要在所列的暂列金额以外再考虑任何其他费用。

表-12-1 暂列金额明细表

工程名称：××楼装饰装修工程 标段： 第1页 共1页

序号	项目名称	计量单位	暂列金额（元）	备注
1	政策性调整和材料价格风险	项	5000.00	
2	工程量清单中工程量变更和设计变更	项	4000.00	
3	其　他	项	1000.00	
合　计			10000.00	—

注：此表由招标人填写，如不能详列，也可只列暂定金额总额，投标人应将上述暂列金额计入投标总价中。

(2) 材料（工程设备）暂估单价及调整表

【填制说明】 一般而言，招标工程量清单中列明的材料、工程设备的暂估价仅指此类材料、工程设备本身运至施工现场内工地地面价，不包括这些材料、工程设备的安装以及安装所必需的辅助材料以及发生在现场内的验收、存储、保管、开箱、二次搬运、从存放地点运至安装地点以及其他任何必要的辅助工作（以下简称“暂估价项目的安装及辅助工作”）所发生的费用。暂估价项目的安装及辅助工作所发生的费用应该包括在投标报价中的相应清单项目的综合单价中并且固定包死。

表-12-2 材料（工程设备）暂估单价及调整表

工程名称：××楼装饰装修工程 标段： 第1页 共1页

序号	材料（工程设备）名称、规格、型号	计量单位	数量		暂估（元）		确认（元）		差额±（元）		备注
			暂估	确认	单价	合价	单价	合价	单价	合价	
1	台阶花岗石	m^2	5.80		200						用在台阶装饰工程中
2	U型轻龙骨 大龙骨 $h=45$	m	68.00		3.61						用在部分吊顶工程中
	（其他略）										
	合　计										

注：此表由招标人填写“暂估单价”，并在备注栏说明暂估价的材料、工程设备拟用在哪些清单项目上，投标人应将上述材料，工程设备暂估单价计入工程量清单综合单价报价中。

（3）专业工程暂估价表

【填制说明】 专业工程暂估价应在表内填写工程名称、工程内容、暂估金额，投标人应将上述金额计入投标总价中。

专业工程暂估价项目及其表中列明的专业工程暂估价，是指分包人实施专业工程的含税金后的完整价（即包含了该专业工程中所有供应、安装、完工、调试、修复缺陷等全部工作），除了合同约定的发包人应承担的总包管理、协调、配合和服务责任所对应的总承包服务费用以外，承包人为履行其总包管理、配合、协调和服务等所需发生的费用应该包括在投标报价中。

表-12-3 专业工程暂估价表

工程名称：××楼装饰装修工程　　　标段：　　　第1页　共1页

序号	工程名称	工程内容	暂估金额（元）	结算金额（元）	差额±（元）	备注
1	消防工程	合同图纸中标明的以及消防工程规范和技术说明中规定的各系统中的设备等的供应、安装和调试工作	3000.00			
	合　计		3000.00			

注：此表“暂估金额”由招标人填写，投标人应将“暂估金额”计入投标总价中。

（4）计日工表

【填制说明】 编制工程量清单时，计日工表中的“项目名称”、“计量单位”、“暂估数量”由招标人填写。

表-12-4　计日工表

工程名称：××楼装饰装修工程　　　　标段：　　　　　　　　　　第1页　共1页

编号	项目名称	单位	暂定数量	实际数量	综合单价（元）	合价（元）	
						暂定	实际
一	人工						
1	技工	工日	15				
2	抹灰工	工日	6				
3	油漆工	工日	6				
人工小计							
二	材料						
1	合金型材	kg	10.00				
2	油漆	kg	80.00				
材料小计							
三	施工机械						
1	平面磨石机	台班	8				
2	磨光机	台班	6				
施工机械小计							
四、企业管理费和利润							
总　计							

注：此表项目名称、暂定数量由招标人填写，编制招标控制价时，单价由招标人按有关计价规定确定；投标时，单价由投标人自主报价，按暂定数量计算合价计入投标总价中。结算时，按承包双方确认的实际数量计算合价。

(5) 总承包服务费计价表

【填制说明】　编制招标工程量清单时，招标人应将拟定进行专业发包的专业工程，自行采购的材料设备等决定清楚，填写项目名称、服务内容，以便投标人决定报价。

表-12-5　总承包服务费计价表

工程名称：××楼装饰装修工程　　　　标段：　　　　　　　　　　第1页　共1页

序号	项目名称	项目价值（元）	服务内容	计算基础	费率（%）	金额（元）
1	发包人发包专业工程	10000	1. 按专业工程承包人的要求提供施工工作面并对施工现场进行统一整理汇总 2. 为专业工程承包人提供垂直运输机械和焊接电源接入点，并承担垂直运输费和电费			
2	发包人供应材料	45000	对发包人供应的材料进行验收及保管和使用发放			
	合　计	—	—		—	

注：此表项目名称、服务内容由招标人填写，编制招标控制价时，费率及金额由招标人按有关计价规定确定；投标时，费率及金额由投标人自主报价，计入投标总价中。

7. 规费、税金项目计价表

【填制说明】 在施工实践中，有的规费项目，如工程排污费，并非每个工程所在地都要征收，实践中可作为按实计算的费用处理。

表-13 规费、税金项目计价表

工程名称：××楼装饰装修工程　　标段：　　第1页　共1页

序号	项目名称	计算基础	计算基数	计算费率（%）	金额（元）
1	规费				
1.1	工程排污费	按工程所在地环保部门规定按实计算			
1.2	社会保险费				
(1)	养老保险费	定额人工费			
(2)	失业保险费	定额人工费			
(3)	医疗保险费	定额人工费			
(4)	工伤保险费	定额人工费			
1.3	住房公积金	定额人工费			
1.4	工程定额预测费	税前工程造价			
2	税金	分部分项工程费＋措施项目费＋其他项目费＋规费－按规定不计税的工程设备金额			
合　计					

编制人（造价人员）：　　复核人（造价工程师）：

8. 主要材料、工程设备一览表

【填制说明】 《建设工程工程量清单计价规范》GB 50500—2013中新增加“主要材料、工程设备一览表”，由于价料等价格占据合同价款的大部分，对材料价款的管理历来是发承包双方十分重视的，因此，规范针对发包人供应材料设置了“发包人提供材料和工程设备一览表”，针对承包人供应材料按当前最主要的调整方法设置了两种表式，分别适用于“造价信息差额调整法”与“价格指数差额调整法”。

(1) 承包人提供主要材料和工程设备一览表 （适用于造价信息差额调整法）

表中“风险系数”应由发包人在招标文件中按照《建设工程工程量清单计价规范》GB 50500—2013的要求合理确定。表中将风险系数、基准单价、投标单价、发承包人确认单价在一个表内全部表示，可以大大减少发承包双方不必要的争议。

表-21 承包人提供主要材料和工程设备一览表

（适用于造价信息差额调整法）

工程名称：××楼装饰装修工程　　　　标段：　　　　第1页　共1页

序号	名称、规格、型号	单位	数量	风险系数（%）	基准单价（元）	投标单价（元）元	发承包人确认单价（元）	备注
1	预拌混凝土C10	m^3						
2	预拌混凝土C15	m^3						
3	预拌混凝土C20	m^3						
	（其他略）							

注：1. 此表由招标人填写除“投标单价”栏的内容，投标人在投标时自主确定投标单价。

2. 投标人应优先采用工程造价管理机构发布的单价作为基准单价，未发布的，通过市场调查确定其基准单价。

(2) 承包人提供主要材料和工程设备一览表 （适用于价格指数差额调整法）

表-22 承包人提供主要材料和工程设备一览表

（适用于价格指数差额调整法）

工程名称：××楼装饰装修工程　　　　标段：　　　　第1页　共1页

序号	名称、规格、型号	变值权重 B	基本价格指数 F_0	现行价格指数 F_t	备注
1	人工				
2	合金型钢				
3	预拌混凝土C20				
4	机械费				
	定值权重 A		—	—	
合　计		1	—	—	

注：1. “名称、规格、型号”、“基本价格指数”栏由招标人填写，基本价格指数应首先采用工程造价管理机构发布的价格指数，没有时，可采用发布的价格代替。如人工、机械费也采用本法调整，由招标人在“名称”栏填写。

2. “变值权重”栏由投标人根据该项人工、机械费和材料、工程设备值在投标总报价中所占的比例填写，1减去其比例为定值权重。

3. “现行价格指数”按约定的付款证书相关周期最后一天的前42天的各项价格指数填写，该指数应首先采用工程造价管理机构发布的价格指数，没有时，可采用发布的价格代替。

5.2　装饰装修工程招标控制价编制

现以某楼装饰装修工程为例，介绍招标控制价编制（由委托工程造价咨询人编制）。

1. 封面

【填制说明】

1）招标控制价封面应填写招标工程项目的具体名称，招标人应盖单位公章，如委托工程造价咨询人编制，还应由其加盖相同单位公章。

2）招标人委托工程造价咨询人编制招标控制价的封面，除招标人盖单位公章外，还应加盖受委托编制招标控制价的工程造价咨询人的单位公章。

封-2　招标控制价封面

××楼装饰装修　工程

招 标 控 制 价

招　标　人：××市房地产开发公司
（单位盖章）

造价咨询人：××工程造价咨询企业
（单位盖章）

××年×月×日

2. 扉页

【填制说明】

1）招标人自行编制招标控制价时，招标控制价扉页由招标人单位注册的造价人员编制，招标人盖单位公章，法定代表人或其授权人签字或盖章。编制人是造价工程师的，由其签字盖执业专用章；编制人是造价员的，由其在编制人栏签字盖专用章，应由造价工程师复核，并在复核人栏签字盖执业专用章。

2）招标人委托工程造价咨询人编制招标控制价时，招标控制价扉页由工程造价咨询人单位注册的造价人员编制，工程造价咨询人盖单位资质专用章，法定代表人或其授权人签字或盖章。编制人是造价工程师的，由其签字盖执业专用章；编制人是造价员的，在编制人栏签字盖专用章，应由造价工程师复核。并在复核人栏签字盖执业专用章。

扉-2 招标控制价扉页

××楼装饰装修 工程

招 标 控 制 价

招标控制价（小写）：221357.20元

（大写）：贰拾贰万壹仟叁佰伍拾柒元贰角

招标人：××市房地产开发公司
（单位盖章）

造价咨询人：××工程造价咨询企业
（单位资质专用章）

法定代表人
或其授权人：××单位法定代表人
（签字或盖章）

法定代表人
或其授权人：××工程造价咨询企业代表人
（签字或盖章）

编制人：××造价工程师或造价员
（造价人员签字盖专用章）

复核人：××造价工程师
（造价工程师签字盖专用章）

编制时间：××年×月×日

复核时间：××年×月×日

3. 总说明

【填制说明】 编制招标控制价的总说明内容应包括：

1）采用的计价依据。

2）采用的施工组织设计。

3）采用的材料价格来源。

4）综合单价中风险因素、风险范围（幅度）。

5）其他。

表-01 总 说 明

1. 工程概况：该工程建筑面积 $500m^2$，其主要使用功能为商住楼；层数三层，混合结构，建筑高度 10.8m。 2. 招标范围：装饰装修工程。 3. 工程质量要求：优良工程。 4. 工期：60 天 5. 工程量清单招标控制价编制依据： 5.1 由××市建筑工程设计事务所设计的施工图 1 套； 5.2 由××房地产开发公司编制的《××楼装饰装修工程施工招标书》。 5.3 工程量清单计量按照国标《建设工程工程量清单计价规范》GB 50500—2013、《房屋建筑与装饰工程工程量计算规范》GB 50854—2013 编制。 5.4 工程量清单计价中的工、料、机数量参考当地建筑、水电安装工程定额；其工、料、机的价格参考省、市造价管理部门有关文件或近期发布的材料价格，并调查市场价格后取定。 5.5 税金按 3.413%计取。 5.6 人工工资按 38.50 元/工日计。 5.7 垂直运输机械采用卷扬机，费用按×省定额估价表中规定计费。

4. 招标控制价汇总表

【填制说明】 由于编制招标控制价和投标控制价包含的内容相同，只是对价格的处理不同，因此，对招标控制价和投标报价汇总表的设计使用同一表格。实践中，招标控制价或投标报价可分别印制该表格。

表-02 建设项目招标控制价汇总表

工程名称：××楼装饰装修工程 第1页 共1页

序号	单项工程名称	金额（元）	其中：（元）		
			暂估价	安全文明施工费	规费
1	××楼装饰装修工程	221357.20	99375.78	6402.88	17772.73
	合 计	221357.20	99375.78	6402.88	17772.73

注：本表适用于建设项目招标控制价或投标报价的汇总。

表-03 单项工程招标控制价汇总表

工程名称：××楼装饰装修工程 第1页 共1页

序号	单位工程名称	金额（元）	其中：（元）		
			暂估价	安全文明施工费	规费
1	××楼装饰装修工程	221357.20	99375.78	6402.88	17772.73
	合 计	221357.20	99375.78	6402.88	17772.73

注：本表适用于单项工程招标控制价或投标报价的汇总。暂估价包括分部分项工程中的暂估价和专业工程暂估价。

表-04　单位工程招标控制价汇总表

工程名称：××楼装饰装修工程　　　　　　　　　　　　第1页　共1页

序号	汇总内容	金额（元）	其中：暂估价（元）
1	分部分项工程	153590.82	99375.78
0111	楼地面工程	56032.54	40969.38
0112	墙、柱面工程	29137.70	19475.85
0113	顶棚工程	12073.21	8903.43
0108	门窗工程	54405.05	30027.12
0114	油漆、涂料、裱糊工程	1942.32	
2	措施项目	24024.26	
0117	其中：安全文明施工费	6402.88	
3	其他项目	18652.50	
3.1	其中：暂列金额	10000.00	
3.2	其中：专业工程暂估价	3000.00	
3.3	其中：计日工	4702.50	
3.4	其中：总承包服务费	950.00	
4	规费	17784.04	
5	税金	7305.58	
招标控制价合计＝1＋2＋3＋4＋5		221357.20	99375.78

注：本表适用于单位工程招标控制价或投标报价的汇总，单项工程也使用本表汇总。

5. 分部分项工程和单价措施项目清单与计价表

【填制说明】 编制招标控制价时，分部分项工程和单价措施项目清单与计价表的“项目编码”、“项目名称”、“项目特征”、“计量单位”、“工程量”栏不变，对“综合单价”、“合价”以及“其中：暂估价”按《建设工程工程量清单计价规范》GB 50500—2013的规定填写。

表-08 分部分项工程和单价措施项目清单与计价表（一）

工程名称：××楼装饰装修工程　　标段：　　第1页　共2页

序号	项目编码	项目名称	项目特征描述	计量单位	工程量	金额（元）		
						综合单价	合价	其中 暂估价
			0111　楼地面工程					
1	011101001001	水泥砂浆楼地面	1. 二层楼面粉水泥砂浆 2. 1∶2水泥砂浆，厚20mm	m^2	10.68	8.89	94.95	
2	011102001001	石材楼地面	1. C10混凝土垫层，粒径40mm，厚8mm 2. 一层大理石地面，0.80m×0.80m大理石面层	m^2	83.25	211.34	17594.06	11236.45
			（其他略）					
			分部小计				56032.54	40969.38
			0112　墙、柱面工程					
3	011201001001	墙面一般抹灰	1. 混合砂浆15mm厚 2. 888涂料三遍	m^2	926.15	13.11	12141.83	
4	011204003001	块料墙面	1. 瓷板墙裙，砖墙面层 2. 1∶3水泥砂浆，17mm厚	m^2	66.32	36.96	2451.19	1697.35
			（其他略）					
			分部小计				29137.70	19475.85
			0113顶棚工程					
5	011301001001	顶棚抹灰	1. 现浇板底 2. 1∶1∶4水泥、石灰砂浆，7mm厚 3. 1∶0.5∶3水泥砂浆，5mm厚 4. 888涂料三遍	m^2	123.61	13.56	1676.15	
			分部小计				1676.15	
			本页小计					
			合　计				86845.69	60445.23

注：为计取规费等的使用，可在表中增设“其中：定额人工费”。

表-08 分部分项工程和单价措施项目清单与计价表（二）

工程名称：××楼装饰装修工程　　　　标段：　　　　第2页　共2页

序号	项目编码	项目名称	项目特征描述	计量单位	工程量	金额（元）		
						综合单价	合价	其中：暂估价
			0113 顶棚工程					
6	011302002001	格栅吊顶	1. 不上人型U型轻钢龙骨，600×600 2. 600×600石膏板面层	m^2	162.40	50.47	8196.33	4697.76
			（其他略）					
			分部小计				12073.21	8903.43
			0108 门窗工程					
7	010801001001	胶合板门	1. 胶合板门M-2 2. 杉木框钉5mm胶合板 3. 面层3mm厚榉木板 4. 聚氨酯5遍 5. 门碰、执手锁11个	樘	13	432.21	5618.73	2900.65
8	010807001001	金属平开窗	1. 铝合金平开窗，铝合金1.2mm厚 2. 50系列5mm厚白玻璃	樘	8	276.22	2209.76	
			（其他略）					
			分部小计				54405.05	30027.12
			0114 油漆、涂料、裱糊工程					
9	011406001001	抹灰面油漆	1. 外墙门窗套外墙漆 2. 水泥砂浆面上刷外墙漆	m^2	42.82	45.36	1942.32	
			分部小计				1942.32	
			本页小计				66744.43	38930.55
			合　计				153590.82	99375.78

注：为计取规费等的使用，可在表中增设“其中：定额人工费”。

6. 综合单价分析表

【填制说明】 编制招标控制价，综合单价分析表应填写使用的省级或行业建设主管部门发布的计价定额名称。

综合单价分析表一般随投标文件一同提交，作为已标价工程量清单的组成部分，以便中标后作为合同文件的附属文件。一般而言，该分析表所载明的价格数据对投标人是有约束力的，但是投标人能否以此作为投标报价中的错报和漏报等的依据而寻求招标人的补偿，是实践中值得注意的问题。

表-09 综合单价分析表

工程名称：××楼装饰装修工程　　　　标段：　　　　第1页　共1页

项目编码	011406001001		项目名称		抹灰面油漆		计量单位	m^2	工程量		42.82
清单综合单价组成明细											
定额编号	定额项目名称	定额单位	数量	单价				合价			
				人工费	材料费	机械费	管理费和利润	人工费	材料费	机械费	管理费和利润
BE0267	抹灰面满刮耐水腻子	100m^2	0.01	372.37	2625	—	127.76	3.72	26.25	—	1.28
BE0267	外墙乳胶底漆一遍面漆二遍	100m^2	0.01	349.77	940.57	—	120.01	3.50	9.41	—	1.20
人工单价		小计						7.22	35.66	—	2.48
38.50元/工日		未计价材料费									
清单项目综合单价								45.36			
材料费明细	主要材料名称、规格、型号				单位		数量	单价（元）	合价（元）	暂估单价（元）	暂估合价（元）
	耐水成品腻子				kg		2.50	10.50	26.25		
	×××牌乳胶漆面漆				kg		0.353	20.00	7.06		
	×××牌乳胶漆底漆				kg		0.136	17.00	2.31		
	其他材料费							—	0.04	—	
	材料费小计							—	35.66	—	

注：1. 如不使用省级或行业建设主管部门发布的计价依据，可不填定额编号、名称等。

2. 招标文件提供了暂估单价的材料，按暂估的单价填入表内“暂估单价”栏及“暂估合价”栏。

7. 总价措施项目清单与计价表

【填制说明】 编制招标控制价时，总价措施项目清单与计价表的计费基础、费率应按省级或行业建设主管部门的规定记取。

表-11 总价措施项目清单与计价表

工程名称：××楼装饰装修工程　　　　标段：　　　　第1页　共1页

序号	项目编码	项目名称	计算基础	费率（%）	金额（元）	调整费率（%）	调整后金额（元）	备注
1	011707001001	安全文明施工费	直接费	1.98	6402.88			
2	011707002001	夜间施工增加费	人工费	3	1843.08			
3	011707004001	二次搬运费	人工费	2	1228.72			
4	011707005001	冬雨季施工增加费	人工费	1	614.36			
5	011707007001	已完工程及设备保护费			2000.00			
6	011703001001	垂直运输机械费			4000.00			
	（其他略）							
		合　计			16089.04			

编制人（造价人员）：　　　　　　　　复核人（造价工程师）：

注：1. “计算基础”中安全文明施工费可为“定额基价”、“定额人工费”或“定额人工费+定额机械费”，其他项目可为“定额人工费”或“定额人工费+定额机械费”。

2. 按施工方案计算的措施费，若无“计算基础”和“费率”的数值，也可只填“金额”数值，但应在备注栏说明施工方案出处或计算方法。

8. 其他项目清单与计价表

【填制说明】 编制招标工程量清单时，其他项目清单与计价汇总表应汇总“暂列金额”和“专业工程暂估价”，以提供给投标报价。

表-12　其他项目清单与计价汇总表

工程名称：××楼装饰装修工程　　标段：　　第1页　共1页

序号	项目名称	金额（元）	结算金额（元）	备注
1	暂列金额	10000.00		明细详见表-12-1
2	暂估价	3000.00		
2.1	材料（工程设备）暂估价	—		明细详见表-12-2
2.2	专业工程暂估价	3000.00		明细详见表-12-3
3	计日工	4702.50		明细详见表-12-4
4	总承包服务费	950.00		明细详见表-12-5
5				
	合　计	18652.50		—

注：材料（工程设备）暂估单价进入清单项目综合单价，此处不汇总。

（1）暂列金额明细表

表-12-1　暂列金额明细表

工程名称：××楼装饰装修工程　　标段：　　第1页　共1页

序号	项目名称	计量单位	暂列金额（元）	备注
1	政策性调整和材料价格风险	项	5000.00	
2	工程量清单中工程量变更和设计变更	项	4000.00	
3	其　他	项	1000.00	
	合　计		10000.00	—

注：此表由招标人填写，如不能详列，投也可只列暂定金额总额，投标人应将上述暂列金额计入投标总价中。

(2) 材料（工程设备）暂估单价及调整表

表-12-2 材料（工程设备）暂估单价及调整表

工程名称：××楼装饰装修工程　　标段：　　第1页 共1页

序号	材料（工程设备）名称、规格、型号	计量单位	数量		暂估（元）		确认（元）		差额±（元）		备注
			暂估	确认	单价	合价	单价	合价	单价	合价	
1	台阶花岗石	m^2	5.80		200	1160					用在台阶装饰工程中
2	U型轻龙骨大龙骨 $h=45$	m	68.00		3.61	245.48					用在部分吊顶工程中
	（其他略）										
合计						1405.48					

注：此表由招标人填写“暂估单价”，并在备注栏说明暂估价的材料、工程设备拟用在哪些清单项目上，投标人应将上述材料，工程设备暂估单价计入工程量清单综合单价报价中。

(3) 专业工程暂估价表

表-12-3 专业工程暂估价表

工程名称：××楼装饰装修工程　　标段：　　第1页 共1页

序号	工程名称	工程内容	暂估金额（元）	结算金额（元）	差额±（元）	备注
1	消防工程	合同图纸中标明的以及消防工程规范和技术说明中规定的各系统中的设备等的供应、安装和调试工作	3000.00			
合计			3000.00			

注：此表“暂估金额”由招标人填写，投标人应将“暂估金额”计入投标总价中。

(4) 计日工表

表-12-4 计日工表

工程名称：××楼装饰装修工程　　标段：　　第1页 共1页

编号	项目名称	单位	暂定数量	实际数量	综合单价（元）	合价（元）	
						暂定	实际
一	人工						
1	技工	工日	15		38.50	577.50	
2	抹灰工	工日	6		40.00	240.00	
3	油漆工	工日	6		40.00	240.00	
人工小计						1057.50	
二	材料						
1	合金型材	kg	100.00		4.35	435.00	
2	油漆	kg	60.00		50.50	3030.00	
材料小计						3465.00	
三	施工机械						
1	平面磨石机	台班	15		6.00	90.00	
2	磨光机	台班	18		5.00	90.00	
施工机械小计						180.00	
四、企业管理费和利润							
总　计						4702.50	

注：此表项目名称、暂定数量由招标人填写，编制招标控制价时，单价由招标人按有关计价规定确定；投标时，单价由投标人自主报价，按暂定数量计算合价计入投标总价中。结算时，按承包双方确认的实际数量计算合价。

(5) 总承包服务费计价表

【填制说明】 编制招标控制价的“总承包服务费计价表”时，招标人应按有关计价规定计价。

表-12-5 总承包服务费计价表

工程名称：××楼装饰装修工程 标段： 第1页 共1页

序号	项目名称	项目价值（元）	服务内容	计算基础	费率（%）	金额（元）
1	发包人发包专业工程	10000	1. 按专业工程承包人的要求提供施工工作面并对施工现场进行统一整理汇总 2. 为专业工程承包人提供垂直运输机械和焊接电源接入点，并承担垂直运输费和电费	项目价值	5	500.00
2	发包人供应材料	45000	对发包人供应的材料进行验收及保管和使用发放	项目价值	1	450.00
	合　计	—	—		—	950.00

注：此表项目名称、服务内容有招标人填写，编制招标控制价时，费率及金额由招标人按有关计价规定确定；投标时，费率及金额由投标人自主报价，计入投标总价中。

9. 规费、税金项目计价表

表-13 规费、税金项目计价表

工程名称：××楼装饰装修工程　　　　标段：　　　　第1页　共1页

序号	项目名称	计算基础	计算基数	计算费率（%）	金额（元）
1	规费				17784.04
1.1	工程排污费	按工程所在地环保部门规定按实计算			—
1.2	社会保险费		(1)＋(2)＋(3)＋(4)		13823.10
(1)	养老保险费	定额人工费		14	8601.04
(2)	失业保险费	定额人工费		2	1228.72
(3)	医疗保险费	定额人工费		6	3686.16
(4)	工伤保险费	定额人工费		0.5	307.18
1.3	住房公积金	定额人工费		6	3686.16
1.4	工程定额预测费	税前工程造价		0.14	274.78
2	税金	分部分项工程费＋措施项目费＋其他项目费＋规费－按规定不计税的工程设备金额		3.413	7305.58
合　计					25089.62

编制人（造价人员）：　　　　复核人（造价工程师）：

10. 主要材料、工程设备一览表

(1) 发包人在招标文件中提供的承包人提供主要材料和工程设备一览表（适用于造价信息差额调整法）

表-21 承包人提供主要材料和工程设备一览表

（适用于造价信息差额调整法）

工程名称：××楼装饰装修工程　　标段：　　第1页　共1页

序号	名称、规格、型号	单位	数量	风险系数（%）	基准单价（元）	投标单价（元）	发承包人确认单价（元）	备注
1	预拌混凝土C10	m^3	15	≤5	240			
2	预拌混凝土C15	m^3	100	≤5	263			
3	预拌混凝土C20	m^3	880	≤5	280			
	（其他略）							

注：1. 此表由招标人填写除“投标单价”栏的内容，投标人在投标时自主确定投标单价。
2. 投标人应优先采用工程造价管理机构发布的单价作为基准单价，未发布的，通过市场调查确定其基准单价。

(2) 发包人在招标文件中提供的承包人提供主要材料和工程设备一览表（适用于价格指数差额调整法）

表-22 承包人提供主要材料和工程设备一览表

（适用于价格指数差额调整法）

工程名称：××楼装饰装修工程　　标段：　　第1页　共1页

序号	名称、规格、型号	变值权重 B	基本价格指数 F_0	现行价格指数 F_t	备注
1	人工		110%		
2	合金型钢		4200元/t		
3	预拌混凝土C20		280元/m^3		
4	机械费		100%		
	定值权重 A		—	—	
合计		1	—	—	

注：1. “名称、规格、型号”、“基本价格指数”栏由招标人填写，基本价格指数应首先采用工程造价管理机构发布的价格指数，没有时，可采用发布的价格代替。如人工、机械费也采用本法调整由招标人在“名称”栏填写。
2. “变值权重”栏由投标人根据该项人工、机械费和材料、工程设备值在投标总报价中所占的比例填写，1减去其比例为定值权重。
3. “现行价格指数”按约定的付款证书相关周期最后一天的前42天的各项价格指数填写，该指数应首先采用工程造价管理机构发布的价格指数，没有时，可采用发布的价格代替。

5.3 装饰装修工程投标报价编制

现以某楼装饰装修工程为例介绍投标报价编制（由委托工程造价咨询人编制）。

1. 封面

【填制说明】 投标总价封面的应填写投标工程的具体名称，投标人应盖单位公章。

封-3 投标总价封面

<u>××楼装饰装修</u> 工程

投 标 总 价

投 标 人： ××建筑装饰装修公司

（单位盖章）

××年×月×日

2. 扉页

【填制说明】 投标人编制投标报价时，投标总价扉页由投标人单位注册的造价人员编制，投标人盖单位公章，法定代表人或其授权人签字或盖章，编制的造价人员（造价工程师或造价员）签字盖执业专用章。

扉-3 投标总价扉页

投标总价

招标人：××市房地产开发公司

工程名称：××楼装饰装修工程

投标总价（小写）：216093.85元

（大写）：贰拾壹万陆仟零玖拾叁元捌角伍分

投标人：××建筑装饰装修公司

（单位盖章）

法定代表人
或其授权人：×××

（签字或盖章）

编制人：×××

（造价人员签字盖专用章）

编制时间：××年×月×日

3. 总说明

【填制说明】 编制投标报价的总说明内容应包括：

1）采用的计价依据。

2）采用的施工组织设计。

3）综合单价中风险因素、风险范围（幅度）。

4）措施项目的依据。

5）其他有关内容的说明等。

表-01 总 说 明

1. 编制依据： 1.1 建设方提供的××楼装饰装修工程施工图、招标邀请书等一系列招标文件。 2. 编制说明： 2.1 经核算建设方招标书中发布的“工程量清单”中的工程数量基本无误。 2.2 我公司编制的该工程施工方案，基本与招标控制价的施工方案相似，所以措施项目与招标控制价采用的一致。 2.3 经我公司实际进行市场调查后，建筑材料市场价格确定如下： 2.3.1 其他所有材料均在×市建设工程造价主管部门发布的市场材料价格上下浮 3%。 2.3.2 按我公司目前资金的技术能力、该工程各项施工费率值取定如下：（略）。

4. 投标控制价汇总表

【填制说明】 与招标控制价的表样一致，此处需要说明的是，投标报价汇总表与投标函中投标报价金额应当一致。就投标文件的各个组成部分而言，投标函是最重要的文件，其他组成部分都是投标函的支持性文件，投标函是必须经过投标人签字盖章，并且在开标会上当众宣读的文件。如果投标报价汇总表的投标总价与投标函填报的投标总价不一致，应当以投标函中填写的大写金额为准。实践中，对该原则一直缺少一个明确的依据，为了避免出现争议，可以在“投标人须知”中给予明确，用在招标文件中预先给予明示约定的方式来弥补法律法规依据的不足。

表-02 建设项目投标报价汇总表

工程名称：××楼装饰装修工程　　　　第1页　共1页

序号	单项工程名称	金额（元）	其中：（元）		
			暂估价	安全文明施工费	规费
1	××楼装饰装修工程	216093.85	92875.78	5795.71	17432.55
合计		216093.85	92875.78	5795.71	17432.55

注：本表适用于建设项目招标控制价或投标报价的汇总。

表-03 单项工程投标报价汇总表

工程名称：××楼装饰装修工程 第1页 共1页

序号	单位工程名称	金额（元）	其中：（元）		
			暂估价	安全文明施工费	规费
1	××楼装饰装修工程	216093.85	92875.78	5795.71	17432.55
	合　计	216093.85	92875.78	5795.71	17432.55

注：本表适用于单项工程招标控制价或投标报价的汇总。暂估价包括分部分项工程中的暂估价和专业工程暂估价。

表-04 单位工程投标报价汇总表

工程名称：××楼装饰装修工程 第1页 共1页

序号	汇总内容	金额（元）	其中：暂估价（元）
1	分部分项工程	150566.03	92875.78
0111	楼地面工程	53441.65	40069.38
0112	墙、柱面工程	28624.41	15475.85
0113	顶棚工程	11857.41	8403.43
0108	门窗工程	54783.32	28927.12
0114	油漆、涂料、裱糊工程	1859.24	
2	措施项目	22236.90	
2.1	其中：安全文明施工费	5795.71	
3	其他项目	18726.50	
3.1	其中：暂列金额	10000.00	
3.2	其中：专业工程暂估价	3000.00	
3.3	其中：计日工	4666.50	
3.4	其中：总承包服务费	1060.00	
4	规费	17432.55	
5	税金	7131.87	
	投标报价合计=1+2+3+4+5	216093.85	92875.78

注：本表适用于单位工程招标控制价或投标报价的汇总，单项工程也使用本表汇总。

5. 分部分项工程和单价措施项目清单与计价表

【填制说明】 编制投标报价时，招标人对分部分项工程和单价措施项目清单与计价表中的“项目编码”、“项目名称”、“项目特征”、“计量单位”、“工程量”均不应作改动。“综合单价”、“合价”自主决定填写，对其中的“暂估价”栏，投标人应将招标文件中提供了暂估材料单价的暂估价进入综合单价，并应计算出暂估单价的材料在“综合单价”及其“合价”中的具体数额，因此，为更详细反应暂估价情况，也可在表中增设一栏“综合单价”其中的“暂估价”。

表-08　分部分项工程和单价措施项目清单与计价表（一）

工程名称：××楼装饰装修工程　　　　标段：　　　　第1页　共2页

序号	项目编码	项目名称	项目特征描述	计量单位	工程量	金额（元）		
						综合单价	合价	其中暂估价
			0111　楼地面工程					
1	011101001001	水泥砂浆楼地面	1. 二层楼面粉水泥砂浆 2. 1∶2水泥砂浆，厚20mm	m^2	10.68	8.62	92.06	
2	011102001001	石材楼地面	1. C10混凝土垫层，粒径40mm，厚8mm 2. 一层大理石地面，0.80m×0.80m大理石面层	m^2	83.25	203.75	16962.19	11236.45
			（其他略）					
			分部小计				53441.65	40069.38
			0112　墙、柱面工程					
3	011201001001	墙面一般抹灰	1. 混合砂浆15mm厚 2. 888涂料三遍	m^2	926.15	13.28	12299.27	
4	011204003001	块料墙面	1. 瓷板墙裙，砖墙面层 2. 1∶3水泥砂浆，17mm厚	m^2	66.32	35.00	2321.20	1697.35
			（其他略）					
			分部小计				28624.41	15475.85
			0113 顶棚工程					
5	011301001001	顶棚抹灰	1. 现浇板底 2. 1∶1∶4水泥、石灰砂浆，7mm厚 3. 1∶0.5∶3水泥砂浆，5mm厚 4. 888涂料三遍	m^2	123.61	13.30	1644.01	
			分部小计				1644.01	
			本页小计				83710.07	
			合　计				83710.07	55545.23

注：为计取规费等的使用，可在表中增设“其中：定额人工费”。

表-08 分部分项工程和单价措施项目清单与计价表（二）

工程名称：××楼装饰装修工程　　标段：　　第2页　共2页

序号	项目编码	项目名称	项目特征描述	计量单位	工程量	金额（元）		
						综合单价	合价	其中 暂估价
			0113 顶棚工程					
6	011302002001	格栅吊顶	1. 不上人型U型轻钢龙骨，600×600 2. 600×600石膏板面层	m^2	162.40	49.62	8058.29	4697.76
			（其他略）					
			分部小计				11857.41	8403.43
			0108 门窗工程					
7	010801001001	胶合板门	1. 胶合板门M－2 2. 杉木框钉5mm胶合板 3. 面层3mm厚榉木板 4. 聚氨酯5遍 5. 门碰、执手锁11个	樘	13	427.50	5557.50	2900.65
8	010807001001	金属平开窗	1. 铝合金平开窗，铝合金1.2mm厚 2. 50系列5mm厚白玻璃	樘	8	276.22	2209.76	1375.64
			（其他略）					
			分部小计				54783.32	28927.12
			0114 油漆、涂料、裱糊工程					
9	011406001001	抹灰面油漆	1. 外墙门窗套外墙漆 2. 水泥砂浆面上刷外墙漆	m^2	42.82	43.42	1859.24	
			分部小计				1859.24	
			本页小计				68499.97	37330.55
			合　计				152210.04	92875.78

注：为计取规费等的使用，可在表中增设“其中：定额人工费”。

6. 综合单价分析表

【填制说明】 编制投标报价时，综合单价分析表应填写使用的企业定额名称，也可填写使用的省级或行业建设主管部门发布的计价定额，如不使用则不填写。

表-09 综合单价分析表

工程名称：××楼装饰装修工程　　　　标段：　　　　第1页　共1页

<table>
<tr><td colspan="2">项目编码</td><td colspan="2">011406001001</td><td colspan="2">项目名称</td><td colspan="2">抹灰面油漆</td><td>计量单位</td><td>m^2</td><td>工程量</td><td>43.42</td></tr>
<tr><td colspan="12">清单综合单价组成明细</td></tr>
<tr><td rowspan="2">定额编号</td><td rowspan="2">定额项目名称</td><td rowspan="2">定额单位</td><td rowspan="2">数量</td><td colspan="4">单价</td><td colspan="4">合价</td></tr>
<tr><td>人工费</td><td>材料费</td><td>机械费</td><td>管理费和利润</td><td>人工费</td><td>材料费</td><td>机械费</td><td>管理费和利润</td></tr>
<tr><td>BE0267</td><td>抹灰面满刮耐水腻子</td><td>$100m^2$</td><td>0.01</td><td>360.00</td><td>2550.00</td><td>—</td><td>110.00</td><td>3.60</td><td>25.50</td><td>—</td><td>1.10</td></tr>
<tr><td>BE0267</td><td>外墙乳胶底漆一遍面漆二遍</td><td>$100m^2$</td><td>0.01</td><td>320.00</td><td>900.00</td><td>—</td><td>102.00</td><td>3.20</td><td>9.00</td><td>—</td><td>1.02</td></tr>
<tr><td colspan="3">人工单价</td><td colspan="5">小计</td><td>6.80</td><td>34.50</td><td>—</td><td>2.12</td></tr>
<tr><td colspan="3">45元/工日</td><td colspan="5">未计价材料费</td><td colspan="4"></td></tr>
<tr><td colspan="8">清单项目综合单价</td><td colspan="4">43.42</td></tr>
<tr><td rowspan="6">材料费明细</td><td colspan="4">主要材料名称、规格、型号</td><td>单位</td><td colspan="2">数量</td><td>单价/元</td><td>合价/元</td><td>暂估单价/元</td><td>暂估合价/元</td></tr>
<tr><td colspan="4">耐水成品腻子</td><td>kg</td><td colspan="2">2.50</td><td>9.90</td><td>24.75</td><td></td><td></td></tr>
<tr><td colspan="4">×××牌乳胶漆面漆</td><td>kg</td><td colspan="2">0.353</td><td>19.50</td><td>6.88</td><td></td><td></td></tr>
<tr><td colspan="4">×××牌乳胶漆底漆</td><td>kg</td><td colspan="2">0.136</td><td>16.50</td><td>2.24</td><td></td><td></td></tr>
<tr><td colspan="7">其他材料费</td><td>—</td><td>0.63</td><td>—</td><td></td></tr>
<tr><td colspan="7">材料费小计</td><td>—</td><td>34.50</td><td>—</td><td></td></tr>
</table>

注：1. 如不使用省级或行业建设主管部门发布的计价依据，可不填定额编号、名称等。
2. 招标文件提供了暂估单价的材料，按暂估的单价填入表内“暂估单价”栏及“暂估合价”栏。

7. 总价措施项目清单与计价表

【填制说明】 编制投标报价时，总价措施项目清单与计价表中除“安全文明施工费”必须按《建设工程工程量清单计价规范》GB 50500—2013的强制性规定，按省级或行业建设主管部门的规定记取外，其他措施项目均可根据投标施工组织设计自主报价。

表-11　总价措施项目清单与计价表

工程名称：××楼装饰装修工程　　标段：　　第1页　共1页

序号	项目编码	项目名称	计算基础	费率(%)	金额(元)	调整费率(%)	调整后金额(元)	备注
1	011707001001	安全文明施工费	直接费	1.98	5795.71			
2	011707002001	夜间施工增加费	人工费	3	1806.78			
3	011707004001	二次搬运费	人工费	2	1204.52			
4	011707005001	冬雨季施工增加费	人工费	1	602.26			
5	011707007001	已完工程及设备保护费			1500.00			
6	011703001001	垂直运输机械费			3800.00			
	(其他略)							
		合　计			22236.90			

编制人（造价人员）：　　复核人（造价工程师）：

注：1. “计算基础”中安全文明施工费可为“定额基价”、“定额人工费”或“定额人工费＋定额机械费”，其他项目可为“定额人工费”或“定额人工费＋定额机械费”。

2. 按施工方案计算的措施费，若无“计算基础”和“费率”的数值，也可只填“金额”数值，但应在备注栏说明施工方案出处或计算方法。

8. 其他项目清单与计价汇总表

【填制说明】 编制投标报价时，其他项目清单与计价汇总表应按招标工程量清单提供的“暂估金额”和“专业工程暂估价”填写金额，不得变动。“计日工”、“总承包服务费”自主确定报价。

表-12 其他项目清单与计价汇总表

工程名称：××楼装饰装修工程 标段： 第1页 共1页

序号	项目名称	金额（元）	结算金额（元）	备注
1	暂列金额	10000.00		明细详见表-12-1
2	暂估价	3000.00		
2.1	材料（工程设备）暂估价	—		明细详见表-12-2
2.2	专业工程暂估价	3000.00		明细详见表-12-3
3	计日工	4666.50		明细详见表-12-4
4	总承包服务费	1060.00		明细详见表-12-5
5				
	合　计	18726.50		—

注：材料（工程设备）暂估单价进入清单项目综合单价，此处不汇总。

(1) 暂列金额明细表

表-12-1 暂列金额明细表

工程名称：××楼装饰装修工程 标段： 第1页 共1页

序号	项目名称	计量单位	暂列金额（元）	备注
1	政策性调整和材料价格风险	项	5000.00	
2	工程量清单中工程量变更和设计变更	项	4000.00	
3	其他	项	1000.00	
	合　计		10000.00	—

注：此表由招标人填写，如不能详列，投也可只列暂定金额总额，投标人应将上述暂列金额计入投标总价中。

（2）材料（工程设备）暂估单价及调整表

表-12-2　材料（工程设备）暂估单价及调整表

工程名称：××楼装饰装修工程　　标段：　　第1页　共1页

序号	材料（工程设备）名称、规格、型号	计量单位	数量		暂估（元）		确认（元）		差额±（元）		备注
			暂估	确认	单价	合价	单价	合价	单价	合价	
1	台阶花岗石	m^2	5.80		200	1160					用在台阶装饰工程中
2	U型轻龙骨大龙骨 $h=45$	m	68.00		3.61	245.48					用在部分吊顶工程中
	（其他略）										
合　计						1405.48					

注：此表由招标人填写“暂估单价”，并在备注栏说明暂估价的材料、工程设备拟用在哪些清单项目上，投标人应将上述材料，工程设备暂估单价计入工程量清单综合单价报价中。

（3）专业工程暂估价表

表-12-3　专业工程暂估价表

工程名称：××楼装饰装修工程　　标段：　　第1页　共1页

序号	工程名称	工程内容	暂估金额（元）	结算金额（元）	差额±（元）	备注
1	消防工程	合同图纸中标明的以及消防工程规范和技术说明中规定的各系统中的设备等的供应、安装和调试工作	3000.00			
合　计			3000.00			

注：此表“暂估金额”由招标人填写，投标人应将“暂估金额”计入投标总价中。

(4) 计日工表

表-12-4 计日工表

工程名称：××楼装饰装修工程　　　　标段：　　　　第1页　共1页

编号	项目名称	单位	暂定数量	实际数量	综合单价（元）	合价（元）	
						暂定	实际
一	人工						
1	技工	工日	15		38.50	577.50	
2	抹灰工	工日	6		38.00	228.00	
3	油漆工	工日	6		38.00	228.00	
人工小计						1033.50	
二	材料						
1	合金型材	kg	100.00		4.35	435.00	
2	油漆	kg	60.00		50.00	3000.00	
材料小计						3435.00	
三	施工机械						
1	平面磨石机	台班	15		6.00	90.00	
2	磨光机	台班	18		6.00	108.00	
施工机械小计						198.00	
四、企业管理费和利润							
总计						4666.50	

注：此表项目名称、暂定数量由招标人填写，编制招标控制价时，单价由招标人按有关计价规定确定；投标时，单价由投标人自主报价，按暂定数量计算合价计入投标总价中。结算时，按承包双方确认的实际数量计算合价。

(5) 总承包服务费计价表

编制投标报价时，由投标人根据工程量清单中的总承包服务内容，自主决定报价。

表-12-5　总承包服务费计价表

工程名称：××楼装饰装修工程　　　　标段：　　　　第1页　共1页

序号	项目名称	项目价值/元	服务内容	计算基础	费率（%）	金额（元）
1	发包人发包专业工程	10000	1. 按专业工程承包人的要求提供施工工作面并对施工现场进行统一整理汇总 2. 为专业工程承包人提供垂直运输机械和焊接电源接入点，并承担垂直运输费和电费	项目价值	7	700.00
2	发包人供应材料	45000	对发包人供应的材料进行验收及保管和使用发放	项目价值	0.8	360.00
合　计		—	—		—	1060.00

注：此表项目名称、服务内容有招标人填写，编制招标控制价时，费率及金额由招标人按有关计价规定确定；投标时，费率及金额由投标人自主报价，计入投标总价中。

9. 规费、税金项目计价表

表-13 规费、税金项目计价表

工程名称：××楼装饰装修工程　　标段：　　第1页　共1页

序号	项目名称	计算基础	计算基数	计算费率（%）	金额（元）
1	规费				17432.55
1.1	工程排污费	按工程所在地环保部门规定按实计算			—
1.2	社会保险费		（1）＋（2）＋（3）＋（4）		13550.85
（1）	养老保险费	定额人工费		14	8431.64
（2）	失业保险费	定额人工费		2	1204.52
（3）	医疗保险费	定额人工费		6	3613.56
（4）	工伤保险费	定额人工费		0.5	301.13
1.3	住房公积金	定额人工费		6	3613.56
1.4	工程定额预测费	税前工程造价		0.14	268.14
2	税金	分部分项工程费＋措施项目费＋其他项目费＋规费－按规定不计税的工程设备金额		3.413	7131.87
合　计					24564.42

编制人（造价人员）：　　复核人（造价工程师）：

10. 总价项目进度款支付分解表

表-16 总价项目进度款支付分解表

工程名称：××楼装饰装修工程　　标段：　　第1页　共1页

序号	项目名称	总价金额	首次支付	二次支付	三次支付	四次支付	五次支付	
1	安全文明施工费	5795.71	1738.71	1738.71	1159.14	1159.15		
2	夜间施工增加费	1806.78	361.35	361.35	361.35	361.35	361.38	
3	二次搬运费	7269.40	1453.88	1453.88	1453.88	1453.88	1453.88	
…	（略）							
	社会保险费	13550.85	2710.17	2710.17	2710.17	2710.17	2710.17	
	住房公积金	3613.56	722.71	722.71	722.71	722.71	722.72	
合计								

编制人（造价人员）：　　复核人（造价工程师）：

注：1. 本表应由承包人在投标报价时根据发包人在招标文件明确的进度款支付周期与报价填写，签订合同时，发承包双方可就支付分解协商调整后作为合同附件。

2. 单价合同使用本表，“支付”栏时间应与单价项目进度款支付周期相同。

3. 总价合同使用本表，“支付”栏时间应与约定的工程计量周期相同。

11. 主要材料、工程设备一览表

(1) 承包人在投标报价中按发包人要求填写的承包人提供主要材料和工程设备一览表（适用于造价信息差额调整法）

表-21 承包人提供主要材料和工程设备一览表

（适用于造价信息差额调整法）

工程名称：××楼装饰装修工程　　标段：　　第1页　共1页

序号	名称、规格、型号	单位	数量	风险系数（%）	基准单价（元）	投标单价（元）	发承包人确认单价（元）	备注
1	预拌混凝土 C10	m^3	15	≤5	240	235		
2	预拌混凝土 C15	m^3	100	≤5	263	260		
3	预拌混凝土 C20	m^3	880	≤5	280	280		
	（其他略）							

注：1. 此表由招标人填写除“投标单价”栏的内容，投标人在投标时自主确定投标单价。

2. 投标人应优先采用工程造价管理机构发布的单价作为基准单价，未发布的，通过市场调查确定其基准单价。

（2）承包人在投标报价中，按发包人要求填写的承包人提供主要材料和工程设备一览表（适用于价格指数差额调整法）

表-22　承包人提供主要材料和工程设备一览表

（适用于价格指数差额调整法）

工程名称：××楼装饰装修工程　　标段：　　第1页　共1页

序号	名称、规格、型号	变值权重 B	基本价格指数 F_0	现行价格指数 F_t	备注
1	人工	0.18	110%		
2	合金型钢	0.11	4200元/t		
3	预拌混凝土C20	0.16	280元/m^3		
4	机械费	8	100%		
	定值权重 A	42	—	—	
合计		1	—	—	

注：1. “名称、规格、型号”、“基本价格指数”栏由招标人填写，基本价格指数应首先采用工程造价管理机构发布的价格指数，没有时，可采用发布的价格代替。如人工、机械费也采用本法调整由招标人在“名称”栏填写。

2. “变值权重”栏由投标人根据该项人工、机械费和材料、工程设备值在投标总报价中所占的比例填写，1减去其比例为定值权重。

3. “现行价格指数”按约定的付款证书相关周期最后一天的前42天的各项价格指数填写，该指数应首先采用工程造价管理机构发布的价格指数，没有时，可采用发布的价格代替。

5.4 装饰装修工程竣工结算编制

现以某楼装饰装修工程为例，介绍工程竣工结算编制（发包人核对）。

1. 封面

【填制说明】 竣工结算书封面应填写竣工工程的具体名称，发承包双方应盖其单位公章，如委托工程造价咨询人办理的，还应加盖其单位公章。

封-4 竣工结算书封面

××楼装饰装修 工程

竣 工 结 算 书

发 包 人： ××市房地产开发公司
（单位盖章）

承 包 人： ××建筑装饰装修公司
（单位盖章）

造价咨询人： ××工程造价咨询企业
（单位盖章）

××年×月×日

2. 扉页

【填制说明】

1）承包人自行编制竣工结算总价，竣工结算总价扉页由承包人单位注册的造价人员编制，承包人盖单位公章，法定代表人或其授权人签字或盖章，编制的造价人员（造价工程师或造价员）在编制人栏签字盖执业专用章。

发包人自行核对竣工结算时，由发包人单位注册的造价工程师核对，发包人盖单位公章，法定代表人或其授权人签字或盖章，造价工程师在核对人栏签字盖执业专用章。

2）发包人委托工程造价咨询人核对竣工结算时，竣工结算总价扉页由工程造价咨询人单位注册的造价工程师核对，发包人盖单位公章，法定代表人或其授权人签字或盖章；工程造价咨询人盖单位资质专用章，法定代表人或其授权人签字或盖章，造价工程师在核对人栏签字盖执业专用章。

除非出现发包人拒绝或不答复承包人竣工结算书的特殊情况，竣工结算办理完毕后，竣工结算总价封面发承包双方的签字、盖章应当齐全。

扉-4　竣工结算书扉页

××楼装饰装修　工程

竣 工 结 算 总 价

签约合同价（小写）：216093.85 元　（大写）：贰拾壹万陆仟零玖拾叁元捌角伍分

竣工结算价（小写）：212550.74 元　（大写）：贰拾壹万贰仟伍佰伍拾元柒角四分

发包人：×××　承包人：×××　造价咨询人：××工程造价咨询企业
（单位盖章）　（单位盖章）　（单位资质专用章）

法定代表人或其授权人：×××（签字或盖章）　法定代表人或其授权人：×××（签字或盖章）　法定代表人或其授权人：×××（签字或盖章）

编 制 人：×××（造价人员签字盖专用章）　核 对 人：×××（造价工程师签字盖专用章）

编制时间：××年×月×日　核对时间：××年×月×日

3. 总说明

【填制说明】 竣工结算的总说明内容应包括：

1）工程概况；

2）编制依据；

3）工程变更；

4）工程价款调整；

5）索赔；

6）其他等。

表-01 总 说 明

工程名称：××楼装饰装修　　　　第1页 共1页

1. 工程概况：该工程建筑面积 500m²，其主要使用功能为商住楼；层数三层，混合结构，建筑高度 10.8m。合同工期为 60 天，实际施工工期 55 天。

2. 竣工结算依据

(1) 承包人报送的竣工结算。

(2) 施工合同、投标文件、招标文件。

(3) 竣工图、发包人确认的实际完成工程量和索赔及现场签证资料。

(4) 省建设主管部门颁发的计价定额和计价管理办法及相关计价文件。

(5) 省工程造价管理机构发布人工费调整文件。

3. 核对情况说明：(略)。

4. 结算价分析说明：(略)。

注：此为发包人核对送竣工结算总说明。

4. 竣工结算汇总表

表-05 建设项目竣工结算汇总表

工程名称：××楼装饰装修　　　　第1页 共1页

序号	单项工程名称	金额（元）	其中：（元）	
			安全文明施工费	规费
1	××楼装饰装修工程	212550.74	5800.00	18124.21
合　计		212550.74	5800.00	18124.21

表-06　单项工程竣工结算汇总表

工程名称：××楼装饰装修工程　　　　第1页　共1页

序号	单位工程名称	金额（元）	其中：（元）	
			安全文明施工费	规费
1	××楼装饰装修工程	212550.74	5800.00	18124.21
合　计		212550.74	5800.00	18124.21

表-07　单位工程竣工结算汇总表

工程名称：××楼装饰装修工程　　　标段：　　　　第1页　共1页

序号	汇 总 内 容	金额（元）
1	分部分项工程	152383.94
0111	楼地面工程	55832.46
0112	墙、柱面工程	28960.38
0113	顶棚工程	11047.88
0108	门窗工程	54733.86
0114	油漆、涂料、裱糊工程	1809.36
2	措施项目	22186.26
2.1	其中：安全文明施工费	5800.00
3	其他项目	12841.39
3.1	其中：专业工程结算价	2800.00
3.2	其中：计日工	4431.75
3.3	其中：总承包服务费	1057.64
3.4	其中：索赔与现场签证	4552.00
4	规费	18124.21
5	税金	7014.94
竣工结算总价合计=1+2+3+4+5		212550.74

注：如无单位工程划分，单项工程也使用本表汇总。

5. 分部分项工程和单价措施项目清单与计价表

【填制说明】 编制竣工结算时，分部分项工程和单价措施项目清单与计价表中可取消“暂估价”。

表-08 分部分项工程和单价措施项目清单与计价表（一）

工程名称：××楼装饰装修工程　　　　标段：　　　　第1页 共2页

序号	项目编码	项目名称	项目特征描述	计量单位	工程量	金额（元）		
						综合单价	合价	其中 暂估价
			0111 楼地面工程					
1	011101001001	水泥砂浆楼地面	1. 二层楼面粉水泥砂浆 2. 1∶2水泥砂浆，厚20mm	m^2	10.68	8.45	90.25	
2	011102001001	石材楼地面	1. C10混凝土垫层，粒径40mm，厚8mm 2. 一层大理石地面，0.80m×0.80m大理石面层	m^2	85.00	203.75	17318.75	
			（其他略）					
			分部小计				55832.46	
			0112 墙、柱面工程					
3	011201001001	墙面一般抹灰	1. 混合砂浆15mm厚 2. 888涂料三遍	m^2	920.00	13.28	12217.60	
4	011204003001	块料墙面	1. 瓷板墙裙，砖墙面层 2. 1∶3水泥砂浆，17mm厚	m^2	70.00	35.00	2450.00	
			（其他略）					
			分部小计				28960.38	
			0113 顶棚工程					
5	011301001001	顶棚抹灰	1. 现浇板底 2. 1∶1∶4水泥、石灰砂浆，7mm厚 3. 1∶0.5∶3水泥砂浆，5mm厚 4. 888涂料三遍	m^2	120	13.30	1596.00	
			分部小计				1596.00	
			本页小计				86388.84	
			合　计				86388.84	

注：为计取规费等的使用，可在表中增设“其中：定额人工费”。

表-08 分部分项工程和单价措施项目清单与计价表（二）

工程名称：××楼装饰装修工程　　　　　　标段：　　　　　　第2页　共2页

序号	项目编码	项目名称	项目特征描述	计量单位	工程量	金额（元）		
						综合单价	合价	其中 暂估价
			0113 顶棚工程					
6	011302002001	格栅吊顶	1. 不上人型U型轻钢龙骨，600×600 2. 600×600石膏板面层	m²	162.40	49.20	7990.08	
			（其他略）					
			分部小计				11047.88	
			0108 门窗工程					
7	010801001001	胶合板门	1. 胶合板门M—2 2. 杉木框钉5mm胶合板 3. 面层3mm厚榉木板 4. 聚氨酯5遍 5. 门碰、执手锁11个	樘	13	427.50	5557.50	
8	010807001001	金属平开窗	1. 铝合金平开窗，铝合金1.2mm厚 2. 50系列5mm厚白玻璃	樘	8	276.22	2209.76	
			（其他略）					
			分部小计				54733.86	
			0114 油漆、涂料、裱糊工程					
9	011406001001	抹灰面油漆	1. 外墙门窗套外墙漆 2. 水泥砂浆面上刷外墙漆	m²	42.00	43.08	1809.36	
			分部小计				1809.36	
			本页小计				65995.10	
			合　计				152383.94	

注：为计取规费等的使用，可在表中增设“其中：定额人工费”。

6. 综合单价分析表

【填制说明】 编制工程结算时，应在已标价工程量清单中的综合单价分析表中将确定的调整过的人工单价、材料单价等进行置换，形成调整后的综合单价。

表-09 综合单价分析表

工程名称：××楼装饰装修工程　　　　标段：　　　　第1页 共1页

<table>
<tr><td>项目编码</td><td colspan="2">011406001001</td><td colspan="2">项目名称</td><td colspan="2">抹灰面油漆</td><td>计量单位</td><td>m^2</td><td>工程量</td><td colspan="2">43.08</td></tr>
<tr><td colspan="12">清单综合单价组成明细</td></tr>
<tr><td rowspan="2">定额编号</td><td rowspan="2">定额项目名称</td><td rowspan="2">定额单位</td><td rowspan="2">数量</td><td colspan="4">单　价</td><td colspan="4">合　价</td></tr>
<tr><td>人工费</td><td>材料费</td><td>机械费</td><td>管理费和利润</td><td>人工费</td><td>材料费</td><td>机械费</td><td>管理费和利润</td></tr>
<tr><td>BE0267</td><td>抹灰面满刮耐水腻子</td><td>$100m^2$</td><td>0.01</td><td>360.00</td><td>2530.00</td><td>—</td><td>110.00</td><td>3.60</td><td>25.30</td><td>—</td><td>1.10</td></tr>
<tr><td>BE0267</td><td>外墙乳胶底漆一遍面漆二遍</td><td>$100m^2$</td><td>0.01</td><td>320.00</td><td>886.00</td><td>—</td><td>102.00</td><td>3.20</td><td>8.86</td><td>—</td><td>1.02</td></tr>
<tr><td></td><td></td><td></td><td></td><td></td><td></td><td></td><td></td><td></td><td></td><td></td><td></td></tr>
<tr><td></td><td></td><td></td><td></td><td></td><td></td><td></td><td></td><td></td><td></td><td></td><td></td></tr>
<tr><td colspan="2">人工单价</td><td colspan="6">小　计</td><td>6.80</td><td>34.16</td><td>—</td><td>2.12</td></tr>
<tr><td colspan="2">45元/工日</td><td colspan="6">未计价材料费</td><td colspan="4"></td></tr>
<tr><td colspan="8">清单项目综合单价</td><td colspan="4">43.08</td></tr>
<tr><td rowspan="7">材料费明细</td><td colspan="3">主要材料名称、规格、型号</td><td>单位</td><td>数量</td><td>单价（元）</td><td>合价（元）</td><td>暂估单价（元）</td><td colspan="3">暂估合价（元）</td></tr>
<tr><td colspan="3">耐水成品腻子</td><td>kg</td><td>2.50</td><td>9.90</td><td>24.75</td><td></td><td colspan="3"></td></tr>
<tr><td colspan="3">×××牌乳胶漆面漆</td><td>kg</td><td>0.35</td><td>19.50</td><td>6.83</td><td></td><td colspan="3"></td></tr>
<tr><td colspan="3">×××牌乳胶漆底漆</td><td>kg</td><td>0.14</td><td>16.50</td><td>2.31</td><td></td><td colspan="3"></td></tr>
<tr><td colspan="3"></td><td></td><td></td><td></td><td></td><td></td><td colspan="3"></td></tr>
<tr><td colspan="5">其他材料费</td><td>—</td><td>0.25</td><td>—</td><td colspan="3"></td></tr>
<tr><td colspan="5">材料费小计</td><td>—</td><td>34.14</td><td>—</td><td colspan="3"></td></tr>
</table>

注：1. 如不使用省级或行业建设主管部门发布的计价依据，可不填定额编号、名称等。

2. 招标文件提供了暂估单价的材料，按暂估的单价填入表内“暂估单价”栏及“暂估合价”栏。

7. 综合单价调整表

【填制说明】 综合单价调整表用于由于各种合同约定调整因素出现时调整综合单价，此表实际上是一个汇总性质的表，各种调整依据应附表后，并且注意，项目编码、项目名称必须与已标价工程量清单保持一致，不得发生错漏，以免发生争议。

表-10 综合单价调整表

工程名称：××楼装饰装修工程 标段： 第1页 共1页

序号	项目编码	项目名称	已标价清单综合单价（元）					调整后综合单价（元）				
			综合单价	其中				综合单价	其中			
				人工费	材料费	机械费	管理费和利润		人工费	材料费	机械费	管理费和利润
1	011406001001	抹灰面油漆	43.42	6.80	34.50	—	2.12	43.08	6.80	34.16	—	2.12
2	（其他略）											
造价工程师（签章）： 发包人代表（签章）： 日期：								造价人员（签章）： 发包人代表（签章）： 日期：				

注：综合单价调整应附调整依据。

8. 总价措施项目清单与计价表

【填制说明】 编制工程结算时，如省级或行业建设主管部门调整了安全文明施工费，应按调整后的标准计算此费用，其他总价措施项目经发承包双方协商进行了调整的，按调整后的标准计算。

表-11 总价措施项目清单与计价表

工程名称：××楼装饰装修工程　　标段：　　第1页 共1页

序号	项目编码	项目名称	计算基础	费率（%）	金额（元）	调整费率（%）	调整后金额（元）	备注
1	011707001001	安全文明施工费	直接费	1.98	5795.71	1.98	5800.00	
2	011707002001	夜间施工增加费	人工费	3	1806.78	3	1828.78	
3	011707004001	二次搬运费	人工费	2	1204.52	2	1219.19	
4	011707005001	冬雨季施工增加费	人工费	1	602.26	1	609.59	
5	011707007001	已完工程及设备保护费			1500.00		1500.00	
6	011703001001	垂直运输机械费			3800.00		3800.00	
	（其他略）							
		合　计			22236.90		22186.26	

编制人（造价人员）：　　复核人（造价工程师）：

注：1. “计算基础”中安全文明施工费可为“定额基价”、“定额人工费”或“定额人工费＋定额机械费”，其他项目可为“定额人工费”或“定额人工费＋定额机械费”。

2. 按施工方案计算的措施费，若无“计算基础”和“费率”的数值，也可只填“金额”数值，但应在备注栏说明施工方案出处或计算方法。

9. 其他项目清单与计价汇总表

【填制说明】 编制或核对工程结算，“专业工程暂估价”按实际分包结算价填写，“计日工”、“总承包服务费”按双方认可的费用填写，如发生“索赔”或“现场签证”费用，按双方认可的金额计入该表。

表-12 其他项目清单与计价汇总表

工程名称：××楼装饰装修工程　　标段：　　第1页　共1页

序号	项目名称	金额（元）	结算金额（元）	备注
1	暂列金额		—	
2	暂估价	—	2800.00	
2.1	材料（工程设备）暂估价	—	—	
2.2	专业工程暂估价	3000.00	2800.00	明细详见表-12-3
3	计日工	4666.50	4431.75	明细详见表-12-4
4	总承包服务费	1060.00	1057.64	明细详见表-12-5
5	索赔与现场签证	—	4552.00	明细详见表-12-6
	合　计		12841.39	—

注：材料（工程设备）暂估单价进入清单项目综合单价，此处不汇总。

(1) 专业工程结算价表

表 12-3 专业工程结算价表

工程名称：××楼装饰装修工程　　　　标段：　　　　第 1 页　共 1 页

序号	工程名称	工程内容	暂估金额（元）	结算金额（元）	差额±（元）	备注
1	消防工程	合同图纸中标明的以及消防工程规范和技术说明中规定的各系统中的设备等的供应、安装和调试工作	3000.00	2800.00	－200	
	合　计		3000.00	2800.00	－200	

注：此表"暂估金额"由招标人填写，投标人应将"暂估金额"计入投标总价中，结算时按合同约定结算金额填写。

(2) 计日工表

表-12-4 计日工表

工程名称：××楼装饰装修工程　　　　标段：　　　　第 1 页　共 1 页

编号	项目名称	单位	暂定数量	实际数量	综合单价（元）	合价（元）	
						暂定	实际
一	人工						
1	技工	工日	15	13	38.50	577.50	500.50
2	抹灰工	工日	6	6	38.00	228.00	228.00
3	油漆工	工日	6	6	38.00	228.00	228.00
		人工小计					956.50
二	材料						
1	合金型材	kg	100.00	95	4.35	435.00	413.25
2	油漆	kg	60.00	58	50.00	3000.00	2900.00
		材料小计					3313.25
三	施工机械						
1	平面磨石机	台班	15	12	6.00	90.00	72.00
2	磨光机	台班	18	15	6.00	108.00	90.00
		施工机械小计					162.00
四、企业管理费和利润							
		总　计					4431.75

注：此表项目名称、暂定数量由招标人填写，编制招标控制价时，单价由招标人按有关计价规定确定；投标时，单价由投标人自主报价，按暂定数量计算合价计入投标总价中。结算时，按承包双方确认的实际数量计算合价。

(3) 总承包服务费计价表

表-12-5　总承包服务费计价表

工程名称：××楼装饰装修工程　　　　标段：　　　　第1页　共1页

序号	项目名称	项目价值（元）	服务内容	计算基础	费率（%）	金额（元）
1	发包人发包专业工程	9980	1. 按专业工程承包人的要求提供施工工作面并对施工现场进行统一整理汇总 2. 为专业工程承包人提供垂直运输机械和焊接电源接入点，并承担垂直运输费和电费	项目价值	7	698.60
2	发包人供应材料	44880	对发包人供应的材料进行验收及保管和使用发放	项目价值	0.8	359.04
	合　计	—	—		—	1057.64

(4) 索赔与现场签证计价汇总表

【填制说明】 索赔与现场签证计价汇总表是对发承包双方签证认可的“费用索赔申请(核准)表”和“现场签证表”的汇总。

表-12-6 索赔与现场签证计价汇总表

工程名称:××楼装饰装修工程　　标段:　　第1页 共1页

序号	签证及索赔项目名称	计量单位	数量	单价(元)	合价(元)	索赔及签证依据
1	暂停施工				2552.00	001
2	吊灯	顶	2	1000	2000.00	002
…	(其他略)					
—	本页小计	—	—	—	4552.00	—
—	合　计	—	—	—	4552.00	—

注:签证及索赔依据是指经双方认可的签证单和索赔依据的编号。

(5) 费用索赔申请（核准）表

【填制说明】 费用索赔申请（核准）表将费用索赔申请与核准设置于一个表，非常直观。使用本表时，承包人代表应按合同条款的约定阐述原因，附上索赔证据、费用计算报发包人，经监理工程师复核（按照发包人的授权不论是监理工程师或发包人现场代表均可），经造价工程师（此处造价工程师可以是承包人现场管理人员，也可以是发包人委托的工程造价咨询企业的人员）复核具体费用，经发包人审核后生效，该表以在选择栏中“□”内作标识“√”表示。

表-12-7 费用索赔申请（核准）表

工程名称：××楼装饰装修工程　　　　标段：　　　　编号：001

<table>
<tr><td colspan="2">致：××市房地产开发公司
根据施工合同条款第12条的约定，由于你方工作需要原因，我方要求索赔金额（大写）贰仟伍佰伍拾贰元（小写2552.00元），请予核准。
附：1. 费用索赔的详细理由和依据：（详见附件1）
2. 索赔金额的计算：（详见附件2）
3. 证明材料：（现场监理工程师现场人数确认）
承包人（章）：
承包人代表：×××
日　期：××年×月×日</td></tr>
<tr><td>复核意见：
根据施工合同条款第12条的约定，你方提出的费用索赔申请经复核：
□不同意此项索赔，具体意见见附件。
☑同意此项索赔，索赔金额的计算，由造价工程师复核。
监理工程师：×××
日　期：××年×月×日</td><td>复核意见：
根据施工合同条款第12条的约定，你方提出的费用索赔申请经复核，索赔金额为（大写）贰仟伍佰伍拾贰元（小写2552.00元）。
监理工程师：×××
日　期：××年×月×日</td></tr>
<tr><td colspan="2">审核意见：
□不同意此项索赔。
☑同意此项索赔，与本期进度款同期支付。
发包人（章）
发包人代表：×××
日　期：××年×月×日</td></tr>
</table>

注：1. 在选择栏中的“□”内作标识“√”。

2. 本表一式四份，由承包人填报，发包人、监理人、造价咨询人、承包人各存一份。

附件 1

关于暂停施工的通知

××建筑装饰装修公司××项目部：

为保持各考点周围环境安静，杜绝建筑工地产生可能影响考生考试的噪声或震动干扰，根据市政府统一部署，从 6 月 7 日～9 日期间，以及 6 月 14 日～16 日期间，全面暂停施工作业，严禁产生施工噪声、震动和扬尘。期间并配合上级主管部门进行工程质量检查工作。

特此通知。

××工程指挥办公室

××年××月××日

附件 2

索赔费用计算表

编号：第×××号

一、人工费

1. 技工 13 人：13 人×80/工日＝1040 元
2. 抹灰工 6 人：6 人×60/工日＝360 元
3. 油漆工人：6 人×60/工日＝360 元

小计：1760 元

二、管理费

1760×45％＝792.00 元

索赔费用合计：2552.00 元

(6) 现场签证表

【填制说明】 现场签证种类繁多，发承包双方在工程实施过程中来往信函就责任事件的证明均可称为现场签证，但并不是所有的签证均可马上算出价款，有的需要经过索赔程序，这时的签证仅是索赔的依据，有的签证可能根本不涉及价款。本表仅是针对现场签证需要价款结算支付的一种，其他内容的签证也可适用。考虑到招标时招标人对计日工项目的预估难免会有遗漏，造成实际施工发生后. 无相应的计日工单价，现场签证只能包括单价一并处理，因此，在汇总时，有计日工单价的，可归并于计日工，如无计日工单价的，归并于现场签证，以示区别。当然，现场签证全部汇总于计日工也是一种可行的处理方式。

表-12-8 现场签证表

工程名称：××楼装饰装修工程　　标段：　　编号：002

<table>
<tr><td>施工单位</td><td>指定位置</td><td>日期</td><td>××年×月×日</td></tr>
<tr><td colspan="4">致：××市房地产开发公司
根据×× （指令人姓名）××年××月××日书面通知，我方要求完成此项工作应支付价款金额为（大写）贰仟元（小写2000.00），请予核准。
附：1. 签证事由及原因：增加吊顶 2 顶。
2. 附图及计算式：（略）
承包人（章）：
承包人代表：×××
日　　期：××年×月×日</td></tr>
<tr><td colspan="2">复核意见：
你方提出的此项签证申请经复核：
□不同意此项签证，具体意见见附件。
☑同意此项签证，签证金额的计算，由造价工程师复核。
监理工程师：×××
日　　期：××年×月×日</td><td colspan="2">复核意见：
☑此项签证按承包人中标的计日工单价计算，金额为（大写）贰仟元，（小写2000.00）。
□此项签证因无计日工单价，金额为（大写）____元，（小写）____。
造价工程师：×××
日　　期：××年×月×日</td></tr>
<tr><td colspan="4">审核意见：
□不同意此项签证。
☑同意此项签证，价款与本期进度款同期支付。
承包人（章）
承包人代表：×××
日　　期：××年×月×日</td></tr>
</table>

注：1. 在选择栏中的“□”内作标识“√”。

2. 本表一式四份，由承包人在收到发包人（监理人）的口头或书面通知后填写，发包人、监理人、造价咨询人、承包人各存一份。

10. 规费、税金项目计价表

表-13 规费、税金项目计价表

工程名称：××楼装饰装修工程　　标段：　　第1页 共1页

序号	项目名称	计算基础	计算基数	计算费率（%）	金额（元）
1	规费				18124.21
1.1	工程排污费	按工程所在地环保部门规定按实计算			488.42
1.2	社会保险费	（1）＋（2）＋（3）＋（4）			13715.85
（1）	养老保险费	定额人工费		14	8534.31
（2）	失业保险费	定额人工费		2	1219.19
（3）	医疗保险费	定额人工费		6	3657.56
（4）	工伤保险费	定额人工费		0.5	304.80
1.3	住房公积金	定额人工费		6	3657.56
1.4	工程定额预测费	税前工程造价		0.14	262.38
2	税金	分部分项工程费＋措施项目费＋其他项目费＋规费－按规定不计税的工程设备金额		3.413	7014.94
合　计					25139.15

编制人（造价人员）：　　复核人（造价工程师）：

11. 工程计量申请（核准）表

【填制说明】　工程计量申请（核准）表填写的“项目编码”、“项目名称”、“计量单位”应与已标价工程量清单表中的一致，承包人应在合同约定的计量周期结束时，将申报数量填写在申报数量栏，发包人核对后如与承包人不一致，填在核实数量栏，经发承包双发共同核对确认的计量填在确认数量栏。

表-14　工程计量申请（核准）表

工程名称：××楼装饰装修工程　　　　标段：　　　　第1页　共1页

序号	项目编码	项目名称	计量单位	承包人申报数量	发包人核实数量	发承包人确认数量	备注
1	011102001001	石材楼地面	m^2	83.25	85.00	85.00	
2	011201001001	墙面一般抹灰	m^2	926.15	920.00	920.00	
3	011204003001	块料墙面	m^2	66.32	70.00	70.00	
4	011301001001	顶棚抹灰	m^2	123.61	120.00	120.00	
5	011406001001	抹灰面油漆	m^2	42.82	43.08	43.08	
	（略）						
承包人代表： ××× 日期：××年×月×日		监理工程师： ××× 日期：××年×月×日		造价工程师： ××× 日期：××年×月×日		发包人代表： ××× 日期：××年×月×日	

12. 预付款支付申请（核准）表

表-15 预付款支付申请（核准）表

工程名称：××楼装饰装修工程　　标段：　　第1页　共1页

致：××市房地产开发公司

我方根据施工合同的约定，先申请支付工程预付款额为（大写）贰万壹仟玖佰陆拾玖元（小写21969.00元），请予核准。

序号	名称	申请金额（元）	复核金额（元）	备注
1	已签约合同价款金额	216093.85	216093.85	
2	其中：安全文明施工费	5795.71	5795.71	
3	应支付的预付款	21609.00	20961.00	
4	应支付的安全文明施工费	360.00	360.00	
5	合计应支付的预付款	21969.00	21969.00	

计算依据见附件

承包人（章）

造价人员：×××　　承包人代表：×××　　日　期：××年×月×日

复核意见：

□与合同约定不相符，修改意见见附件。

☑与合约约定相符，具体金额由造价工程师复核。

监理工程师：×××

日　期：××年×月×日

复核意见：

你方提出的支付申请经复核，应支付预付款金额为（大写）贰万壹仟玖佰陆拾玖元（小写21969.00元）。

造价工程师：×××

日　期：××年×月×日

审核意见：

□不同意。

☑同意，支付时间为本表签发后的15天内。

发包人（章）

发包人代表：×××

日　期：××年×月×日

注：1. 在选择栏中的“□”内作标识“√”。

2. 本表一式四份，由承包人填报，发包人、监理人、造价咨询人、承包人各存一份。

13. 进度款支付申请（核准）表

表-17 进度款支付申请（核准）表

工程名称：××楼装饰装修工程　　　　标段：　　　　编号：

致：××市房地产开发公司

我方于××至××期间已完成了墙、柱面工作，根据施工合同的约定，现申请支付本期的工程款额为（大写）伍万元（小写50000.00元），请予核准。

序号	名称	申请金额/元	复核金额/元	备注
1	累计已完成的工程价款	85000.00	85000.00	
2	累计已实际支付的工程价款	35000.00	35000.00	
3	本周期已完成的工程价款	50000.00	50000.00	
4	本周期完成的计日工金额			
5	本周期应增加和扣减的变更金额			
6	本周期应增加和扣减的索赔金额			
7	本周期应抵扣的预付款			
8	本周期应扣减的质保金			
9	本周期应增加或扣减的其他金额			
10	本周期实际应支付的工程价款	50000.00	50000.00	

附：上述3、4详见附件清单。

承包人（章）

造价人员：×××　　承包人代表：×××　　日　　期：××年×月×日

复核意见：

□与实际施工情况不相符，修改意见见附件。

☑与实际施工情况相符，具体金额由造价工程师复核。

监理工程师：×××

日　　期：××年×月×日

复核意见：

你方提供的支付申请经复核，本期间已完成工程款额为（大写）伍万元（小写50000.00元），本期间应支付金额为（大写）伍万元（小写50000.00元）。

造价工程师：×××

日　　期：××年×月×日

审核意见：

□不同意。

☑同意，支付时间为本表签发后的15天内。

发包人（章）

发包人代表：×××

日　　期：××年×月×日

注：1. 在选择栏中的“□”内作标识“√”。

2. 本表一式四份，由承包人填报，发包人、监理人、造价咨询人、承包人各存一份。

14. 竣工结算款支付申请（核准）表

表-18 竣工结算款支付申请（核准）表

工程名称：××楼装饰装修工程　　　　标段：　　　　编号：

致：××市房地产开发公司

我方于××至××期间已完成合同约定的工作，工程已经完工，根据施工合同的约定，现申请支付竣工结算合同款额为（大写）贰万贰仟玖佰陆拾玖元贰角肆分（小写22969.24元），请予核准。

序号	名称	申请金额/元	复核金额/元	备注
1	竣工结算合同价款总额	212550.74	212550.74	
2	累计已实际支付的合同价款	178954.00	178954.00	
3	应预留的质量保证金	10627.50	10627.50	
4	应支付的竣工结算款金额	22969.24	22969.24	

承包人（章）

造价人员：×××　　承包人代表：×××　　日　　期：××年×月×日

复核意见：

□与实际施工情况不相符，修改意见见附件。

☑与实际施工情况相符，具体金额由造价工程师复核。

监理工程师：×××
日　　期：××年×月×日

复核意见：

你方提出的竣工结算款支付申请经复核，竣工结算款总额为（大写）贰拾壹万贰仟伍佰伍拾元柒角四分（小写212550.74元），扣除前期支付以及质量保证金后应支付金额为（大写）贰万贰仟玖佰陆拾玖元贰角肆分（小写22969.24元）。

造价工程师：×××
日　　期：××年×月×日

审核意见：

□不同意。

☑同意，支付时间为本表签发后的15天内。

发包人（章）
发包人代表：×××
日　　期：××年×月×日

注：1. 在选择栏中的"□"内作标识"√"。

2. 本表一式四份，由承包人填报，发包人、监理人、造价咨询人、承包人各存一份。

15. 最终结清支付申请（核准）表

表-19 最终结清支付申请（核准）表

工程名称：××楼装饰装修工程　　标段：　　编号：

致：××市房地产开发公司

我方于××至××期间已完成了缺陷修复工作，根据施工合同的约定，现申请支付最终结清合同款额为（大写）壹万零陆佰贰拾柒元五角（小写10627.50元），请予核准。

序号	名称	申请金额（元）	复核金额（元）	备注
1	已预留的质量保证金	10627.50	10627.50	
2	应增加因发包人原因造成缺陷的修复金额	0	0	
3	应扣减承包人不修复缺陷、发包人组织修复的金额	0	0	
4	最终应支付的合同价款	10627.50	10627.50	

承包人（章）

造价人员：×××　　承包人代表：×××　　日　　期：××年×月×日

复核意见：

□与实际施工情况不相符，修改意见见附件。

☑与实际施工情况相符，具体金额由造价工程师复核。

监理工程师：×××

日　　期：××年×月×日

复核意见：

你方提出的支付申请经复核，最终应支付金额为（大写）壹万零陆佰贰拾柒元五角（小写10627.50元）。

造价工程师：×××

日　　期：××年×月×日

审核意见：

□不同意。

☑同意，支付时间为本表签发后的15天内。

发包人（章）

发包人代表：×××

日　　期：××年×月×日

注：1. 在选择栏中的“□”内作标识“√”。

2. 本表一式四份，由承包人填报，发包人、监理人、造价咨询人、承包人各存一份。

16. 承包人提供主要材料和工程设备一览表

(1) 发承包双方确认的承包人提供主要材料和工程设备一览表（适用于造价信息差额调整法）

表-21 承包人提供主要材料和工程设备一览表

（适用于造价信息差额调整法）

工程名称：××楼装饰装修工程　　　　标段：　　　　第1页　共1页

序号	名称、规格、型号	单位	数量	风险系数（%）	基准单价（元）	投标单价（元）	发承包人确认单价（元）	备注
1	预拌混凝土 C10	m^3	15	≤5	240	235	236	
2	预拌混凝土 C15	m^3	100	≤5	263	260	258.50	
3	预拌混凝土 C20	m^3	880	≤5	280	280	282	
	（其他略）							

注：1. 此表由招标人填写除“投标单价”栏的内容，投标人在投标时自主确定投标单价。

2. 投标人应优先采用工程造价管理机构发布的单价作为基准单价，未发布的，通过市场调查确定其基准单价。

（2）发承包双方确认的承包人提供主要材料和工程设备一览表（适用于价格指数差额调整法）

表-22　承包人提供主要材料和工程设备一览表

（适用于价格指数差额调整法）

工程名称：××楼装饰装修工程　　　标段：　　　第1页　共1页

序号	名称、规格、型号	变值权重 B	基本价格指数 F_0	现行价格指数 F_t	备注
1	人工	0.18	110%	121%	
2	合金型钢	0.11	4200元/t	4080元/t	
3	预拌混凝土C20	0.16	280元/m^3	282元/m^3	
4	机械费	8	100%	100%	
	定值权重 A	0.42	—	—	
合　计		1	—	—	

注：1. “名称、规格、型号”、“基本价格指数”栏由招标人填写，基本价格指数应首先采用工程造价管理机构发布的价格指数，没有时，可采用发布的价格代替。如人工、机械费也采用本法调整由招标人在“名称”栏填写。

2. “变值权重”栏由投标人根据该项人工、机械费和材料、工程设备值在投标总报价中所占的比例填写，1减去其比例为定值权重。

3. “现行价格指数”按约定的付款证书相关周期最后一天的前42天的各项价格指数填写，该指数应首先采用工程造价管理机构发布的价格指数，没有时，可采用发布的价格代替。

参考文献

[1] 中华人民共和国住房和城乡建设部. GB 50500—2013 建设工程工程量清单计价规范 [S]. 北京：中国计划出版社，2013.

[2] 中华人民共和国住房和城乡建设部. GB 50854—2013 房屋建筑与装饰工程工程量计算规范 [S]. 北京：中国计划出版社，2013.

[3] 中华人民共和国住房和城乡建设部. 建设工程计价计量规范辅导 [M]. 北京：中国计划出版社，2013.

[4] 中华人民共和国建设部. GYD—901—2002 全国统一建筑装饰装修工程消耗量定额 [S]. 北京：国家广播电影电视总局标准化规划研究所，2002.

[5] 中华人民共和国建设部. GJD—101—1095 全国统一建筑工程基础定额（土建工程）[S]. 北京：中国计划出版社，1995.

[6] 魏文彪. 装饰装修工程造价员 [M]. 南京：江苏科学技术出版社，2013.

[7] 杨庆丰、宋显锐. 建筑与装饰装修工程计量与计价 [M]. 武汉：武汉理工大学出版社，2010.

[8] 谭大璐. 工程估价（第三版）[M]. 北京：中国建筑工业出版社，2008.